船簞笥の研究

小泉和子著

思文閣出版

佐渡小木製の帳箱(1872)＜基礎資料115＞
帳箱は帳簿や書類、金銭などを入れる小形の帳場箪笥。
複合型(抽斗・両開戸構成)、欅上杢・拭漆・鉄金具(絵様刳形)
華麗なつくりは小木の特徴である。最上等品

佐渡小木製の帳箱(1866)＜基礎資料109＞
複合型(抽斗・両開戸構成)、欅上杢・拭漆・鉄金具(絵様刳形)
「花覚　丙慶応二寅年　加州瀬越浦神徳丸沖船道大家源作求之
佐州佐渡小木湊　大工喜味吉作作之　代金十一両三歩」の墨書がある

佐渡小木製の帳箱、右は外箱に油単をかけたところ
複合型(抽斗・抽斗・両開構成)、欅の拭漆で、前面全体を蔦の透彫の鉄金具が覆っている。
外箱・油単も揃っている。油単、外箱蓋、両開扉に「丸に三つ柏」の家紋がある特注品。
年紀はないが嘉永ころのもの。

佐渡小木製の半櫃(1853)＜基礎資料107＞

半櫃は船頭の衣装入れ。二重型、欅・拭漆・鉄金具(透彫)。

透彫は古い様式だが、素朴な味がある。金具の酒⃝・甚⃝の文字からみて誂え品。

「佐州羽茂郡小木湊 湊屋店 嘉永六年癸丑年八月出来加州粟ヶ崎 酒屋甚五郎持用」

の墨書がある。

酒田製の帳箱
複合型（抽斗・慳貪構成）
欅・拭漆・銅金具　銅金具は酒田の特徴

酒田製の帳箱
複合型だが、上段が両開き、中段が抽斗、下段が三枚扉というのはめずらしい。欅上杢・拭漆・鉄金具（絵様刳形）、外箱つき。酒田の特徴である堅実なつくり。

特殊型の懸硯（1903）＜基礎資料339＞
めずらしい慳貪蓋形式の特注品、持主は新潟県村上郡岩船村の廻船問屋。
欅・拭漆・鉄金具（絵様刳形）、屋号は真鍮。

三国製の懸硯(一般型)
十字型・欅・拭漆・鉄金具(絵様刳形)
三国製は金具のデザインがおとなしい

三国製の帳箱(指物風)
紫檀・真鍮金具　外箱一体型の内部
指物風は三国だけの特徴で全て外箱一体型。海上で扱うためか

三国製の帳箱(一般型)＜基礎資料543＞
複合型(抽斗・慳貪構成)
欅・拭漆・鉄金具　鉄金具(絵様刳形)

酒田製の帳箱(1866)＜基礎資料110＞　右は外箱に油単をかけたところ
　慳貪蓋が上下についているので半櫃のようだが、帳箱である。欅上杢・拭漆・鉄金具(絵様刳形)

分解したところ　内部も美しい玉杢で金具は銅がつかわれている。左から摩戸《ずりど》・はずし戸・往来箱・銭箱・差戸の桐箱（上に乗るのは中に入っている桐箱）・手前は布製の打飼袋（金銭を入れて腰に巻く）

佐渡小木製の帳箱
複合型(抽斗・框・片開構成)
欅・拭漆・鉄金具

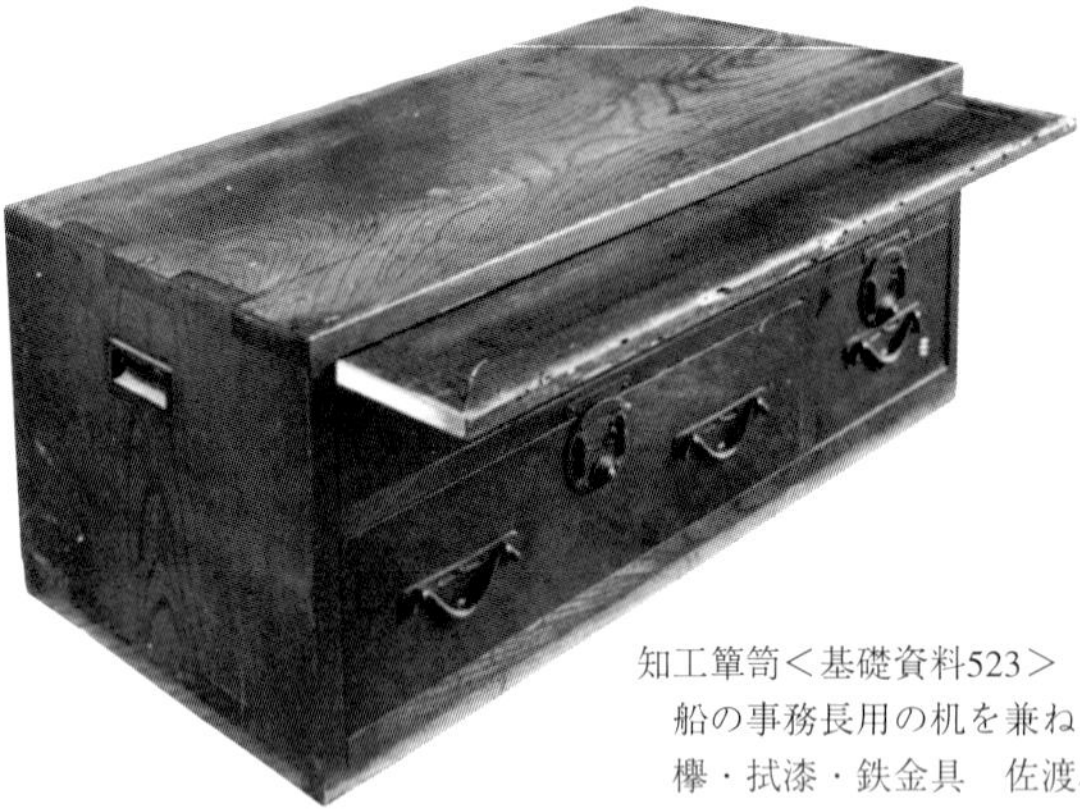

知工簞笥＜基礎資料523＞
船の事務長用の机を兼ねた帳箱
欅・拭漆・鉄金具　佐渡小木製

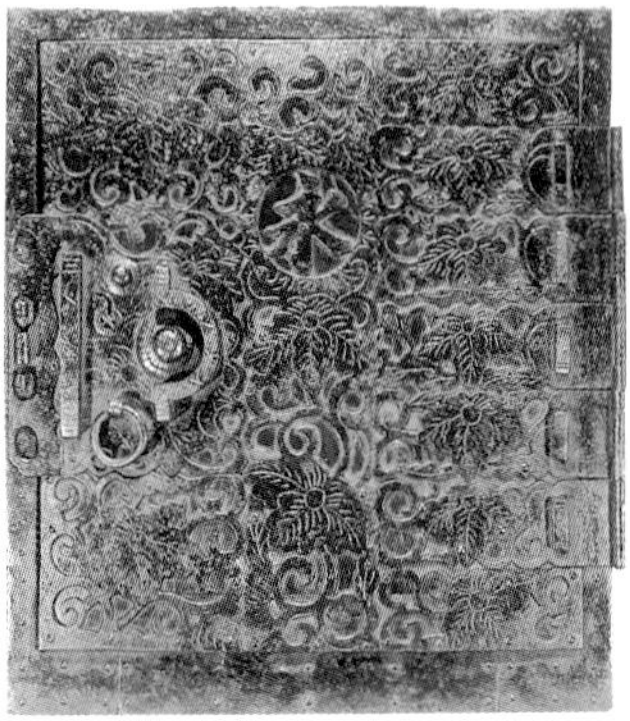

全面形の懸硯
欅・拭漆・鉄金具
蔦唐草の透彫金具は佐渡小木製

鼓形の懸硯＜基礎資料705＞
欅・拭漆・鉄金具
「越中放生津手操屋三四郎」の墨書

三国製の帳箱(一般型)
複合型(抽斗・両開構成)
欅・拭漆・鉄金具(絵様刳形)

三国製の指物風帳箱<基礎資料511>
外箱一体型・桑・金具銅　名人松下長四郎作

上を分解したところ

三国製の半櫃<基礎資料518>
二重型・欅・拭漆・鉄金具(絵様刳形)

上の外箱

船頭伊兵衛道中図（1860）
（三国町立龍翔館所蔵）

懸硯のスタンダードタイプ
銭屋五兵衛の常安丸で使われていた懸硯（1813）
＜基礎資料314＞
十字型・欅・拭漆・鉄金具（透彫）

販売者、持主が判明する年紀が最も古い懸硯（1814）
＜基礎資料101＞十字型・欅・拭漆・鉄金具（透彫）
「販売者小木湊屋利八郎・持主越前米脇浦小中屋松右衛門」
の墨書

江戸・有田屋製の懸硯＜基礎資料505＞
鼓型・桐・鉄金具（無地）

●口絵には基礎資料にないものも含む

はじめに

船簞笥は、近世海運において船乗り達が船内に持ち込んで使っていた収納家具である。懸硯とよぶ手提げ金庫と、帳箱とよぶ帳簞笥の一種と、半櫃《はんがい》とよぶ衣類櫃の三種類がある。それぞれで形は違うが造形的には共通しており、欅を主材として、分厚い鉄の金具をつけた重厚なデザインである。とくに鉄の金具を装飾として最大限に使っているところが特色で、鉄のレースのような華麗な飾り金具や、城門を堅固に守る鉄扉のような威厳に満ちた錠前金具が船簞笥を大きく特徴づけている。欅材でがっしり組み立て拭漆塗をした上にそうした金具を所狭しと取り付けた重量感あふれるデザインは、あたかも屹立する一個の建築物のような強い存在感で、見るものを圧倒する。その上なにか人間くさい魅力があって、そこもまた人を惹きつける。非常に味の濃い、奥が深い、面白い家具である。

このようなデザインは日本の家具の中では特異なものであって、強いていえばヨーロッパのゴシックやルネッサンス、もしくはスペインの家具に似ている。もちろん欅に鉄金具というデザインは船簞笥だけではなく、江戸時代から明治にかけて発達した民具や家具、また民家にも共通するものである。しかし船簞笥の場合は欅や漆、鉄といった素材の持つ力と美しさをぎりぎりまで発揮させているところが特徴で、これが船簞笥の大きな魅力となっている。現在では骨董品としての価値も高い。

だが同時に船簞笥のデザインにはある種の停滞性とでもいうべきものが存在するのも事実である。晦渋・

煩擾で重苦しいところがある。しかしこれもまた民具や民家にもある程度は共通するものであるが、船簞笥ではこの点がとりわけ顕著である。

私が船簞笥をとりあげて研究しようとしたのは、第一に以上のような特徴を持つ船簞笥というものに興味を持ったからである。たしかに重苦しいところはあるもののすぐれたデザインであるということは間違いない。日本にこのような見事な家具があったということに、日本の家具史を研究する立場から感動したためである。

このようなデザインがどのような背景から生まれたのか、それがわかれば船簞笥だけでなく、民具や民家といった江戸時代の造形全般についてもわかることがあるのではないか、そう考えて一九七〇年代のおわり頃から船簞笥の研究を始めた。三〇年近くも前である。

じつは船簞笥についての研究は本書が最初ではない。船簞笥に最初に着目して、広く世に紹介したのは河井寛次郎、岩井武俊、佐上信一、柳宗悦などの民芸運動の人たちである。中でも柳は一九六一年に『船簞笥』（一九四四年に印刷を終えたが、戦争の混乱により一九六一年に発刊された。私家本）を著わして、当時、一般にはほとんど知られていなかった船簞笥というものについての詳細な紹介を行った。種類・構造・用材・金具などについての整理をし、その特質を論じ、背景となっている近世海運から、時代、産地にいたるまで考究し、船簞笥の価値を巷間に知らしめた。筆者もまたこの『船簞笥』を船簞笥研究の上で重要な出発点としている。

柳は『船簞笥』を著わした理由についてつぎのように述べている。

なぜ取り立ててかういふ簞笥を語らうとするのであらうか。草々ある和簞笥の中で、際立つた性質を有つてゐるからである。さうして他の簞笥類にも増して、著しい美しさを示すからである。見れば誰も船箪笥を見間違へしない。世界の箪笥類の中でも、目立つた存在だと云へよう。何処の国の何処にも、このやうな箪笥はない。だから和箪笥の歴史に濃い一章を添へる。さういふものなら語るべきではないか。語る方がよいではないか。

これで見るように柳もやはり船箪笥の造形的な面に着目している。しかし造形のよって来たる要因については、

> 使ったのは船頭達である。黒々と日に焼けた筋骨の逞しい船乗達である。それも荒々しい北の海を、乗り切ってゆく男達である。（中略）こんな生活の持主が、弱々しいものを用ゐる謂はれがない。（中略）船頭達の商売は大きかったのである。港に一船入れば、そこには大きな市が立ったのである。取交した金高は並々ではなかった。どこか太っ腹な所がなければ、こんな仕事は出来ぬ。その商売になくてならなかったのが船箪笥である。（中略）何か装飾の多い飾物のやうにも見える。だがどれもこれも、実際に激しく使われて来たのである。時には過剰だと思はれる装ひも、それぞれに役割を果たしてゐるのである。無駄な飾りではなく、必要がここまで仕事を運ばせたのである。だからどの品も装ひに負けてゐるのではない。仕事は遊びではなかった。

といって、もっぱら船乗り達の剛毅さをその原因としている。たしかに船乗りの仕事は逞しかったし、商売は大きかった。これが船箪笥の背景にあったことは事実であるが、だが果してこれだけだろうか。これだけの理由では危険をものともせずに大きな商売をしている男達なら、いつでも、どこでも船箪笥を生み出せることになってしまう。それはちょっと違うのではないかと思った。

ただ柳がこれを書いた目的は、船箪笥の特異な造形に着目したためではあるが、その要因をさぐるためではなかった。当時、まったく忘れ去られていた船箪笥というものを掘り起こして、正当に位置づけることに

あったのだから、その目的は充分に果たされている。『船簞笥』によってはじめて船簞笥というものが世に知られるようになったわけであり、その歴史や背景もあきらかになったのである。とくにあの時期だからこそ得られた情報も多く、これはきわめて貴重である。誰も簞笥のような日常雑器を研究対象にしなかった時代に、これだけの情熱を持って、幅広い調査を行い、歴史的にも深い探求を行ったということは柳宗悦だったからこそであろう。となると『船簞笥』の成果を土台とし、後の者が『船簞笥』では欠落していた部分、たとえば船簞笥のあの造形を生み出した要因などを探る仕事をしなければならないのではないか。

それに『船簞笥』も執筆されてから五〇年以上も経っている。その間に近世海運についての研究も進んだ。とくに一九七〇年代以降は日本の海事史関係の研究がさかんになって、近世海運に関する史資料も多量に発見されてきたし、知識も広く深くなった。そうした研究成果を援用することによって船簞笥というものについても従来はわからなかったことがいろいろとわかってきた。

そこであらためて船簞笥というものが、どのような役割を持って、どのようにして成立したものであるか、そしてその後、船簞笥はどのような変遷を経て終焉を迎えたのかという、成立から終息までを歴史的に考察し、その上であのような特徴的なデザインがどうして形成されたのかということを検証し、それによって船簞笥のデザインの本質をあきらかにしたいと考えて本書を書くことにしたのである。

以上が最大の理由であるが、加えて、直接船簞笥についてのことではないが、船簞笥を題材として、モノ資料、とくに家具というものを歴史史料として扱う場合の方法論を構築したいということがある。モノ資料を歴史史料として扱うということは、すでに考古学では行ってきている。しかし歴史時代に入ってしまうとほとんど行われなくなってしまう。しかしモノには時代と社会の本質が具象化されていることからいうと、モノ資料によって十分に歴史を語ることができるはずである。このためまずその方法論をうち立てなければならないが、問題はモノ資料の中でも筆者が扱っている家具の場合は造形的な側面が大きいということがある。美学とか美術史ならいざ知らず、こうしたものは歴史研究の対象としてははなはだ扱いにくい。そもそも家具のような日常の道具は、美学からも美術史からもはみ出してしまう。そこでなんとか家具を様式史としてではなく、歴史を語る史料にできないものかとひそかに試みたのが本書である。不十分は重々承知しているし、これは一つの方法であって、ほかにもいろいろな取り組み方があると思う。ご叱正、御教示いただければ幸いである。

なお本論に入るのに先立って、『船簞笥』で規定している問題のうち、結論としては間違っている、というより訂正すべき点がいくつかあるので、これを確認しておく。いずれも船簞笥の歴史にとってかなり基本的な問題であり、かつすでに『船簞笥』によって一般に定着しているため、きちんと整理しておかないと混乱を招く懸念があるためである。

すなわち(1)船簞笥というものの定義の是非、(2)時期、(3)産地、の三点である。『船簞笥』では(1)北前船で用いられたものである。(2)一八世紀前期の享保・延享ころが発達の初期で、宝暦・寛政期が中期で、一九世紀の化政期以降明治初年にいたる約八〇年間が最盛期である。(3)山形県の酒田湊・新潟県佐渡の小木湊・福井県坂井郡の三国湊の三か所である、としている。

だが(1)については、船簞笥は北前船に代表される日本海海運だけでなく、太平洋側の檜垣廻船・樽廻船でも用いられていたこと、しかも量としてはこの方がはるかに多かったということである。しかし檜垣・樽廻船で使われたものと北前船で使われたものとは大きく異なっていて、前者は実用本位の質素なものであった。いわゆる船簞笥として人に知られているような豪華な船簞笥はもっぱら日本海側で発達したものである。はじめに筆者が特色としている船簞笥もこれである。したがって『船簞笥』がとりあげているような船簞笥はまさに北前船でだけ使われたものだったわけである。

その意味では「船簞笥は北前船で用いられたものである」といってもまるっきり間違いではないが、それだけでは範囲が限られてしまうので訂正の必要があろう。

(2)については、基本的には間違っていない。ただしこれだと今度は(1)で柳が定義した「北前船の船簞笥」ではなくて、太平洋側のものも含めて船簞笥全体のことになってしまうので(1)との整合性が失なわれる。したがって(1)に限定して北前船の船簞笥だけをみれば、形成時期は若干遅くなる。

(3)については、たしかに酒田湊・小木湊・三国湊で船簞笥が製造されていた。しかしこれも北前船の船簞笥に限られ、船簞笥全体でいえば、大坂と江戸が大きな産地であった。また酒田湊・小木湊・三国湊についても、規模においては小木湊が圧倒的に大きく、酒田や三国は比較にならなかった。したがって三者を同列に置くのは正しくない。全国的に見た場合の産地ということになると大坂・江戸・小木ということになる。

つまり結果的には『船簞笥』は、北前船で使われていた豪華な船簞笥だけをとりあげたということである。いわば婚礼衣裳とか能衣裳のようなものだけをとりあげて、これが日本の着物だといっていたようなものである。以上は本書の中で述べていることではあるが、理解しやすいように最初に書いておくことにした。

目　次

船箪笥の研究

第一章　船箪笥とは何か

第一章では、本書における研究対象である船箪笥とはどのようなものであるかという問題を扱う。

第一節で船箪笥にはどのような種類があり、それぞれの形はどのようなものであるかといった形態的な側面を説明し、次に第二節で船箪笥の存在基盤であった江戸時代の海運と廻船について、先行研究によりつつその概要を述べ、さらに第三節で浦証文を主な史料として、船箪笥というものが、誰によってどのように使われたものか、またその場合どのような役割と意味を持っていたのかということについて検討する。そして第四節で従来用いられてきた船箪笥の呼称について再検討を行うことにする。

第一節　船箪笥の種類と形

最初に船箪笥について、種類、形、大きさ、作り方、材料などの面から説明する。表1－1(1)「船箪笥の種類と形」に示したように、船箪笥は懸硯《かけすずり》（掛硯とも書く）・帳箱《ちょうばこ》・半櫃《はんがい》の三種類に大別される。用途の詳細は後に述べるが、懸硯と帳箱は一種の金庫（さらにいえば前者は手提金庫）で、半櫃は衣装櫃である。ただし呼び名については、懸硯だけは全国共通だが、帳箱・半櫃は必ずしも共通する名称ではない。この点ものちに触れるが、ここでは一応、現在一般に定着している帳箱および半櫃という言葉を使うことにする。それぞれの形、大きさ、つくり、材料は次の通りである。なお金具については懸硯・帳箱・半櫃とも共通することが多いので、最後にまとめて述べる。

表1－1(1)　船簞笥の種類と形

種　類	形の分類
懸　硯	十字型 鼓　型 全面型 別　型
帳　箱	慳貪型 閂　型 抽斗型 複合型＊
半　櫃	一重型 二重型

＊表1－1(2)参照

(1)懸硯

懸硯は、図1－1に示したように間口三五・六～四〇センチ、奥行四五～四七・八センチ、高さ四〇～四五センチの竪形で、正面に片開戸がつき、上に提手《さげて》がついているものが標準的な形である。扉には右側に大形の蝶番が五枚（三枚、四枚の場合もある）つき、左側には鎖前《じょうまえ》がつく。懸硯はこの正面の扉の金具のデザインに特徴があり、これを仮にタイプ分けすると十字型・鼓型・全面型に分けられ、さらにこの中に入らない別型がある。それぞれの詳細については第二章第二節で述べるが、もっとも代表的なものが十字型である。これは扉の中央に十字形に帯金具を配置し、その上下を角形とし、中を丸く抜いてここに定紋や屋号を入れる。

内部は上部に二段抽斗がつき、その下は、右に浅い抽斗と下に小抽斗、左は深い抽斗になっていて、浅い抽斗は硯箱として使うため内側が黒塗になっているものが多い。左の深い抽斗は銭箱として使えるように鎖《じょう》がついている。この抽斗の裏、または右の小抽斗の裏に、隠し箱が仕込まれている場合も多い。

用材は、古くは内外とも桐で作られていたが、後になると外側は欅《けやき》のものが多くなる。塗装は透明塗の拭《ふき》漆《うるし》か春慶塗《しゅんけいぬり》である。透明塗は木地《きじ》の上に直接、何も混ぜない漆を塗るもので、拭漆は漆を何回も木地に摺り込んで行く手法である。春慶塗は塗放しで仕上げるものであるが、下地に着色することもある。

図1−1　懸　硯

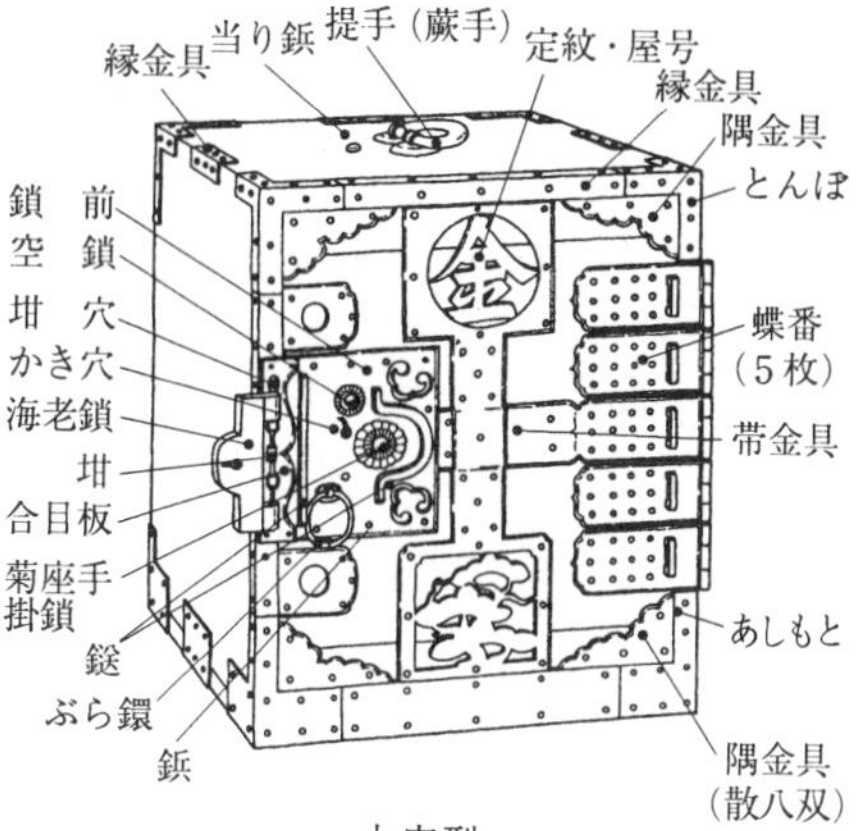

十字型

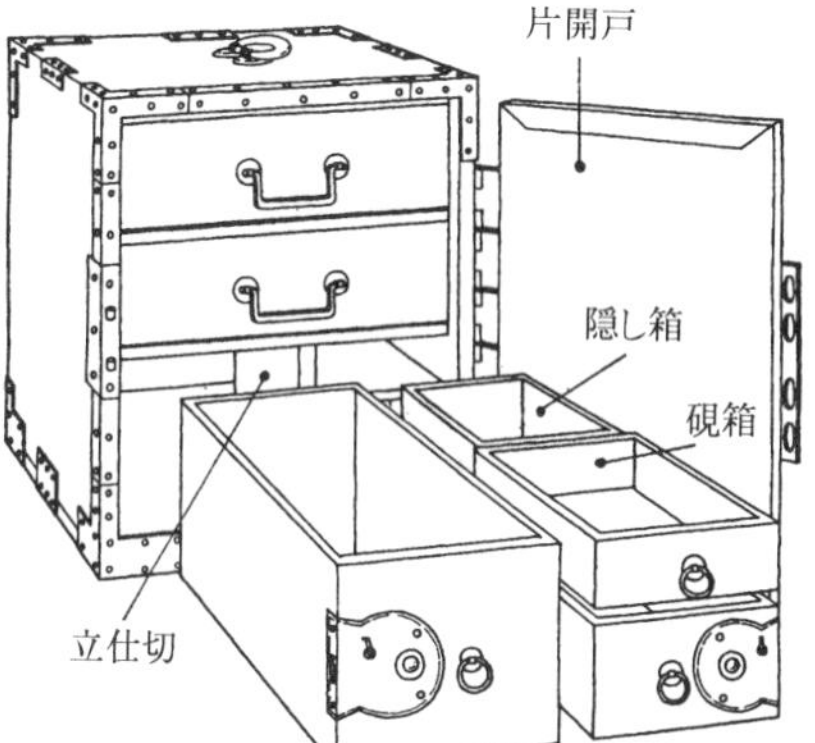

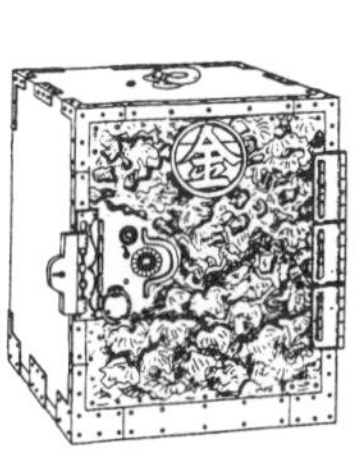

全面型

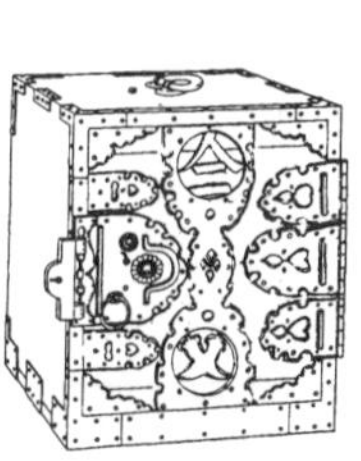

鼓　型

(2) 帳箱

帳箱は意匠の種類が非常に多く、時期によっても違うので一概にはいえないが、大体のところは図1−2に示した通りである。大きさは間口五一から六〇センチ、奥行四五から四八センチ、高さ四五から五五センチ、形はこれも仮にタイプ分けすると、慳貪《けんどん》型、閂《かんぬき》型、抽斗《ひきだし》型、複合型に分かれる。ただし帳箱の場合、からくりが多く、抽斗のように見えて慳貪（上下または左右に溝があり、蓋または戸がはめ外しできるようになっている）であったり、横にずらしてはずす摩戸《ずりど》であったりするため、このタイプ分けはあくまでも見えがかりである。

慳貪型は正面が慳貪蓋である。これも正面が全面一続きのものと上下に分かれているものとがある。閂型

図１－２　帳　　箱

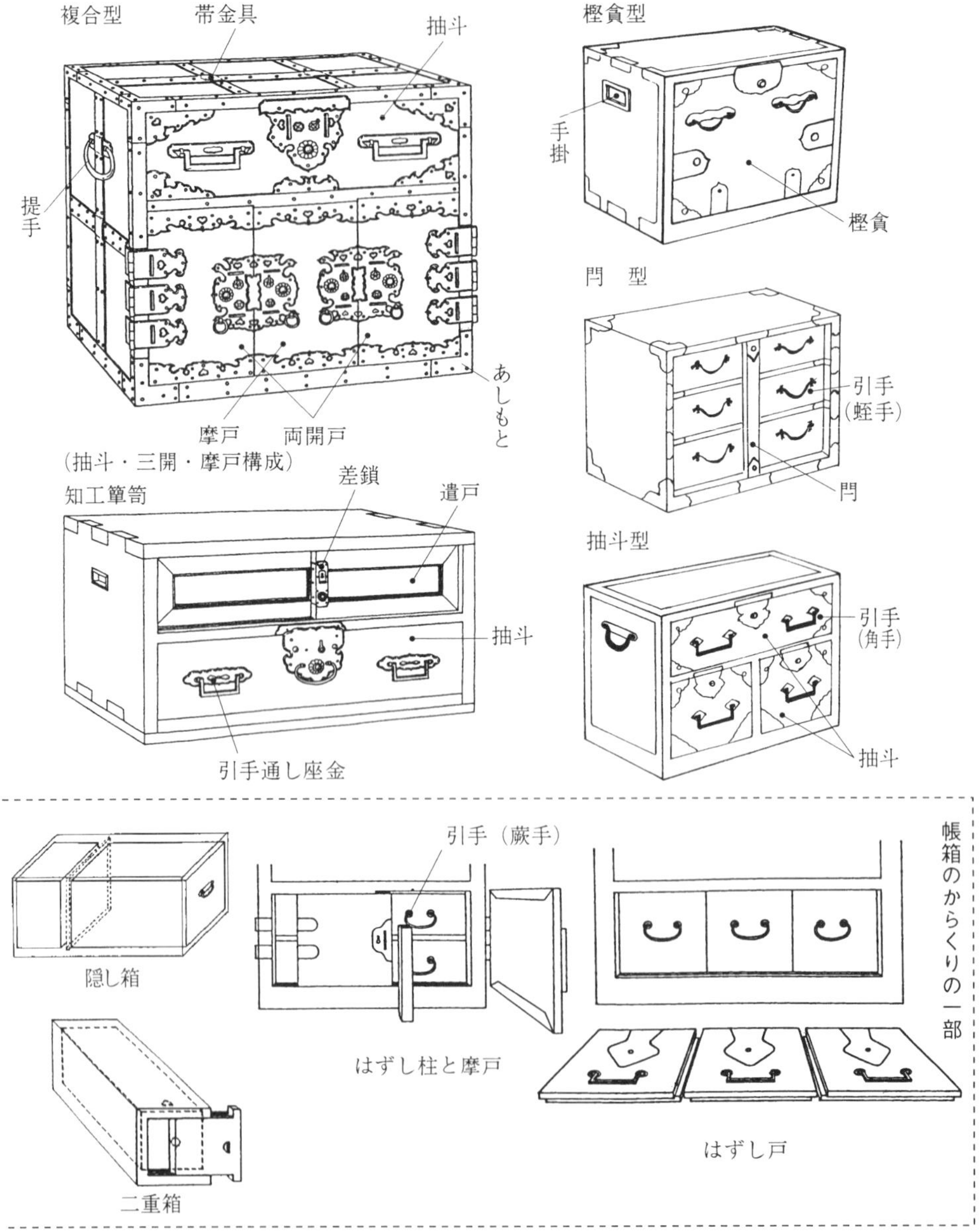

複合型
帯金具
抽斗
提手
あしもと
摩戸
両開戸
（抽斗・三開・摩戸構成）
知工簞笥
差鎖
遣戸
抽斗
引手通し座金
樫貪型
手掛
樫貪
閂　型
引手
（蛭手）
閂
抽斗型
引手
（角手）
抽斗
帳箱のからくりの一部
隠し箱
二重箱
引手（蕨手）
はずし柱と摩戸
はずし戸

複合型各種

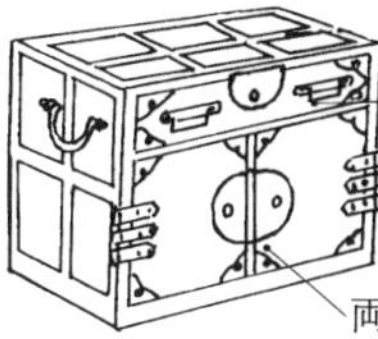

（抽斗・両開戸構成）

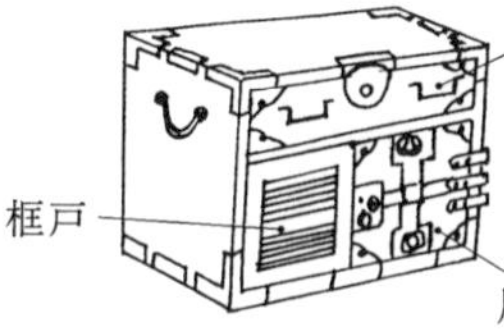

（抽斗・框・片開戸構成）

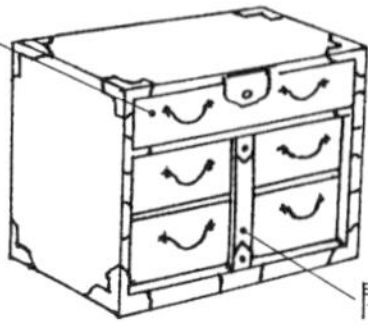

（抽斗・閂構成）

（抽斗・慳貪構成）

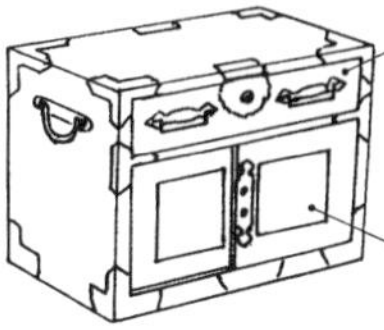

（抽斗・遣戸構成）

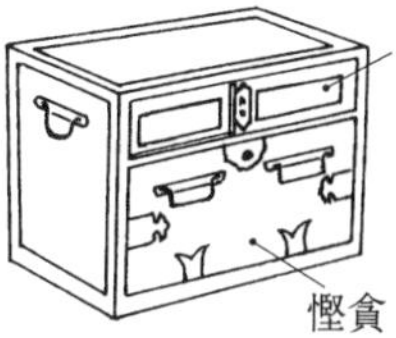

（遣戸・慳貪構成）

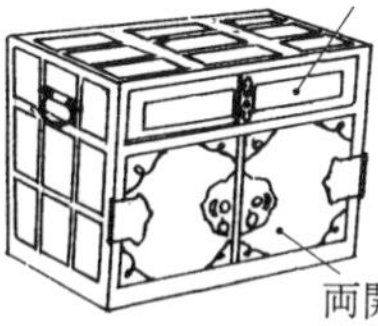

（遣戸・両開戸構成）

（遣戸・抽斗構成）

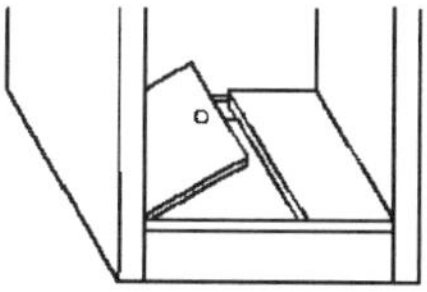
立仕切をはずすと底板が上がる

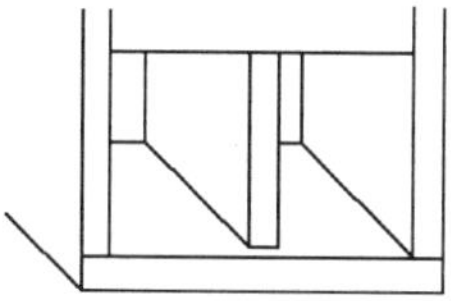
立仕切

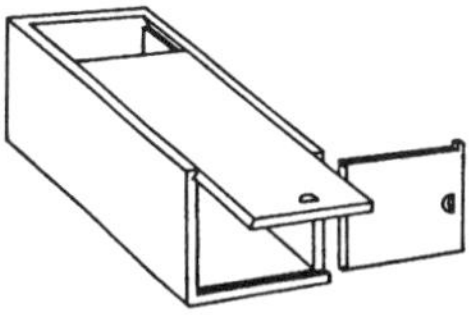
爪掛戸

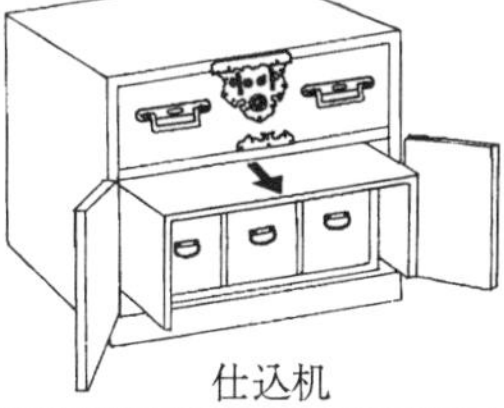
仕込机

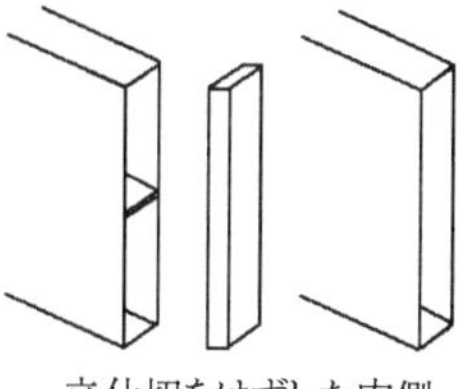
立仕切をはずした内側

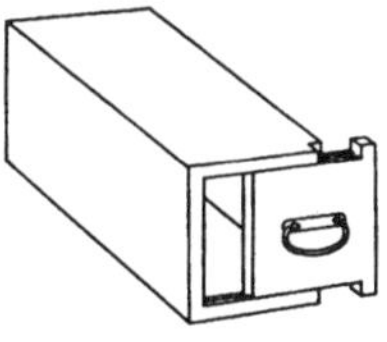
差込戸

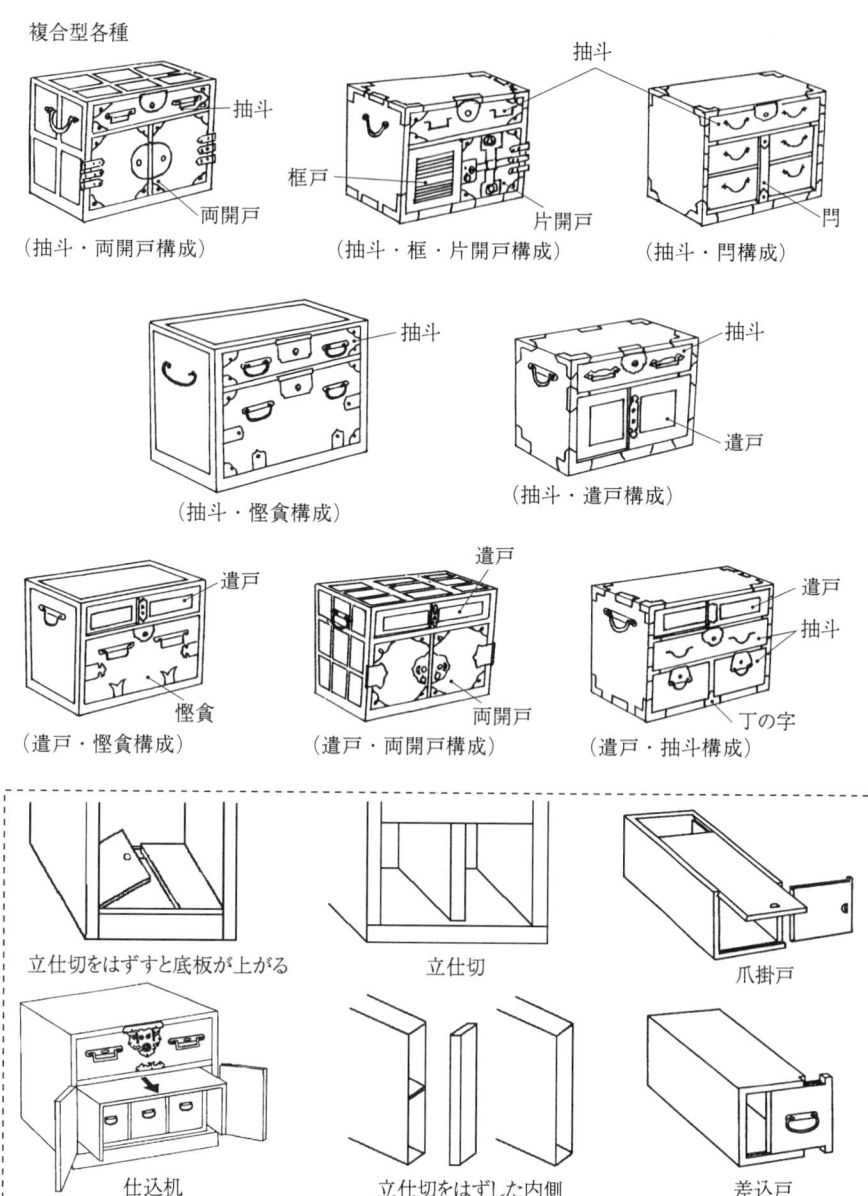

表1－1（2） 帳箱の複合型の構成

上部	下部	構成名称
抽斗	慳貪	抽斗・慳貪構成
抽斗	閂	抽斗・閂構成
抽斗	框戸・片開戸	抽斗・框・片開戸構成
抽斗	両開戸	抽斗・両開戸構成
抽斗	三枚戸	抽斗・三開・摩戸構成
抽斗	遣戸	抽斗・遣戸構成
遣戸	慳貪	遣戸・慳貪構成
遣戸	両開戸	遣戸・両開戸構成
遣戸	抽斗	遣戸・抽斗構成

表1－1（3） からくりの種類

最も外側のからくり	
・はずし戸	抽斗状で実は慳貪　開戸状で実は慳貪
・摩　戸	開戸状で実は引いて外す　框戸状で実は引いて外す　抽斗状で実は摩戸
・はずし柱	中央の柱をはずすと左右の戸が摩戸になる
内部のからくり	
・はずし戸	前面が抽斗状だが実ははずれる
・仕 込 机	机が仕込んである
・立 仕 切	前板がはずれ中は細い棚になっている　前板がはずれ中に隠し箱がある 立仕切を倒すと底板が上げ底になる
内部に仕込まれている箱類とそのからくり	
・銭　箱	差込戸　蓋付き（爪掛戸）
・隠し箱	爪掛戸　印籠蓋
・抽　斗	反対側に小抽斗がついている　入れ子の小抽斗がついている 蓋付きの抽斗（爪掛け・のせ蓋）
・二重箱	外箱が差し戸、内箱が爪掛けで印籠蓋になっている
・板抽斗	板状に見える薄い抽斗
・硯　箱	蓋付き　のせ蓋　印籠蓋　蓋無し

は正面に閂がついているもの、抽斗型は大小の抽斗だけで構成されているものである。複合型は、抽斗・慳貪・開戸《ひらきど》・框戸《かまちど》・遣戸《やりど》（引違戸）・閂などが種々に組み合わされて正面が構成されているもので、多く使われる組合せには表1－1(2)のようなものがある。

金具は慳貪型は慳貪蓋の中央上部に鎖前《じょうまえ》がつき、左右端の中央部と下端の左右に蝶番風の飾金具がついている。閂型は閂が鎖前の代わりであるため鎖前はつかない。抽斗型は抽斗の中央上部に鎖前がつく。複合型の場合は形によってさまざまであるが、抽斗、慳貪、それぞれ抽斗型、慳貪型に共通し、開戸は両開きの場合は召し合わせの中央部、片開きの場合は蝶番のつかない側の中央部に鎖前がつく。

なお帳箱の一種に、知工《ちく》簞笥とか帳台・前箱とよばれているものがある。知工は後述するように船の会計係であるから、知工用の帳箱ということである。机代わりにも使うことから、普通の帳箱よりせいが低くつくられ、邪魔になるため縁金具や帯金具などもついていない。形も単純で、組合せは抽斗・抽斗か、遣戸・抽斗程度である。

からくりには表1－1(3)に整理してあるようなものがある。外側に多く用いられるからくりとしては、はずし戸（開戸や抽斗のようにみせて実は慳貪になっている）、摩戸《ずりど》（慳貪や蝶番のついた開戸または框戸にみせて実は横にずらし、一定の個所ではずれるようになっている）、はずし柱（縦の仕切板である立仕切の柱が取りはずしできるようになっていて、これを取りはずすと摩戸が動く）などがある。

内部に多く用いられるからくりには、まず抽斗や箱に仕掛けられているものがある。内部に収められている箱の種類は、銭箱・隠し箱・抽斗・二重箱・板抽斗・硯箱などであるが、その箱や抽斗自体にもからくりがあることが多い。たとえば箱には爪掛戸《つまがけど》・差込戸《さしこみど》があり、抽斗には反対側から小抽斗がついているもの、入れ子の小抽斗がついているもの、蓋付き（爪掛蓋・印籠蓋）になっているものなどある。二重箱（外箱は差戸、内箱は爪掛戸、印籠蓋など）もよく用いられている。

構造的にも複雑で、開戸を開けるとさらに慳貪になっているといったように、二重、三重に作られているものが多く、これも摩戸・はずし戸・はずし柱などが組み合わされている。とくに立仕切（抽斗と抽斗の間の仕切板）は、からくりの宝庫で、前板をはずすと中が狭く奥深い棚になっている、中に隠し箱がある、立仕切を倒すと底に指穴が表れて上げ板が持ちあがるなどといった思いがけない仕掛けがもうけられている。中には机が仕込まれていることもある。さらに金具にもからくりが施されている場合もあり、その他にも驚くほどの工夫が凝らされた特殊なものもある。いずれにしても簡単に開けられないようになっている。

材料は帳箱の場合、外側は殆んど欅である。とくに前板には葡萄杢《もく》（葡萄の房のような杢目）、玉杢《たまもく》（玉状の杢目）、如鱗杢《にょりん》（鱗状の杢目）など杢目の美しい材料が使われている。ただ並品では側板にタモや栗などが使われることがある。内部も、抽斗の前板や銭箱には欅が使われることが多い。抽斗の側板・底板と箱類は桐で、塗装は欅の部分には拭漆か木地呂塗《きじろ》が施されている。木地呂塗は蠟色《ろいろ》仕上げともいうが透明塗の一種で、油分を含まない漆を塗り、木炭で研ぎ、磨いて艶を出す手法である。

なお帳箱にはたいてい厚い帆布製の油単《ゆたん》をかけた。油単は紺染で、屋号や定紋を白抜きにしてあるものが多い。帳箱の場合、これをさらに木製の外箱に入れることもあった。外箱は檜・杉などの素木で、形は慳貪蓋か両開扉に作られている。この外箱にも抽斗がついて、中に納める帳箱と一体になって使えるように作られているものがある。これを「（外箱）一体型」と呼ぶことにする。

図1－3　半　櫃

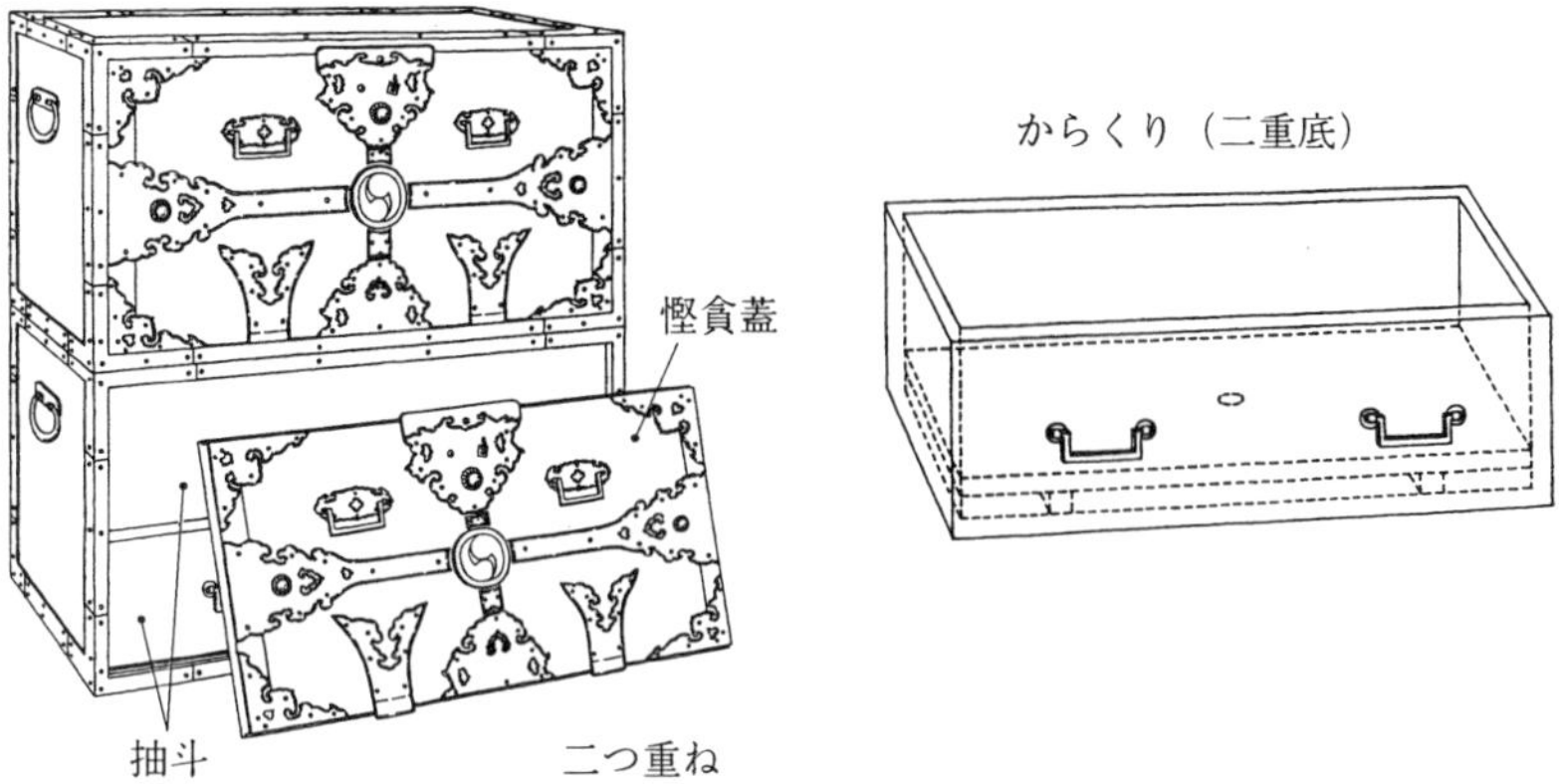

(3)半櫃

半櫃は、図1－3に示したように正面が一枚の慳貪蓋になっていて、間口七五～七八センチ、奥行四五センチ、高さ五二～五五センチほどである。半櫃は形の種類が少なく、一重のものと二つ重ねがある程度である。内部は二杯または三杯の抽斗である。用材は、外側と内部の抽斗前板は欅で、拭漆仕上げをほどこしてある。抽斗の側板、底板は桐である。

慳貪蓋であるから金具は、上部中央に鎖前がつき、左右端の中央部と下端の左右に蝶番風の飾金具がついている。

半櫃にもからくりがある場合があって、これには抽斗の底を二重にして、中に現金などを隠せるようにしてあるもの、抽斗を抜くと底板が二重になっているものなどがある。半櫃も油単をかけて使ったが外箱はない。

(4)金具

金具は船箪笥にとって実際の必要上からも重要なものであるが、装飾としても、もっとも中心をなすものである。材料は基本的には鉄である。ただし地域によっては引手や鎖前、飾金具に真鍮や銅を用いる例もある。また定紋・屋号、当たり鋲には真鍮や銅が用いら

表1－1(4)　金具の種類

分　類	種　　類	つ　く　場　所
鎖	鎖前・鍵　手掛鎖 差鎖・鍵	慳貪蓋上部　片開戸左中段　両開戸中央中段 遣戸の召合わせ
蝶　　番	表 蝶 番　三枚蝶番 五枚蝶番 六枚蝶番	開戸 〃 〃
把　　手	引　　手　角手　蕨手　蛭手 提　　手　蕨手 鐶　　　　ぶら鐶	慳貪蓋　抽斗 懸硯天板　帳箱側面 鎖前　小抽斗
補 強 金 具	隅 金 具 縁 金 具　とんぼ 十文字 丁の字 折丁 足元 にらみ 胴巻 帯 金 具	抽斗四隅　戸四隅 上部四方の角 棚板と立仕切の交差部 天板・地板と立仕切の交差部 棚板と側板の交差部 下部三方の角 棚板・地板の中央 側面から裏にまわす 天板上面　側板側面　背板背面
しるし金具	定　　紋 屋　　号 文　　字	慳貪蓋　抽斗　開戸 〃 〃

れる。金具の種類には、鎖（鎖前・鍵・差鎖）・蝶番・把手（引手・提手・鐶）・補強金具（隅金具・縁金具・帯金具）・しるし金具（定紋・屋号）などがある（表1－1(4)）。

鎖はいわゆる鎖前で、船簞笥の金具の中での主役である。慳貪蓋の上部、抽斗の上部、片開戸の左の中段、両開戸の中央中段につけられる。鎖前は弾機《ばね》が中心であるが、弾機を隠し包む鎖筒という形式と板鎖とがある。船簞笥の鎖前は板鎖で、これは表に出る板の裏面に弾機を取りつけてあり、表につけられた手掛けという半球形のつまみをまわして鎖を閉めるもので手掛鎖ともいう。この手掛けは菊座と呼ぶ花弁状の上に乗っている。弾機を開けるのには鍵を用いる。板鎖の表には手掛けのほか、空鎖《からじょう》といって鍵をかけずに戸を開閉するための鎖もついている。そのほか鍵穴、鐶、鎹《かすがい》などがついている。

差鎖《さしじょう》は遣戸の重なり合ったところにつくるもので、表から小さい長方形の鉄片を差し込み、これに鎖を下ろす。

蝶番は開戸を側板につなぎ、かつ開閉するためのものである。船簞笥の場合、すべて外につけられる表蝶番である。幅広く大きくて、透彫《すかしぼり》や絵様刳形《えようくりがた》を用いて、船簞笥の装飾として重要な要素となっている。

把手には引手・提手・鐶がある。引手は慳貪蓋、抽斗につけられるもので、形により角手・蕨手《わらびて》・蛭手《ひるて》などの種類がある。引手通し座金や当たり鋲がつくものもある。提手は懸硯の天板や帳箱の側面につけて箱全体を持ち運ぶための金具である。これはほとんどが蕨手である。鐶《かん》は小形の環形の金具でぶら鐶ともよぶ。鎖前、小抽斗などにつけられる。

補強金具は、箱がこわれないように補強するための金具だが、これも船簞笥の場合は、数量も多く、幅も広く作られ、鋲を多数うちつけたり、輪郭を装飾的に工夫したり、美しくつくられている。

隅金具は、戸や抽斗の四隅につける金具で、抽斗の場合は単なる装飾だが、戸の場合は端嵌《はしばみ》（板の反《そ》りを防ぐため木口に狭い横木をとりつける木工技法）にしてあるため、これが外れるのを防ぐ目的もある。散八双《ちらしはっそう》などの形で装飾的につくられている。

縁金具《へりかなぐ》は天板、側板、地板、棚板、立仕切などの木端《こば》や地板の角や縁につける細長い金具である。上部四方の角につける、羽を広げたような形のものを「とんぼ」、棚板と立仕切の交差するところにつける十文字のものを「十文字」、天板や地板と立仕切の交差部につけるT形のものを「丁の字」、棚板と側板の接合部に釣る、T形で上の横棒が折れ曲がっているものを「折丁」、下部三方の角につけるのを「足元」、棚板や地板の中央に、横一文字をつけるのを「にらみ」、後方の胴に側面から裏にまわして張るのを「胴巻」という。

帯金具は箱の胴につける幅三～四センチほどの帯状の金具で、天板、側面、背面に格子状にうちつけられる。

しるし金具は持ち主の定紋や屋号、時には名前を漢字で入れる。懸硯に多く、正面の扉の上部、または下部に円形の枠を作り、ここに真鍮などで入れる。既製品の場合はあけておき、注文主に応じて後から入れるようになっている。

ただし以上は標準的な船簞笥の場合であって、扉の全面をあたかも鉄のレースで覆ったようなものなど、実際にはさまざまなバリエーションがあり、金具の装飾は船簞笥を特徴づける重要な要素である。

第二節　近世海運と廻船

1　近世海運の成立と展開

戦国の世を統一して天下人となった豊臣秀吉が基礎を作り、継承した徳川家康が江戸に幕府を開くことによって始まった江戸時代の社会支配のあり方を幕藩体制社会とよぶ。この体制は中央の統一政権である幕府と、その支配下にありながら独立の支配領国を持つ藩（近世の呼称として藩はなく「国」が用いられることが多かった）が統治機関として、農民（本百姓）を全国的に掌握した体制である。

これは経済的側面からみると、自分では物を生産しない武士が、生産者である農民から、米を主とする年貢を、石高を基準にして、村の支配組織を通じて徴収し（村請制）、これを都市で売った金で必要な物資を都市の商人や職人から買い入れるという社会的関係から成り立っていた。しかしながら、この体制は、基盤はあくまでも米を中心とした実物経済に置いていながら、一方では、三都および各藩の城下町を結節点とする商品貨幣経済に依拠せざるを得ないという矛盾を持っていた。このため農民による商品生産が進んで商品貨幣経済が発展していくことにより、結果的にこうした社会的関係は解体していったのである。

近世海運はこうした幕藩体制社会の流通機構が必然的に生みだしたものである。このためその成立および推移の過程は幕藩体制のそれと密接不可分の関係にある。すなわちこれを時期的にみると、幕藩体制の成立期である一六世紀末ないし一七世紀初頭から一七世紀半ば過ぎまでが第Ⅰ期、成長から安定の時期である一七世紀後半から一八世紀後半までが第Ⅱ期、解体期である一八世紀後半以降が第Ⅲ期と分けることができる。

(1)第Ⅰ期　公用荷物中心時代

一六〇〇（慶長五）年の関が原の戦いで勝利をおさめた家康は、一六〇三（慶長八）年に江戸に幕府を開いた。この時から一七世紀半ばすぎまでが幕藩体制の成長期であるが、この時期における幕府および各藩にとって最大の課題は、急務であった築城及び城下町建設のための木材を初めとする諸物資と、経済の基盤である年貢米の江戸・大坂の二大市場への運搬であった。そこで封建領主達にとっては、当時最大の流通手段であった海運をいかに掌握するかが死活問題となった。

近世初頭の段階で、これらの物資の運搬を実際に担ったのは、いわゆる初期豪商と呼ばれる領主と結んだ特権商人達である。彼らは兵農分離で商人身分になったものの、武装集団や技術者集団を抱えている場合もあり、場合によっては河川の堀削なども行いながら、輸送から保管、売買といったあらゆる商業機能を一手に引き受けて、廻船業者兼遠隔地商人として自らも巨利を得つつ、領主等の要求に応えていった。

したがって、この第一期の海運業は、幕藩領主の公用荷物を、領主と結びついた特権商人が独占的に運んでいたもので、いわば公用荷物中心時代ともいえる時期であった。なおこの場合、貢租米のうち幕府直轄領のものを御城米、諸藩のものをふつう蔵米といい、これらを廻船によって運ぶことを廻米といった。廻船はまだ五〇〇石程度の小規模なものであった。だがこの段階で行われ始めた航路の開発整備、近世的廻船への転換への試みが基礎となり、次の第二期の経済的発展とこれによる本格的な近世海運の展開を導いていったといえる。

(2)第Ⅱ期　民間荷物の発展期

幕藩体制が確立した一七世紀後半から一八世紀初めにかけての時期に、日本の農業生産力は飛躍的に上昇した。これは社会の安定と、基本的には中世までの隷属状態から脱して、独立した小農民が自らの主体性を持って農業経営を行うようになったことが最大の原因であるが、同時に進行していた都市の発展がそれを促進した。三都を初めとする各藩の城下町の発展は、大消費地を出現させ、都市に向けての商業的農業の展開を推し進め、農民的商品貨幣経済を伸張させていったが、これを可能にしたのが海運の発達であり、またそれがさらなる海運の発展を促していくことになった。

このため海運業自体も、民間の商品荷物の輸送量増加に伴って、廻米を通じて領主が掌握していた海運から商人の手に移って行くというように大きな変化をとげていった。と同時に民間の商品荷物の場合、なによりも経済合理性が求められたことから海運業としての質も変化していった。

そうした江戸と大坂をつないでいた物資流通の大動脈が菱垣廻船である。一六一九（元和五）年に泉州堺の商人が紀州富田浦の廻船を借りて、大坂から酒、油、米、木綿、蠟《ろう》など江戸で日常的に必要とする商品を江戸に運んだのが始まりだといわれる。一六二四（寛永元）年以降、大坂に江戸積問屋が続々と生まれていった。一六九四（元禄七）年には海難に際しての船頭の横暴と不正を阻止するため、江戸と大坂にそれぞれ十組問屋（塗物店組・内店組・通町組・表店組・薬種店組・河岸組・綿店組・紙店組・釘店組・酒店組）が成立し、荷主である積荷仲間の結束が強化された。

菱垣廻船の場合、積荷の商品自体は菱垣廻船問屋が扱ったが、廻船そのものは、廻船問屋自身の手船とともに、十組問屋の共同所有の手船またはチャーター船（雇船）も少なくなかった。いずれの場合も廻船問屋は、廻船仕建てや積荷および荷受け業務、運行のみを行い、運賃ほか諸経費をとって経営していた。

菱垣廻船と並び称される樽廻船も、一六六〇年代の寛文年間に始まっている。しかし本格的になるのは一七三〇（享保一五）年からで、菱垣廻船の十組問屋から酒店組が独立して酒荷専門の樽廻船として成立した。この場合、船は廻船問屋の手船、荷主の酒造家の手船、船主が別にいるチャーター船などのケースがあったが、やはり菱垣廻船同様、樽廻船問屋は、仕建てや積荷・荷受け業務、運行のみを行うものであった。どちらも荷主側が廻船に対して強力な支配権を持っていたもので、こういう廻船の経営形態を運賃積という。これに対して、船主が自分の資金で物資を買い入れて運んで行って売るのが買積《かいづみ》経営で、第三期になって多くなってくるのがこの買積である。

一方、江戸・大坂以外の各地においても航路の整備が進められた。近世初めの段階では、中世以来の地方的航路が開かれていただけであったから、航路といっても瀬戸内海を除くと非常に地域的なものであった。このため、たとえば、東北日本海側や北陸地方の米を大坂に運ぼうとすると、日本海を南下して来て、敦賀か小浜でいったん陸に上げ、塩津まで駄送し、琵琶湖を船で渡り、大津からまた陸路を大坂まで駄送しなければならなかった。また仙台藩や津軽藩の場合は、房総半島の太平洋岸で海難が多かったため、常陸の那珂湊まで海上運搬をし、那珂湊からは川船に積み替えて、利根川を利用して江戸まで運ぶという方法を取っていた。

こうした状況は天領が全国に散在する幕府にとっては特に大きな問題であったが、とくに廻米量が増大するにつれて輸送効率の悪さは重要な懸案となってきた。そこで幕府は、一六三〇（寛永七）年に、「城米廻船取締規則」を作って法律的に整備する一方、河村瑞軒に命じて航路の改善を行わせた。彼はそれまで地域的、断片的な沿岸航路だったものを、それぞれの寄港地を結びつけることによって一貫した海運航路として体系づけることに成功し、一六七二（寛文一二）年、効率的な御城米回送ルートを完成した。

これには出羽の酒田から西に方向をとる西廻りルートと、阿武隈川口の荒浜から江戸へ向かう東廻りルートがある（図1－4）。ただし後者はその後の海運技術の発達によって、新潟以北の新港から津軽海峡を通り抜けて江戸に向かう長距離ルートに発展した。西廻りルートは、酒田－佐渡・小木－能登・福浦－但馬・柴山－石見・温泉津－長門・下関－瀬戸内海－大坂－大島－伊勢－志摩－伊豆・下田－江戸と結ぶコースであり、東廻りは、秋田・土崎－陸奥・平潟－常陸・那珂湊－下総・銚子－安房・小湊－相模・伊豆または伊豆・下田－江戸と結ぶコースである。ただし風任せの帆船航海のため、順風に恵まれれば寄港も少なく、所要日数も短縮したが、その逆の場合は右以外の港で日和待ちをすることも多かった。

一方、こうした航路の改善と平行して、廻船に用いられる船そのものについても改良が行われていった。最初用いられていたのは中世以来の船、大型船では二形船とか伊勢船、中型船ではハガセ船とか弁財船（図1－5）であったが、これらはいずれも基本的には中世的性格の船であって、必ずしも近世的海運に適したものではなかった。特に順風の場合は帆走するが、それ以外は操櫓に依存する船であったため、廻船としては非常に経済性が低かった。折しも全国的海運ルートの展開による廻船需要の高まりが起こってくると、これに対応して急速に廻船の合理化が進んでいったが、ここで従来の船の中から選ばれたのが弁財船である。その後さらに逆風や横風での帆走が可能になり、操櫓用の水主《かこ》（水夫）が不要になるなど改良が加えられて

図1－4　近世後期の航路

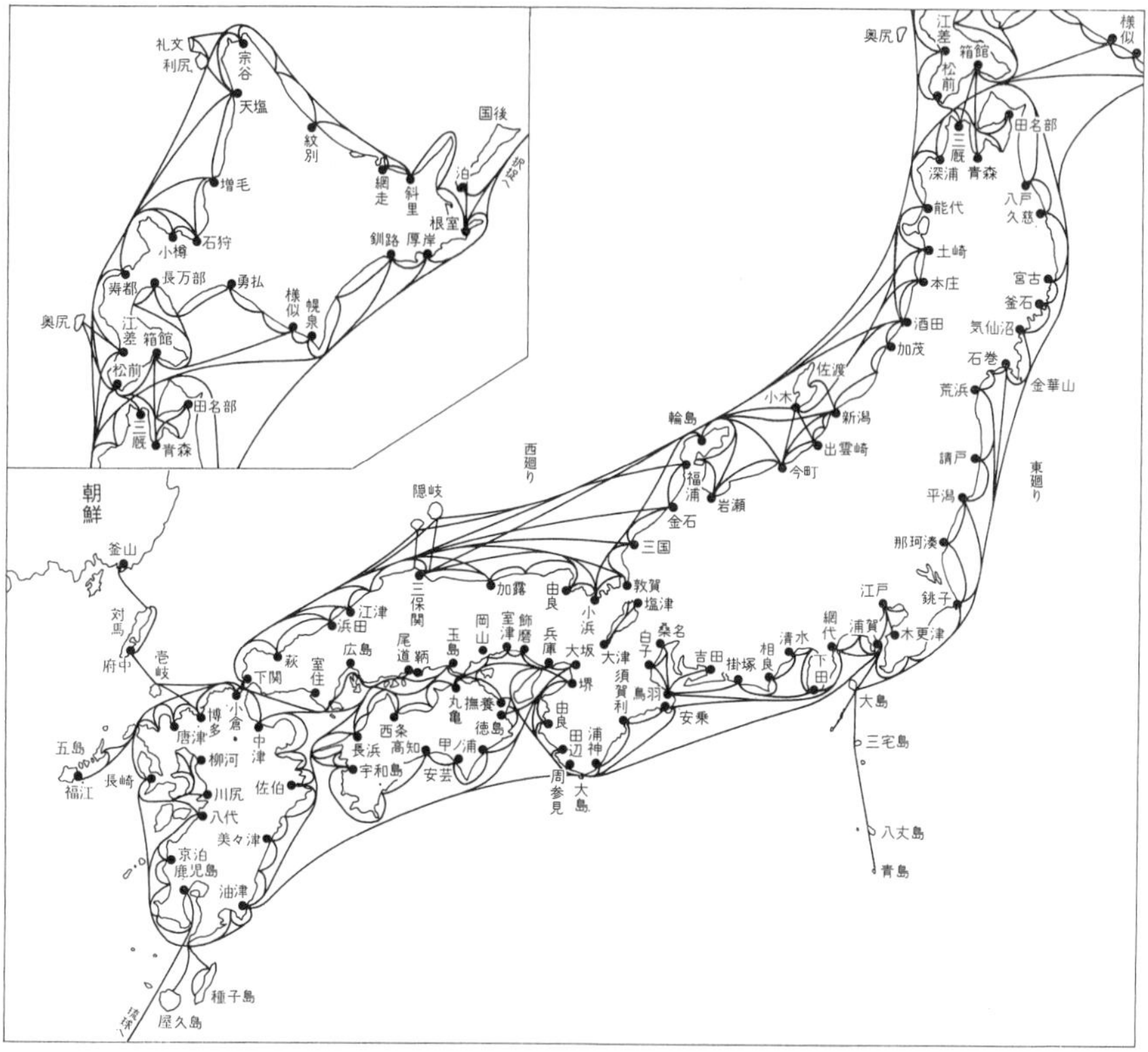

西廻り航路は酒田から西へ向かい下関から瀬戸内海に入り大坂から江戸へのコースである。東廻りははじめ荒浜から江戸だったが、寛文12年からは公式には酒田から北上し津軽海峡を通って三陸沖を南下し江戸に入るコースになった（石井謙治『図説和船史話』より）。

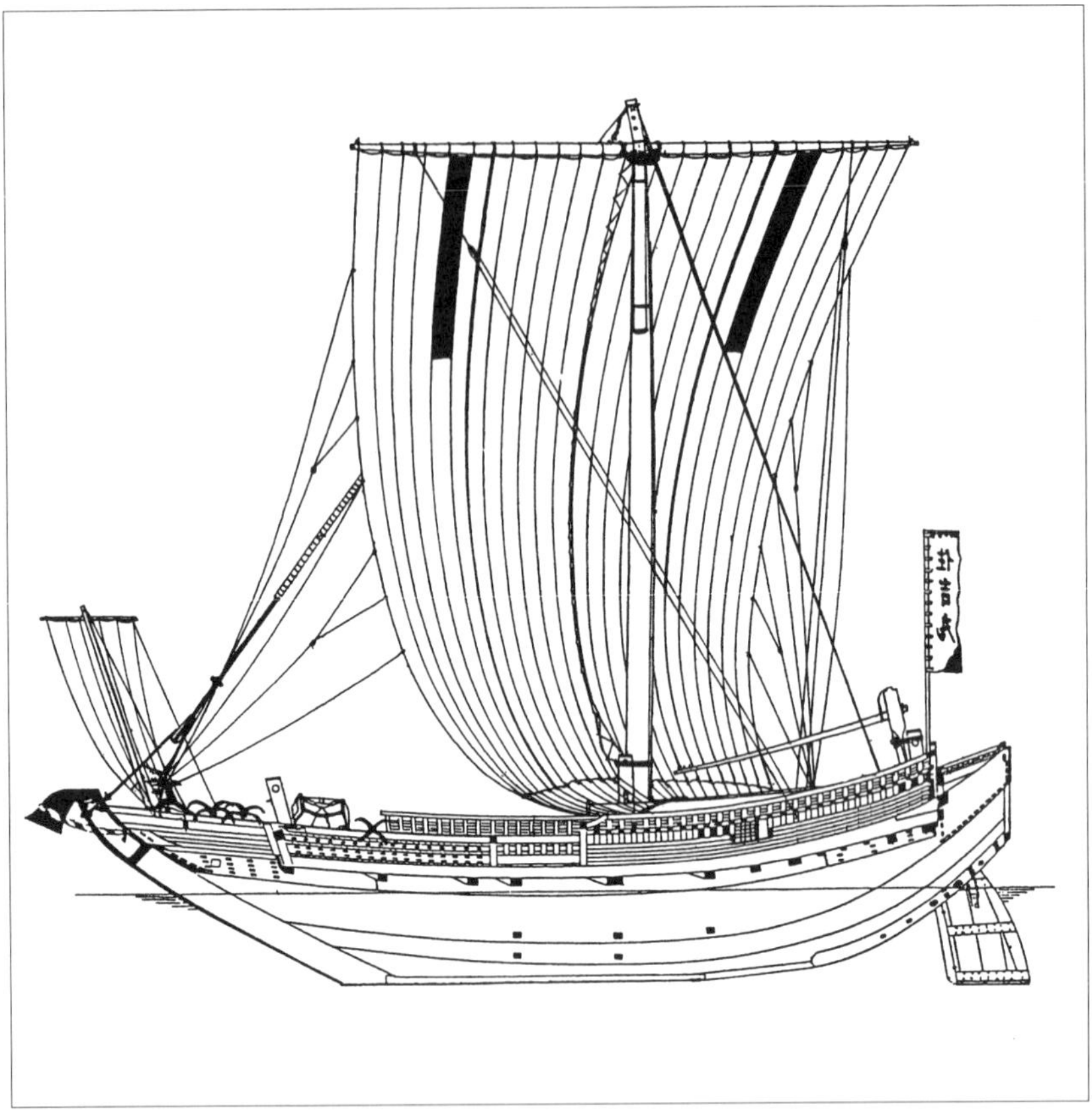

図１－５　1000石積・24反帆の弁才船（石井謙治『江戸海運と弁才船』より）

行った結果、やがて弁財船は廻船にとって最良の船型とされ、一七世紀末から一八世紀初めにかけて全国的な規模で普及していった。ここにおいてようやく、中世的海運から近世的海運、言葉をかえれば幕藩体制的な海運への転換が行われたのである。

いずれにせよ菱垣廻船も樽廻船も、また西廻り航路、東廻り航路にしても、いかに大量の積荷が可能であるかということが経営にとって最重要である。このため船型自体もしだいに大形化して行き、俗に千石船といわれたように一〇〇〇石クラスのものが主流になってきた。

このような動きに対し近世初めの段階で主導権をとっていた初期豪商たちはしだいに衰退して行った。彼らは初期の市場の未発達さを利用して利潤を得ていたのであったが、その後の経済の発展によりそうした利益が減少したことと、海運業の発達により運賃が低落したこと（たとえば秋田―敦賀間の運賃が三分の一から四分の一に低落した）もあって、逐次海運業から手を引き、一八世紀前半までには殆んど撤退してしまった。

(3)第Ⅲ期　買積船の活躍

一八世紀後半から一九世紀にはいると、西廻り海運が発展し始める。この航路を経由して蝦夷地と上方を往復したのがいわゆる北前船[1]である。北前船については第四章で詳述するためここでは簡単に述べると、西廻り海運もすでに一七世紀末の元禄期から、活動はさかんになりつつあったが、買積船として本格的になるのは一八世紀後半から一九世紀初めにかけてである。これは農民的貨幣経済の発展と平行して、各藩の殖産興業的な海運政策や、産物方設置政策が行われたのだが、ことに一八〇二（享和二）年の蝦夷奉行設置にみられるような幕府による積極的な蝦夷地経営が始まったことが大きかった。

買積船というものは荷主が自己資金で積荷を仕入れて、運んで行って売るという形態である。要するに商業機能と運送機能が未分化な状態である。このため荷主と船主が同じという場合が多かったが、これにも船主と船頭が分離している形態と、船頭自身が荷主であるという形態があった。いずれにしても業務の中心は商品取引にあって、運賃は販売価格の中に含まれていたが、才覚しだいで大きな利益をあげることができた。このため初期の船主には大坂・敦賀・近江など上方の問屋商人が多く、船頭・水主は北陸地方を中心として、奥羽・山陰・瀬戸内海地方の出身者が多かったが、やがて彼らが船主として独立して行った。

廻船にはやはり弁財船が用いられたが、買積経営の場合、とくに積荷の多寡が直接利潤につながることから、稼動率の高い船が要求されたため、一五〇〇石積から二〇〇〇石積が中心であった。ただしこの時期は日本全体で商品流通量が増大したため、菱垣廻船・樽廻船においても船型が大形化し、一九世紀中頃には平均が一五〇〇石積となり、さらに幕末の嘉永・安政頃になると一九〇〇石積から二〇〇〇石積が中心になった。

ともあれ買積船の利潤源は遠隔地間の価格差にある。このため国内市場が不統一で、経済的にも文化的にも地域的格差が大きかった幕末から明治中期あたりまでが北前船にとっては最盛期であった。しかしやがて国内市場が統一され、地域的格差も少なくなり、一方で政府による海運の近代化や鉄道網の整備が行われるようになると、経営的になりたたなくなった。これは運賃積船においても同様で、ごくローカルな海運を除いて、ほぼ明治いっぱいで和船の時代は終わったのである。

2　廻船の乗組員と文書

(1)廻船の乗組員

廻船には前項で述べたように運賃積船と買積船とがあったが、いずれもその運航方法としては船主が船頭

図１－６　船絵馬に描かれた乗組員（万徳丸・文化８年／金沢・栗崎八幡神社蔵）

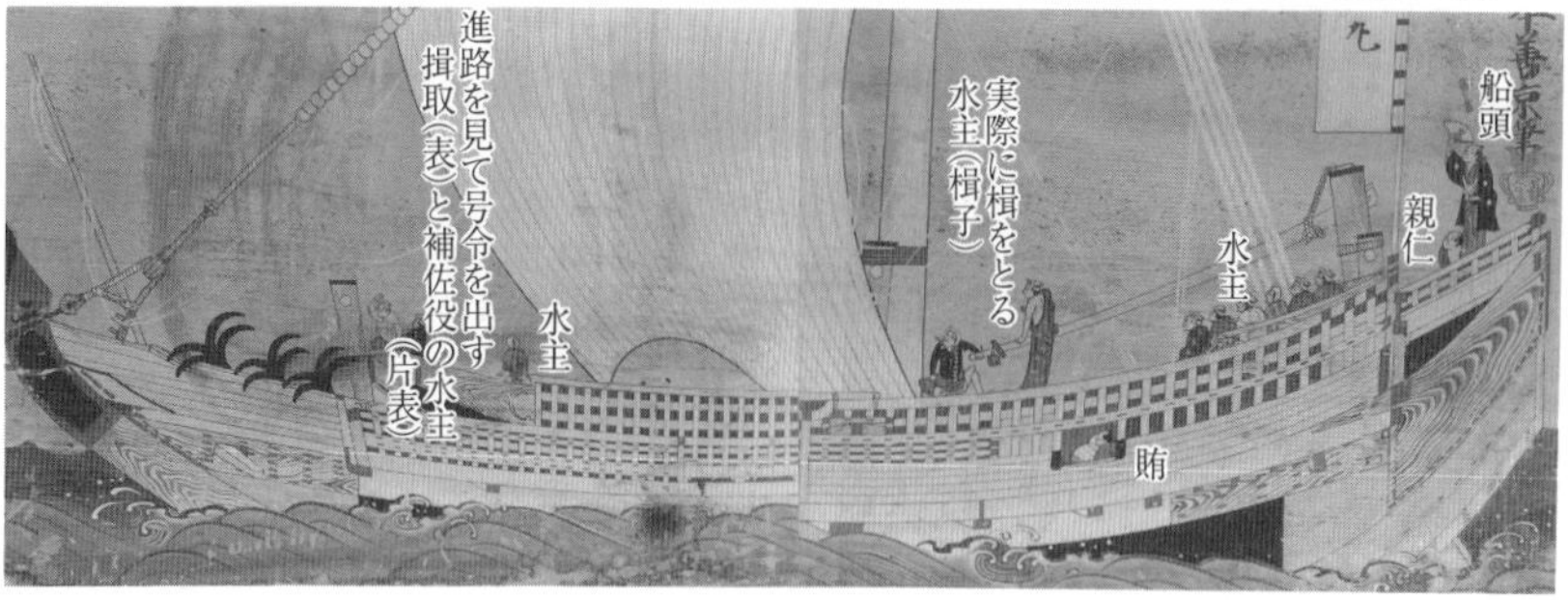

を雇って船を動かす形態と、船主自身が船頭である形態とがあり、前者を沖船頭または雇船頭、後者を直乗《じかのり》船頭もしくは直船頭といった。

乗組員の構成は[2]、船頭―楫取《かじとり》―親仁《おやじ》―賄《まかない》―水主《かこ》―炊《かしき》となっていて、このうち楫取・親仁・賄を船方三役といい、それ以外を平水主《ひらかこ》といったが、船頭以外は全部水主ともいった。

船頭はいうまでもなく船長であって、運行上の責任者であるが、必ずしも現在のように航海の専門家でなくてもよかった。前述したように当時の海運には荷物輸送だけを扱う運賃積船と商品を買い入れて運んで行って売る、いわば動くマーケットである買積船とがあったが、いずれの場合も運航業務や商売上の責任者としての適切な処置が必要であったから、これが船頭の仕事であった。とくに買積船の場合は、商取引そのものが重要な業務であったから、商人としての才覚がなによりも重要視された。したがって航海上の責任者は楫取であり、船頭につぐ重要なポストであった。常に見通しのきく船首（表《おもて》）にいて航海の指揮をとっていたため、表仕とか表とも呼ばれていた。

親仁は表仕と共に水主達を指揮して操帆・操舵をはじめ、甲板作業をとりしきる役である。賄は事務、会計係である。岡廻り・岡使いとも呼ばれ、また日本海側の北陸地方では知工《ちく》と呼んでいた。運賃積船の場合は、積荷の受渡しが主な役で、その他船内の諸経費とか港の出入り関係の出費などを扱った。買積船の場合は積荷に関する会計業務を担当したが、売買に伴う金の取扱高が大きく、仕切書や帳簿附けなどの事務も多かったため、責任の重い仕事であった。

以上三役以外の平水主は楫取や親仁の指揮下で操舵をはじめとして種々の船上作業に従事するもので、その下の見習い水夫が炊である。文字通り炊事を担当しながら、船内業務を覚えていった。ただし小さな船ではこんなに職能がきちんと分かれてはいなかった。

またこれは乗務員ではないが、御城米輸送の場合、上乗《うわのり》というものが乗ることがあった。天領などの御城米を納める村の代表者が輸送責任者として乗るもので、船頭を監督する役目をした。

(2)航行に関する文書

廻船に関する文書は大きく分けて航行に関するものと積荷に関するものとがある。まず航行に関するものは「船鑑札」と「船往来手形」である。

「船鑑札」は、船を新造したり購入した際、役所に届け出て受けるものである。領主によって形式に相違はあるが、一般に船名・船主名・船の種類・石数・取得理由などを年寄または船宿連署の上、所轄の役所に届出、所定の税金を納めると、「諸船御改帳」というものに登記され、登記が済むと交付されるものである。登録番号・船の形式・石数・船名・乗組員数・船主・船頭名・定繋港名などが記されている。そして、交付と同時に船体に極印が打たれる。極印は御城米など領主米廻送船や菱垣・樽廻船などでは、船体・舵・帆柱などに捺される焼き印で、とくに船体のものは船足極印と呼ばれて重要視された。満載時の喫水線を示すものでもあった。

写真1－1に示したものは、明治に入ってからのものだが、福井県坂井郡三国町の廻船問屋森田三郎右衛

門家の手船亀甲丸の船鑑札である。檜の板に、

　第千七百五拾四号
西洋形帆船
弐百六拾五頓積
西洋形帆船亀甲丸　乗組拾三人
石川県越前国坂井郡坂井港中元町　森田三郎右衛門船　船頭森井幸次郎乗
越前国坂井港定繋

と書かれている。

「船往来手形」は単に「切手」とも呼ばれる。船頭が所轄の浦役場に申請して下付を受けるもので、船頭以下乗組員がキリシタンでないことを証明し、各地の番所にあてて通行を許可してくれるように記したもので、パスポートである。有効期限は一カ年であるが、航海の都合上その期限を超える場合は、その地の浦役人に申し出て、その許可を受けておくことが必要であった[3]。

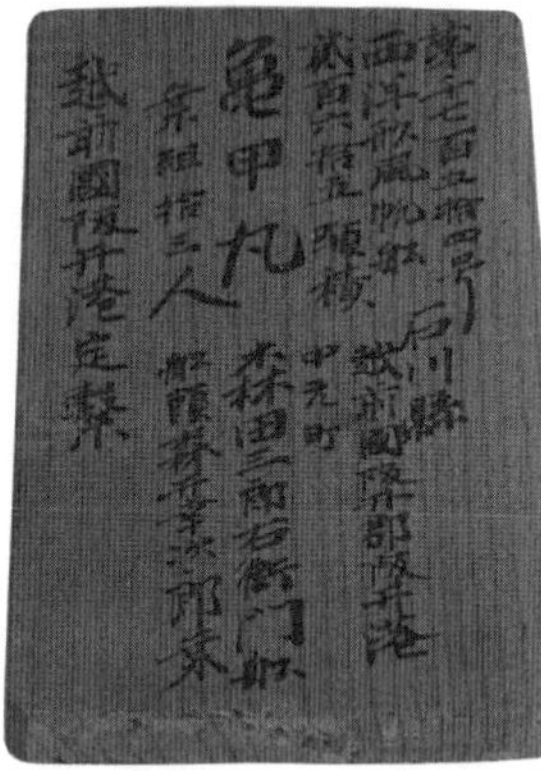

写真1－1　船鑑札

これには半紙に墨で書かれたものと、木札に記されたものとがある。次は前者の例で、越後国岩船の十蔵という直乗船頭に檀那寺が発行した往来手形である（写真1－2）。

往来一札之事
一内藤紀伊守領分越後国岩船町
十蔵主船弐人乗此もの共義御法度之
切支丹邪宗門ニ無之尤宗旨之義者

代々浄土真宗ニて拙寺旦那ニ相違無之
御座候ニ付津々浦々無相違御通可被下以上
越後国岩船町
慶応四年辰六月
善行寺印
津々浦々沖ノ口
御関所
御役人中
次は後者の例で、加州の瀬越浦の直船頭柿屋弥三郎に交付された往来手形である。檜板に記されている（写真1－3）。
（表）
松平飛騨守領加州江泊郡
瀬越浦弥三郎船壱艘弐人乗
宗旨相改為商売致渡海
々条何々浦々江寄　共御国之
随所法て御指南　以上
（裏）
安政三年
土山常吉（印）
庚正月

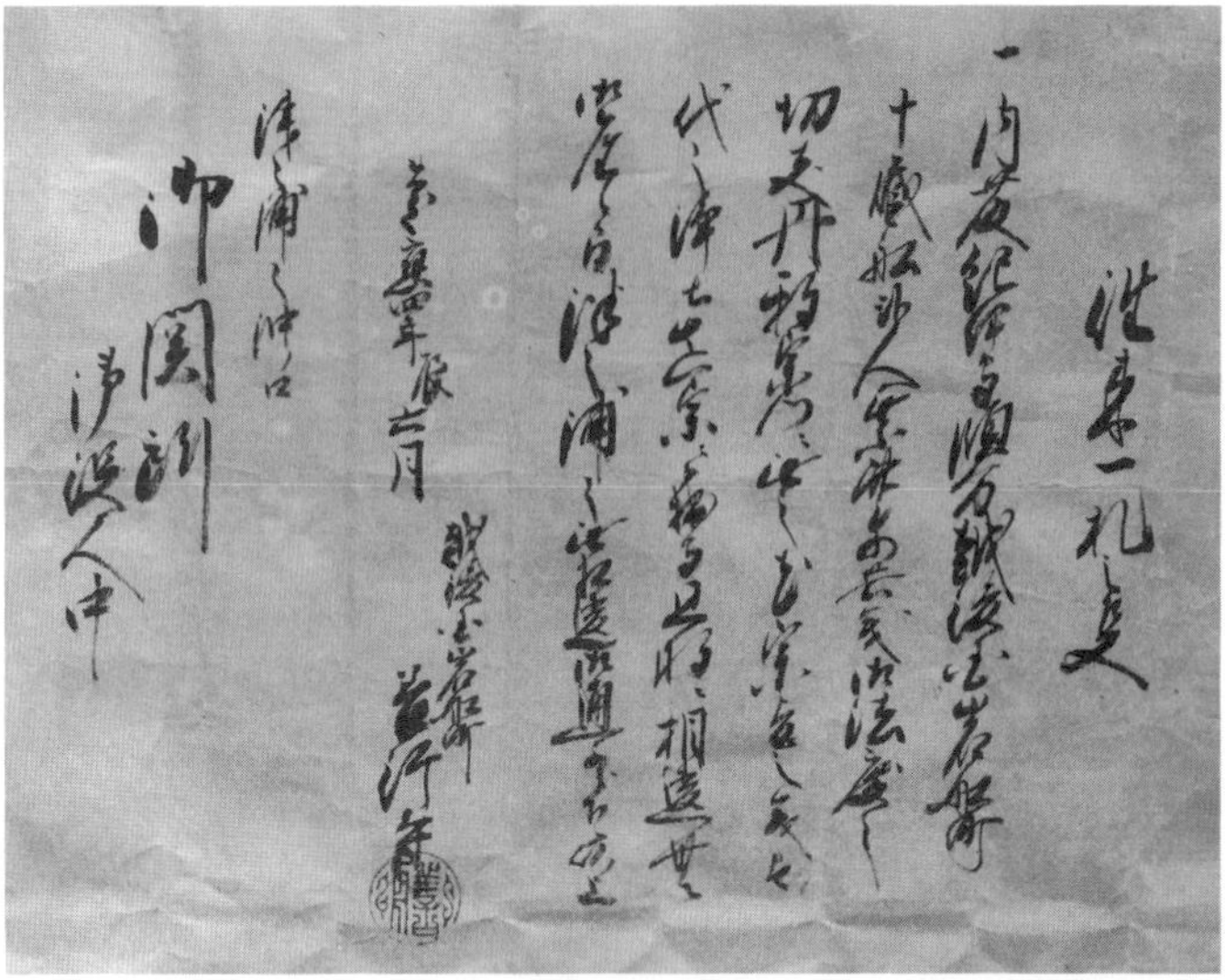

写真1－2　船往来手形（半紙）

（裏）

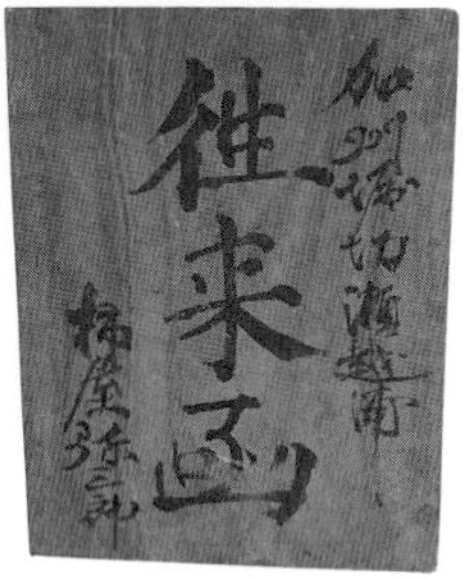

（表）

（裏）

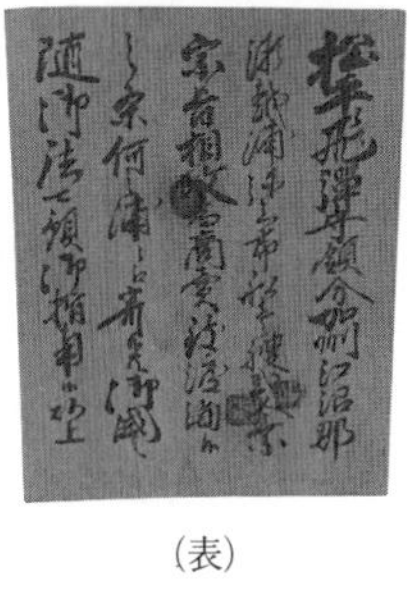

（表）

写真1－3　船往来手形（木札）と箱
箱と木札は別々

村井勘兵衛（印）

諸国浦々

御支配衆中

なお直乗船頭の場合は、船鑑札に記されている船の所有者は当然彼自身であるから、これと往来手形面の船舶所有者とが一致していなければならない。また沖船頭の場合は、船鑑札面の船の所有者と同一人の持船の乗組員であることが証明されなければならなかった。

以上の二点はどの船も必ず持っていなければならない基本的な証明証だが、これに加えて御城米船の場合は、「船中御条目」と「船中日記」および「朱丸御用幟」「朱丸御用提灯」を持っていなければならなかった。

「船中御条目」とは、御城米船が遵守せねばならない諸規約・心得を五カ条に書いたもので、その船が幕府のチャーター船となった時に船割《ふねわり》代官から渡されるものである。一六七三（寛文一三）年に制定されて以来、御城米船必携の書類として幕府倒壊にいたるまでの長い間重要視されていた。

「船中日記」は単に「日帳」とも呼ばれるもので、いわば船の行動記録である。時化や風待ちによる寄港と滞船の理由などが記録され、出入港に際しては浦役人が証明印を押した。

また「朱丸御用幟」と「提灯」は日の丸の標識で、御城米船は入港の際、常時これを掲げ、一目でそれとわかるようにした。

以上は航行上の必携物であって、これがないと事実上航海は不可能であった。

(3) 積荷に関する文書

積荷に関する文書は次の通りである。

最も重要なものが「送状」である。これは荷主が、積荷の数量・品目・届先を書いて問屋や船頭に渡すものであるが、とくに御城米船の場合は、蔵納めの際に輸送中の目減りに対する弁償額判定の基準とされた。これに対し買積船の場合は、商品の取引に伴う「売買仕切」が最も重要な書類であった。

こうした「送状」「売買仕切」などは、海難などの際には重要な証拠となるものであるから、前記の二つの通行証――御城米船の場合はこれに御条目や日記も加わる――と同様、航行中は船頭は常に手放さぬように義務づけられていて、紛失すると、場合によっては刑事責任を問われた。なにしろ一航海で扱う荷物の金高は千両内外にもおよぶ場合もあったから、それが海難などで流失したということになると荷主の損失は莫大なものとなる。したがって商品の管理者である船頭には重責が課せられていたわけである。このことについては後でもう一度詳しく述べる。

第三節　船乗りの持具

1　浦証文からみた船乗りの持具

以上、近世海運と廻船についてみてきたが、ではこうした廻船において、船簞笥が実際にどのように使われていたのだろうか。この点を知る手がかりとして浦証文をみて行くことにする。現在のところ、船簞笥に関する文献史料としてはこの浦証文が唯一のものである。

(1)浦証文

浦証文とは、江戸時代、船が海難にあって破船もしくは積荷を捨てた際、最寄りの浦で船頭が浦役人から受ける海難証明書である。破船証明ないしは残存荷物および船具の現在証明書で、浦手形・灘証文・灘状・浜書物などとも呼ばれた。これは船頭に対しては、その海難が不可抗力などによるもので、不正行為によるものではないことを確認し、浦方に対しては海難にことよせて不正行為を行うことがなかったことを確認するためである。

形式はほぼ一定していて、船籍地・船名・積石数・船頭名・乗組員数と名前・積荷・出港地・目的地・出港日時・遭難場所・日時・時刻・遭難状況ならびにその処置などが詳しく記述されていて、残存荷物や船具があれば、そのリストが末尾につけられている。この残存荷物の中に懸硯や帳箱が記載されていることがあるため、この最後のリストが船箪笥研究にとっては非常に貴重な史料である。

残存荷物は、船の積荷および船の備品と乗組員個人の持物とに大別され、懸硯や帳箱が出てくるのは個人持ちの荷物の方である。中には乗組員を身分や職能別に分けて、それぞれの持物の品名、中身をこまかく載録しているものもある。参考のためにそうした浦証文の一例を示してみよう。これは一七四〇（元文五）年、尾州智多郡常滑村の久右衛門船という、船頭以下九人乗りの船が青ケ島に漂着した時のものである（便宜上、番号をつけた）。

（表紙）
「浦証文
尾州智多郡常滑村
久右衛門船
浦手形　　八丈嶋」

①
浦手形之事

一　當申三月廿三日、八丈嶋之内大賀郷八重根と申所江小船壱艘着船仕候ニ付、早速罷出様子相尋候得者、尾州智多郡常滑村久右衛門舟沖船頭平左衛門水主共九人乗遭難風、當申ノ二月十六日青ケ嶋へ漂着之処、本船流失ニ付、艀しつらい右船人数九人并泉州岡田浦六兵衛船人数八人沖合為案内、青ケ嶋太郎助と申者壱人水先ニ乗、同嶋彦太夫壱人便船以上拾九人乗組當嶋江致嶋傳候旨申候ニ付、艀引揚船頭水主相労り青ケ嶋より指出候浦手形改之候写し

②　浦手形之事

一　當申二月十六日、當嶋西浦沖ニ漂船壱艘相見へ申候間為知之火相立申候得者、同日午ノ刻時分久保田浦沖ニ本船繋置艀おろし漕参候ニ付、船頭水主縄ニ而引揚相助ケ口書取立候写し

③　指上申口書之事

一　私共儀尾州智多郡常滑村久右衛門船沖船頭平左衛門水主共ニ九人乗、勢州於四日市米運賃并買積仕、去未十二月廿四日市出船、同廿二日同國小濱湊江着船同所ニ逗留日和待仕、同廿五日順風ニ而同所出船、段々乗下り、同廿八日相州浦賀江着御番所御改を請同所ニ逗留致、當申正月八日順風ニ而同所出船、同日七ツ時分品川江着、同十四日江戸川江入津右米同所ニ而干鰯百弐拾壱俵致買積、同廿三日江戸川出船、同廿四日神奈川江着同所ニ逗留致日和待、同二月二日同所出船、同日七ツ時分浦賀江着、船御番所御改を請、同所逗留仕、同六日同所出船、同日暮六つ時豆州下田み志やごへ着逗留仕、同九日順風ニ而同所出船、同日九つ時同國北浦江着同所ニ逗留、同十三日暮六つ時同所出船、同十四日志州大尾崎沖迄走り申候かと存候處、十五日夜成亥風夥敷吹出何國ともなく吹流され船難持御座候ニ付、檣伐捨船中髪を拂ひ諸神江立願致し、面揖取揖に縄を引風にまかせ為突罷在候処、同十六日朝當嶋山を見付、船中力を得、からくり帆をしつらい走り申候得者、同日九つ時分嶋近く走り寄本船繋置艀おろし漕参候処ニ、御役人中百姓中御出

青ケ嶋之由被仰聞、私共御助ケ被下積参候飯米諸色御取揚、私共江御渡被下候

覚

一　飯米　四俵　一　艀　壱

一　櫓櫂　四挺　一　木棉帆　四端

一　細物　弐房

船頭水主衣類手道具

一　掛硯壱つ内

一　御切手箱壱つ　一　船印壱つ　一　古銀拾九匁

御切手有り

一　印判壱つ　一　秤壱棹　一　新銀四拾三匁

一　浮針壱つ　一　蝋燭五丁　一　銭三貫六百匁

一　風呂敷包内

一　夜着壱つ　一　ひとへ物壱つ　一　てうし壱つ

一　ふとん壱つ　一　てうちん壱張　一　櫛道具壱通

一　袷弐つ　一　股引壱足

一　骨柳壱つ内

一　布子弐つ　一　袷羽織弐つ

一　紬綿入壱つ　一　帯弐筋

一　木棉袷弐つ　一　脇指壱腰

右者船頭平左衛門分
一　骨柳壱つ内
　一　布子壱つ　　一　帯壱筋
　一　袷壱つ　　一　銭壱貫弐百匁
　一　袷羽織壱つ
一　風呂敷包内
　一　夜着壱つ　　一　櫛道具壱通り
右者親仁文六分
一　骨柳壱つ内
　一　布子弐つ　　一　袷壱つ　　一　袷羽織壱つ
一　風呂敷包内
　一　夜着壱つ　　一　ふとん壱つ
右者水主惣次郎分
一　骨柳壱つ内
　一　布子弐つ　　一　袷羽織弐つ　　一　帯壱筋
　一　袷　弐つ　　一　単物壱つ
一　風呂敷包内
　一　夜着壱つ　　一　ふとん壱つ　　一　櫛道具壱通り
右者水主太兵衛分

一　骨柳壱つ内
　一　布子三つ　一　単物弐つ　一　夜着壱つ
　一　袷弐つ　一　帯弐筋
右者水主亦八分
一　骨柳壱つ内
　一　布子弐つ　一　単物壱つ
　一　袷壱つ　一　帯壱筋
一　風呂敷包内
　一　夜着壱つ　一　櫛道具壱通り
右者水主吉平分
一　風呂敷包内
　一　布子壱つ　一　袷壱つ　一　夜着壱つ
右者水主弥八分
一　骨柳壱つ内
　一　布子壱つ　一　帯壱筋
　一　袷弐つ　一　銭弐百匁
一　風呂敷包内
　一　夜着壱つ
右者水主長次郎分

着之儘　炊　三助

右之通御取揚私共江御渡し慥請取申候、且亦元船之儀繫置候處、翌十七日縄摺切流失仕候、私共沖合流候様子御尋ニ付、為念船頭水主口書仍如件

元文五年申二月

船頭　平左衛門　印
親仁　文　六　印
水主　太兵衛　印
同　惣次郎　印
同　亦　八　印
同　吉　平　印
同　長次郎　印
同　弥　八　印
炊　三　助　印

神主
兵　庫　殿
名主
七太夫殿
惣役人中

④

右之通船頭水主中より口書指出候趣少茂相違無之候、跡々海上之儀者此方にて不存事ニ候間船頭水主口書之

趣を以浦手形仍如件

元文五年申二月

青ケ嶋

神主 兵庫 印

名主 七太夫 印

惣役人

尾州智多郡常滑村

船主 久右衛門殿

沖船頭平左衛門殿

惣水主中

⑤

前書之通浦手形相添艀しつらい乗組九人外ニ泉州舟船頭水主八人并當嶋より渡海之案内壱人、嶋困窮ニ付為御注進役人壱人為致便船、〆拾九人乗船今日出船仕候、其嶋へ嶋傳ひ仕候様ニ船頭水主江急度申付候間着船仕候ハヽ宜御下知奉願候、以上

三月廿三日

青ケ嶋

神主 兵庫 印

名主 七太夫 印

小役人 権十郎 印

同 宮市 印

同 彦太夫 印

八丈嶋
御役人衆中
御名主中

⑥

前書之通船頭水主中口書写之青ケ嶋浦状相添八丈嶋江嶋傳ひにて指遣申候

一　船頭水主中嶋逗留中飯米不足ニ付、嶋中江申付飯米集させ相渡し則代金請取別紙證文取替し出入無御座候

一　青ケ嶋より當嶋江渡候舟無御座候ニ付、於青ケ嶋平左衛門乗参候艀泉州岡田浦六兵衛と申合致修覆乗組参候、然るに當嶋灘目不案内ニ付青ケ嶋百姓太郎助と申者賃金三両に相定雇参候處、賃金并飯米代相拂候而ハ金子不足ニ候間、此方ニ而了簡到させ乗参候、艀諸道具共に太郎助賃金ニ相渡させ、双方無出入證文取置相済し申候

一　船頭水主中江戸表江相渡候儀、右艀にては無心許旨申渡り舟無之候処、幸八丈嶋御用御舟在嶋ニ付船頭水主九人為致便船出嶋申付候、跡々海上之様子此方ニ不存事ニ候間、青ケ嶋浦状之趣を以再応相改浦手形仍如件

元文五年申三月

八丈嶋
地役人
菊池左門　印
菊池織部　印
御用ニ付出府加印無之　菊池左源次

神主
奥山河内守　印

名主式部　印

御用ニ付在江戸加印無之
同彦十郎

同市十郎　印

同浜兵衛　印

御用ニ付出府加印無之
同久平

御用ニ付青ケ嶋相渡加印無之
小嶋
同藤蔵

同小左衛門　印

年寄小源太　印

同金兵衛　印

同甚之助　印

同助十郎　印

同左弥兵衛　印

同七郎左衛門　印

同傳四郎　印

同彦兵衛　印

同与四右衛門　印

同五郎七　印

江戸小網町
舟問屋
芝屋
仁右衛門殿

尾州常滑村
右　舟　主　久右衛門殿
船　頭　平左衛門殿
惣水主中

（東京大学教養学部所蔵）

以下、簡単に内容を説明する。

最初の「尾州智多郡常滑村久右衛門船浦手形　八丈嶋」は表題である。内容は沖船頭平左衛門と水主八人が乗った尾州智多郡常滑村の久右衛門船が一七四〇（元文四）年一二月二〇日、伊勢の四日市で運賃積と買積の米を積み入れて出発し、小浜・浦賀をへて翌五年一月一四日江戸に入って米を売り払い、干鰯を買い入れて、同二三日江戸を出発した。神奈川・浦賀・下田をへて北浦へ着き、二月一三日北浦を出発、志摩大尾崎沖へ向かって走っていたところ、一五日夜、大風が吹き出して船が流されだした。このため帆柱を切捨て、乗組員一同髪を切って諸神に祈るなどしているうち一六日朝、島が見つかったので、島近くまでなんとか近づいて艀をおろして一同乗り移り、島へ漕ぎ寄せたが、この島が青ケ島であった。青ケ島では（他にも同じように海難に遭ったのか）泉州岡田浦の六兵衛船の八人と一緒に役人が付添い、水先案内人が案内して八丈島大賀郷まで送ってきて、八丈島の役人に引き渡した。青ケ島での彼らの滞在中の食費は金で支払ったが、水先案内人の費用については金が不足したため、代金代わりに船と櫂と帆で支払ったというものである。

①は八丈島の浦役人が書いたもので、「以下の書類は尾州智多郡常滑村久右衛門船の海難事件について、青ケ島から差し出された浦手形の写しである」ということが書いてある。

②は青ケ島の役人が書いたもので、青ケ島の西浦沖に漂船を発見して引き揚げ、船頭から事情聴取を行っ

たことが書いてある。

③は取調べに応じて船頭が答えたことを役人が記録したもので、出発から、遭難し、救助されたところまで書かれているが、ここに艀に積んで持ってきた飯米と乗組員の持具が一人一人分けて記されている。

④はこの船頭の申し立てが相違ないことを、青ケ島の役人・名主・神主が、船主の久右衛門と船頭および水主に対し証明したものである。

⑤は青ケ島の役人から八丈島の役人宛に書かれたもので、久右衛門船の九人と泉州の船乗り八人に水先案内人をつけて送るからよろしく取り計らってくれという主旨である。

⑥は八丈島の役人が舟問屋と船主および船頭・水主に宛てこの事件を整理して、その顚末を証明したものである。

これに見られるように、この浦証文の場合は乗組員の持具が非常に丁寧に記載されているが、このような例は特別で、一般にはここまで丁寧に記されているものは非常に少ない。そもそも乗組員の持具まで記載されている浦証文そのものがあまりない。したがって統計資料としては数量的に十分とはいえないが、現在、手元に集まっている浦証文によって船乗り達がどんな持物を持っていたかをみてみよう。

(2)船乗りの標準的持具

これまでに集まった浦証文は四七通、その他漂着荷物の届出一通の合計四八通である。これを基礎資料1「浦証文一覧」に示した。これが第三節の基礎資料で、巻末に掲げてある。ただし浦証文は情報量がかなり多いので、この内容のすべてを表に入れることはできない。このため容器名があるものだけを持具としてとりあげ、それ以外の情報については必要に応じて原史料の浦証文からとりあげて用いる。

「浦証文一覧」には年代・船籍船名・積荷の性格・乗組員数・全部揚げか一部揚げか・持具（容器）の種類と個数・出典を示してある。この中で全部揚げ・一部揚げとは、難船あるいは破船した場合、もとの持具が全部揚がっている場合と一部しか揚がらない場合があるのでこれを分けたものである。四八例は統計資料として数量的には十分とはいえないが、時期的には一七世紀末から一九世紀末までの二〇〇年間にわたっており、江戸期海運の盛期はほぼ網羅している。地域的にも太平洋側と日本海側と全国的に分布している。とくに時期的に一七世紀が三例、一八世紀が一三例、一九世紀が三二例で、一九世紀に急増しており、一八八〇年が最後になっているから、全体的な傾向を知る上では有効だと考える。

表1－2　乗組員数と持具の関係

		全部揚げ	一部揚げ	不　明	合　計
判明	船数	16艘	21艘	4艘	41艘
	（人数）	（199人）	（249人）	（41人）	（489人）
不明	船数	0	5	2	7
合計		16	26	6	48

まず表1－2に、乗組員数と持具の関係を全部揚げ・一部揚げ・不明に分けて示した。総船数は四八艘であるが、乗組員数不明が七艘あるから、これを除くと四一艘になる。乗組員は四八九人である。一艘平均約一二人ということになるが、一覧表をみると最大が二〇人、最小が三人とばらつきが大きい。上乗りが合計で一五人いるが、上乗りは前述したように乗組員に入らないし、持具も殆んどないので省く。このうち全部揚げの船は一六艘、乗組員数合計一九九人、一部揚げ二六艘だが、この中に乗組員数不明が五艘あるのでこれを除くと二一艘になり、乗組員数は合計二四九人である。

では、船乗りがどんなものを持っていたかをみよう。そのために作成したのが、表1－3「浦証文四八通にみる船乗りの持具」である。その他を除くと全部揚げで行李一六二個・風呂敷包一六一個・懸硯九四個、一部揚げでそれぞれ四二個・一九個・二九個、不明で一五個・一三個・七個である。合計すると行李二一九個・

表1－3　浦証文48通にみる船乗りの持具

	全部揚げ	一部揚げ	不　明	合　計
行　李	162	42	15	219
風呂敷包	161	19	13	193
懸　硯	94	29	7	130
その他	帳箱3　帳面入箱1 （4）	小箱1　箱1 御用書物入箱1　（3）	帳箪笥1 （1）	（8）
	はんがい4　ひつ1 衣類入箱1 箪笥3　重箪笥1 （10）	はんがい櫃1　船頭櫃1 小櫃1　着物入櫃1 箪笥2 （6）	半櫃1 衣類入箱1 （2）	（18）
	こも包10　蒲団入1 （11）	草葛籠1 （1）		（12）
	銭箱2　往来入箱2 （4）	銭箱1　袋1 （2）		（6）

風呂敷包一九三個・懸硯一三〇個になるから圧倒的に多いのは、行李・風呂敷包・懸硯である。これを所持率でみると全部揚げの場合、乗組員は一九九人であるから、行李と風呂敷包みはほぼ八〇％、懸硯は四七％である。

そうすると、前節でいった船箪笥の種類のうち、帳箱と半櫃はどうなのかということになるが、これはその他の中に入っていて、きわめて少ない。帳箱については、帳箱と書かれてなくても該当すると考えられるものを集計してみると、全部揚げで四個（帳箱三・帳面入箱一）、一部揚げで三個（小箱一・箱一・御用書物入箱一）、不明で一個（帳箪笥一）の合計八個しかない。半櫃についても全部揚げで一〇個（はんがい四・ひつ一・衣類入箱一・箪笥三・重箪笥一）、一部揚げで六個（はんがい櫃一・船頭櫃一・小櫃一・着物入箱一・箪笥二）、不明で二個（半櫃一・衣類入箱一）の合計一八個である。そのほかはこも包一〇個（これも蒲団包みであろう）、蒲団入一個、草葛籠一個、銭箱三個、往来入箱二個、袋一個である。

こうしてみると船乗り達がもっとも一般的に持っていたのは懸硯・行李・風呂敷包の三種類だったことがわか

り、これがいわば船乗りの標準的な三点セットだったということになる。そこでつぎは、それぞれがどのように使われていたのかをみることにする。

(3)持具と持主

最初に、持主との関係、つまり誰が何を持っていたかをみる。このため基礎資料1「浦証文一覧」にあげた中で船頭と水主の持具がはっきり区別して記載されているものをまとめたものが表1―4「船頭と水主の持具」である(番号の〔 〕内の数字は基礎資料1の通し番号)。一人あたり個数は単純計算で船頭が懸硯〇・九〇、行李一・〇九、風呂敷包一・〇〇であるからこの三種はほぼ全員の船頭が持っており、一部は半櫃も持っていることになる。これに対し水主は風呂敷包は一・〇四で全員が持っている計算になり、行李も〇・八六で大部分の人が持っているが、懸硯は〇・四〇であるから半数以下になり、半櫃になると持つものはほとんどいない。これによって懸硯と半櫃、とくに懸硯は主として船頭が持つものだったということがわかる。

(4)行李と風呂敷包の中身

次にそれぞれの中身をみる。最初にほぼ全員が持っていた行李と風呂敷包をみるため、基礎資料1「浦証文一覧」であげた浦証文のうち原史料に行李と風呂敷包の内容品まで記載されているものをえらび出してみる。表1―5「行李・風呂敷包の内容」がそうである。

これをみると、船頭・水主のいずれも大体は行李には衣類を入れ、風呂敷包には夜具を入れていたことがわかる。

さらにこのうちそれぞれの中身が詳しく記載されているものがあるので、これをあげてみる。このうち二

表１－４　船頭と水主の持具

番号	年　代	全乗組員数	船頭数	船頭持具 懸硯	船頭持具 行李	船頭持具 風呂敷包	船頭持具 半櫃	水主数	水主持具 懸硯	水主持具 行李	水主持具 風呂敷包	水主持具 半櫃
1〔7〕	1727(享保12)	13	1	1	1	1	0	12	7	16	16	0
2〔9〕	1740(元文５)	9	1	1	1	1	0	8	0	6	6	0
3〔10〕	1745(延享２)	13	1	1	1	1	0	12	0	11	13	0
4〔17〕	1806(文化３)	4	1	0	1	1	0	3	0	0	3	0
5〔19〕	1809(文化６)	18	1	1	1	1	1	17	7	8	17	0
6〔30〕	1833(天保４)	14	1	1	1	1	0	13	5	11	13	0
7〔31〕	1834(天保５)	15	1	1	2	1	0	14	5	14	14	0
8〔32〕	1835(天保６)	16	1	1	1	2	0	15	14	14	29	0
9〔42〕	1858(安政５)	14	1	1	1	0	2	13	2	9	11	2
10〔43〕	1864(元治元)	16	1	1	1	1	1	15	8	13	4	0
11〔44〕	1865(慶応元)	17	1	1	1	1	0	16	7	16	18	0
合　計		149	11	10	12	11	4	138	55	118	144	2
一人当たりの個数		／	／	0.90	1.09	1.00	0.45	／	0.40	0.86	1.04	0.01

注：番号の〔　〕内は基礎資料１「浦証文一覧」の通し番号である。

表１－５　行李・風呂敷包の内容

番号	年　代	行李 個数	行李 内容	風呂敷包 個数	風呂敷包 内容
1〔4〕	1705(宝永２)	1	衣類・仏具(船頭)	1	蒲団・衣類(船頭)
2〔7〕	1727(享保12)	17	衣類(不明)	17	夜具(不明)
3〔9〕	1740(元文５)	1	衣類・脇差し(船頭)	1	夜具・櫛道具・提灯(船頭)
		6	衣類(水主)	6	夜具・櫛道具(水主)
4〔10〕	1745(延享２)	12	衣類(船頭・水主)	14	衣類(船頭・水主)
5〔17〕	1806(文化３)	1	衣類(船頭)	1	蒲団・櫛箱・硯箱(船頭)
				3	衣類・蒲団(水主)
6〔27〕	1826(文政９)	1	衣類(水主)	1	夜具(水主)
7〔33〕	1836(天保７)	16	衣類(不明)		
8〔39〕	1848(嘉永元)	9	衣類(不明)		
9〔40〕	1857(安政４)	1	衣類(不明)＊		
10〔44〕	1865(慶応元)	1	衣類(船頭)	1	夜具(船頭)
		16	衣類(水主)	16	夜具(水主)
11〔45〕	1865(慶応元)	1	衣類(不明)		

注：番号の〔　〕内は基礎資料１「浦証文一覧」の通し番号
＊草葛籠とあるが行李に入れた

番目の［9］は、三〇ページに浦証文の例として紹介したものである。

［4］泉州湊浦・源次郎船（一七〇五＝宝永二）

船頭分

　行李　和讃小本三・御門徒宗ノ書一・阿弥陀絵像一・仏具色々・絹の綿入二・同袷一・同袷羽折一・同ぢばん一・同上帯二・飛さや下帯一

風呂敷包　木綿蒲団三・木綿布子一・同袷一・同袷羽折一

［9］尾州智多郡常滑・久右衛門船（一七四〇＝元文五）

船頭分

行李　布子一・紬綿入一・木綿袷二・袷羽織二・帯二・脇差一

風呂敷包　夜着一・蒲団一・袷二・単物一・股引一・櫛道具一通り・提灯一

水主分

親仁文六

　行李　布子一・袷一・袷羽織一・帯一・銭一貫二百匁

　風呂敷包　夜着・櫛道具一通り

水主惣次郎

　行李　布子二・袷三・袷羽織一

　風呂敷包　夜着一・蒲団一

水主太兵衛

　行李　布子二・袷二・袷羽織一・単物《ひとえもの》一・帯一

風呂敷包　夜着一・蒲団一・櫛道具一通り
水主亦八
行李　布子三・袷二・帯一・夜着一
水主吉平
行李　布子二・袷五・単物一・帯一
風呂敷包　夜着一・櫛道具一通り
水主長次郎
風呂敷包　布子一・袷一・夜着一
水主弥八
行李　布子一・袷二・帯一・銭二百匁
風呂敷包　夜着一
炊三助
着の儘
[17]豊後大方郡鶴崎小中嶋・船頭平蔵船（一八〇六＝文化三）
船頭分
行李　シマ袷一・紋付単物一・帯二
風呂敷包　フトン・櫛箱・硯箱
水主分
水主利助

風呂敷包　継々袷《つぎつぎあわせ》一・単物一

水主栄次郎

風呂敷包　単物二・襦袢一・古袷一

水主平次郎

風呂敷包　単物一・古袷一・小フトン一

［40］備後国沼隈郡敷名浦・弥兵衛船（一八五七＝安政四）

持ち主不明

草葛籠　紺浅黄立縞単物一・同断赤入縞単物一・同断立縞袷一・木綿小紋単羽織一・黒七子帯一・茶小倉帯一・小紋襦袢二・帆前かけ一・白下帯一

こうしてみると、船乗り達の生活状況がかなり具体的にみえてくる。まず船頭と一般水主とでは衣類の質にかなり違いがあったことがわかる。船頭の場合は絹綿入、紬綿入、紋付着物などといった上等な着物を持っているが、水主はほとんどが木綿の布子である。中には継々袷とか古袷という例もある。炊にいたっては「着の儘」である。船頭の場合、港に上がれば問屋と商取引をするので、その際は紋付、袴をつけたというが、これはこうした持物からも確かにうなずける。また［4］の船頭は和讃本や御書、阿弥陀絵像などを持っている。「板子一枚下は地獄」といわれるところで仕事をする船乗り達には、信仰を持つ者が多かったという。

(5)半櫃の中身

次に半櫃をみよう。これも基礎資料1「浦証文一覧」の中で、原史料に中身まで記載されているものを出してみると、次の通りである。

［8］船籍不明宇兵衛船（一七三〇＝享保一五）
半階櫃「是は船頭櫃にて衣類并送り状入置」
［25］大坂勘助嶋・孫左衛門船（一八二二＝文政五）
小櫃「着類入、船頭分」
［43］筑前国残嶋・治平船（一八六四＝元治四）
衣類入櫃「船頭の分」

このことから半櫃も行李と同様に衣類入れとして使われたことがわかるが、三例とも船頭となっていることから、半櫃はもっぱら船頭が使用していたことがはっきりする。

以上によって、船頭・水主共、行李はほぼ衣類入れとして、風呂敷包は夜具入れとして使われていたこと、半櫃も衣類入れだが、これは船頭が持っていたということ、また炊の場合は行李も風呂敷包も持っていなかったということがわかる。

（6）懸硯と帳箱

最後は懸硯と帳箱がどう使われたかを知るためにそれぞれの中身をみる。

表1－6「懸硯・帳箱の内容」は基礎資料1「浦証文一覧」の中で、中身が記載されている懸硯と帳箱をリストアップしたものである。この内容を種類別に整理すると次のようになる。

⑴御浦手形、浦御手形、船往来、御切手、御往来籍、浦賀通御手形
⑵船中御条目
⑶日帳

表1－6　懸硯・帳箱の内容

番号	年　号	種　類	内　容
1〔1〕	1681(延宝9)	懸　硯	御送状・沢手御米之御浦手形・日々帳
2〔2〕	1686(貞享3)	懸　硯	金子一二両
3〔3〕	1698(元禄11)	懸　硯	船中御条目并送状・浦御切手・御手本米箱・日帳
4〔4〕	1705(宝永2)	懸　硯	はんこ
5〔5〕	1713(正徳3)	懸　硯	船往来・帳目録
6〔9〕	1740(元文5)	懸　硯	請切手一つ(御切手あり)・印判一つ・浮針一つ 船印一つ・秤一棹・蝋燭五丁・古銀十九匁 新銀四三匁・銭三貫六百匁
7〔10〕	1745(延享2)	懸　硯	銀二百二匁・銭九百文・秤一棹・御切手箱一つ 鼻紙袋一つ・財布一つ・蔵半紙四帖・櫛道具一通り 算盤一桁
8〔11〕	1761(宝暦11)	簞　笥	金二八両・仕切目録帳面・其外品々書物等
9〔23〕	1814(文化11)	懸　硯	御往来箱・御送状箱・金子二二両・手道具
10〔29〕	1830(文政13)	御用書物入箱	船中御条目一通・御浦触一通・日帳一冊 御用状一封・御送状一通・船頭請取書写一通 御仕法諸一冊・御申渡一通・住吉大神宮御主一封 異国船御触書写一通・朱丸御用幟一つ

＊番号の〔　〕内は基礎資料1「浦証文一覧」の番号

(4)御送状
(5)帳目録、仕切目録帳面
(6)現金、印など

これらについてはすでに前節で説明したように、(1)は船往来手形、つまりパスポートであり、(2)の船中御条目は御城米を積んでいる船が所持していなければならない諸規約、心得を書いたもの、(3)の日帳は日々の行動記録、(4)は積荷の送り状、(5)も積荷関係の書類で、(6)はいうまでもない。

これによって、懸硯ないし帳箱というものは、廻船が航行する上で必要な諸書類や現金、印鑑などをいれる、金庫のようなものであったということがわかる。懸硯を船頭が持っていたのも当然である。船頭以外で持っていたとするとおそらく三役、とくに会計係である賄だったと考えられる。いずれにしろこうした書類は前に述べたように、廻船にとって不可欠の重要な書類であったから、それを入れた懸硯や帳箱が大切だったことはいうまでもないが、これは単に大事だという程度のことではなかった。この点についてさらにみてみよう。

2　浦証文からみた懸硯の重要性

次は一六八一（延宝九）年、摂州神戸浦の次郎兵衛船という城米を積んだ船が三重県鳥羽の鏡浦沖で難船した時の浦証文の一節である（基礎資料1［1］）。船が岩に当たって水が入ってきたので、乗組員一同やぐらへ上がったところ、ついに船はくだけてしまった。そこで帆にすがって漂流していたということであるが、このところで次のように記述されている。

（前略）本船の敷岩に当りぬけ候而潮入候へ者、最早難叶、御送り状并沢手御米之御浦手形・日々記以下入申掛硯持候而やくら江揚り申と其まま船くたけ、御米沈申ニ付、せんかたなく上乗・船頭・加子帆にすがり（後略）

つまり櫓に上がる際、送り状や往来手形をいれた懸硯だけは持って上がったということである。

また次は一七一三（正徳三）年、播州飾万津の買積船伊丹屋嘉兵衛船が敦賀沖で難船した時の浦証文である（基礎資料1［5］）。

（前略）船破損に及申候に付、是非なくはし船下し一同はし船に移、もつとも掛硯・船往来・帳目録・大切候に付ようやく持込（後略）

これも破船したので艀を下ろして一同が乗り移ったが、この際、懸硯（船往来・帳目録は懸硯の中に入れていたと考えられる）は大切であるから持ち込んだといっている。

さらに次は大坂西横堀、富田屋吉左衛門船天徳丸が、一八〇九（文化六）年一一月二一日、志州大王崎沖合で強い北西風にあって太平洋上に漂出し、四カ月近く漂流した末、台湾に漂着した例である（基礎資料1[20]）。

（前略）取物も取敢用意致、銘々布子壱つ或ハ袷など壱枚つつ持、掛硯を荷ひ船手不残ラす陸《クガ》へ上り、夫々砂地を行事壱里半斗行て夜明ニなり（後略）

これは水主の口書の写しであるが、長い漂流のあと、ようやく陸地をみつけて上陸した時の様子である。こんな時でも懸硯だけは持ち出していることがわかる。

こうしてみると懸硯というものは、どんな危急な場合にも持ち出すべきものだったということがわかる。そのためそれをわざわざ申し開きしているのである。これは前に書いたように、船鑑札・船往来手形、それに城米船の場合の船中御条目や日記などを、航行中船頭は常に携帯していることが義務づけられていたこと、とくに積荷に関する書類を紛失した場合、刑事責任を問われることもあったため、海難に遭った際にもこれらを入れた懸硯はまず第一に持ち出したのである。

では実際に海難に遭った際、こうした書類がどのように扱われたかを浦証文からみてみよう。[4] 次は一八一一（文化八）年に、領主の城米を積んだ松平三郎四郎領内伊余国和気郡奥居嶋村の直乗船頭舛兵衛船が、播州姫路加古郡荒井村沖で破船した際の、浦証文の一節である（基礎資料1[22]）。

（前略）然ル所右難船州波高ク及破船、御米船具船滓致流散候ニ付、破船場浜先数ケ所へ厳敷番人申付、水主壱人為致相番置、即刻右ノ趣姫路御船奉行所へ注進仕候。同夜従御城下為御改役中村三内殿、半沢小一兵衛殿被致出張、早速拙者共并船頭水主船宿被召呼、難船ノ様子逐一被致吟味候処、先達テ拙者共ヨリ致注進候通、船頭被申候ニ付、改御役人中被相調候ハ、往来切手并米送状被致所持候哉ト被相尋候所、被指出被致披見候。御送状ハ御封印ノ儘有之候故、御開封無之候。（後略）

これは村方三役が書いたものである。大風で船が破船したので浜辺に番人を立てておいて、この事故を姫路御船奉行所へ注進したところ、夜に入って城下から役人が二人出張してきて船宿へ入り村方三役と船頭・水主を呼んで難船の様子を尋問しはじめた。この時、役人が船頭に向かって、「往来切手と御米送状は所持しているか」と尋ね、「持っています」と船頭が答えて差し出す。送状は封印のままになっていたので、役人もこれは開かずそのままにしていたということであるが、このようになにはともあれ、まず船往来手形と送状の提出を求められたのである。このため、艀など下ろす暇がなく、懸硯を持ち出せないような時には、書類だけでも持ち出した。

次はその一例である。大坂勘助嶋孫左衛門船という二〇人乗りの城米船が一八二二（文政五）年、九月三〇日、伊豆下田沖で遭難した折の浦証文で、この時は船往来手形を持ち出している（基礎資料1［25］）。

（前略）元船可突沈躰ニ而身命危罷成候ニ付、浦賀御番所御切手之儀ハ船頭大切ニ首ニ掛、水主一同并上乗弐人艀江乗移（中略）水主上乗共都合拾七人行衛相知不申候ニ付、御切手之儀も流失仕候（後略）

船が沈み出したため、船頭は浦賀御番所御切手を首にかけて一同と一緒に艀に乗り移ったということである。この場合は多分、船往来手形は桐箱に収めて網袋などに入れてあったのだろう。

次は送状は持ち出したが、船往来手形は流失してしまったという例である（基礎資料1［29］）。

（前略）高波船中江盛込溢水相増元船水込ニ罷成、同日九つ時分即時ニ落込候ニ付、無是非一同着之儘ニ而御送状箱船頭首ニ掛艀江乗移候処風波強御座候ニ付（中略）右浦ヨリ持参仕掛硯江入置候ニ付、取出候間も無御座流失仕奉恐入候（後略）

これは一八三〇（文政一三）二月一七日、大坂北堀江由兵衛船という沖船頭以下一八人乗りの城米船が下田沖で遭難した時の浦証文である。前段は、船が水をかぶって沈み出したので、一同着の身着のままで船頭が送状箱だけ首にかけて艀に乗り移ったということである。後段は、助けられて船頭が船問屋に呼ばれ、浦賀奉行所の役人の事情聴取を受けた時のことで、船往来手形をみせろといわれ、これは懸硯に入れて船においておいたため、流失してしまったという弁明の個所である。

ともあれ、このように船頭が船往来手形や送状を必死になって持ち出したのは、海難審判の際のためである。江戸時代の海難審判の目的は、海難の原因を究明するのではなかった。船頭がその不正行為を糊塗するため、わざわざ海難を引き起こしたものではないか、海難と偽って不正行為を働いたのではないか、あるいは海難に乗じて不正行為を行ったのではないか、また一方、浦方に対しても浦方が救助義務を正しく履行したか否か、村民と船方が共謀して不正行為を行わなかったか否か、海難に乗じて村民が不正行為を行わなかったか否かという犯罪捜査の点にあった。とくに打荷つまり積荷を捨てたような場合には、吟味の上、船頭・上乗とも刑事上の責任を負わせられた(5)。

このため浦役人の事情聴取に際し、船頭は、極力全力を尽くしたこと、不可抗力によるものであることを力説したわけである。例えば暴風雨高波によって危険が迫ってきた場合、乗組員一同神仏に立願し、髪を払う習慣があった。そこで取調べに際し、精根限り働いたことを証明するため、遭難船員一同髪を切って、ざんばら髪で出頭したりしたという。

また海上安全守護札を持っているということも、遭難にそなえて誠意を示す証拠の一つであった。まして や送状や船往来手形を持ち出したということは、努力を示すためのもっとも重要な指標となった。したがって紛失した場合は船頭はなんとかしてそれが不可抗力であることを弁明したのである。次はその例である。

摂州鳴尾の直乗船頭半兵船、船頭以下一六人乗りの船（辰丸一五〇〇石積）が、一八三九（天保一〇）年一〇月二九日、紀州九木浦港で停泊中の夜半、竈から出火して船火事を起こしてしまった。ところが間の悪いことに、この夜は船頭が上陸して留守だったため、懸硯を焼いてしまった。そこで言い訳をしている文言であるが、いかにも苦しい言い訳である(基礎資料にはない)。

一　船頭陸上り致し候に付いては、送状箱・手板等は勿論、所持金・諸書付入、掛硯等は持揚る可きの処ろ、其の儀これ無く、如何と御糺成られ候ところ、其の夜直ぐ様船中へ帰り候筈に付き、船宿へ参り候ところ、不計癪痛差発し、右の仕合に相成り、御察当請候に付いては、一言の申し抜き之れ無き段申出られ候、猶亦送状、手板、所持金迄も残らず焼失仕候に付き、荷主送り先相分り兼候得ども、船積の節の心積りを以つて申上げ候儀申出られ候（神戸商船大学図書館蔵）

浦証文は、こうした吟味の顚末をことごとく正確に記載することになっていたもので、これが刑事上の問題が起きた時の、船方および浦方にとって極めて有効な証拠書類になったのである。

以上により懸硯あるいは帳箱は航行上、また商業上の重要書類入れであったこと、それも単に私的に重要ということではなく、法的強制力を持ったものであったということがわかる。

第四節　船簞笥の呼称

1　浦証文と「指掌録」にみる船簞笥の呼称

ところで船簞笥という呼称である。基礎資料1「浦証文一覧」をみると、浦証文の中には「船簞笥」という言葉は一つも出てきていない。念のためもう一度、浦証文の原本に出てきている言葉をあげてみると次の通りである（衣類・夜具入れは除く）。

懸(掛)硯　　日帳箱　　簞笥　　往来切手入箱　　往来箱　　小箱　　箱

御用書物入箱　送り状箱　帳面入箱　長(帳)箱　帳箪笥　銭箱

ここにあげた浦証文がすべてではないので、断定することはできないし、船箪笥という呼称は懸硯・帳箱・半櫃を総称した呼称であるから個別具体的に記録している浦証文に記載されていないのも当然かも知れないが、しかし他の海運関係文書でも全く見あたらない。ということは、やはりその当時、船箪笥という呼称は使われていなかったと考えた方がよいだろう。

実は船箪笥という呼称は、柳宗悦ら民芸運動のグループが使いだしたものである。柳が著した『船箪笥』によると、大正一五年に柳氏が福井県敦賀町の打它《うちだ》家で、同家に伝へられた「指掌録」の中に船箪笥の文字を発見したことから船箪笥という言葉を使うようになったとある。「指掌録」は敦賀の町奉行、鹿野庄右衛門、名和庄太夫が延享年間に記した稿本だが、この中に「一公領米船来候節之格式、委細船箪笥ニ記有之ニ付云々」とあるのを発見して名づけたという。そして「又しても文献は乏しい。直接の文献は今のところたつた一字見出せただけである。いつものやうに民器の受ける命数である。振返つて考へると、船箪笥なる言葉を最初に活字に附したのは、若しかすると吾々なのかも知れぬ」と書いているが、しかし果たしてこの「船箪笥」が、ここで問題にしている船箪笥と同じものであるのかどうかを検証する必要がある。

「指掌録」は越前敦賀町奉行所での定・規式あるいは先例などを「御慎事・他所掛り合・船道式……」などの項目にわけて編集したものである。内容は一六六〇年代の寛文年間から、一八四〇(天保一一)年までの記事が含まれているが、基本的な部分は、一七三五(享保末)年頃から一七三七(元文二)年までに書かれている。一七三七年に敦賀町奉行となった名和庄太夫が、敦賀支配の手引として作成しはじめ、のちには町奉行所に引継がれたと考えられている。(6)

要するに奉行所の役人が書いた忘備録あるいはマニュアルといったものである。そしてたしかにこの中には「船簞笥」という言葉が出ている。柳は一箇所だといっているが、実際には五箇所ある。まずこれをあげてみる（漢字の番号は「指掌録」中の項目番号、洋数字番号とイロハ記号はここで便宜上つけたものである）。

⑴**三**　船道式

（イ）一　公領米船来候節之格式、委細船簞笥ニ記有之ニ付略之（以下略）

⑵**三八**　公領御米船并諸難船着津之時心得大概　但難船諸証文等之扣其外委細ハ船簞笥ニ書法等有

（ロ）一　公領御米積請ニ参候空船着津之義ハ小濱江不及案内ニ、如例船中相改、入津出船共船道頭入念書記置候様ニ申付、船道頭より差出ス書付を船簞笥ニ入置斗也（後略）

（ハ）一　右帳面之端作り文言ハ、其船之寄候子細を書候故、着津之船ニより其時々違あり、惣躰帳之仕立様ハ船簞笥ニ扣有之事（後略）

（ニ）一　奉行共方江右之船着津之旨改役人共より案内有之候ハヽ、奉行両人大目付代官両人共羽織袴ニ而、船簞笥を持せ、右之船向寄之町屋ニ罷在、改役人共窺候義共聞之、夫々内証差図致、其所ニ而改帳面相認させ、上乗船頭印形をも取せ、諸事相済引取候節、両濱肝煎共へ船逗留之内諸事心を付油断無之様ニ申付、浜辺へも出候而彼船之掛り場なと見分之上罷帰候事（後略）

（『敦賀市史』史料篇第五巻より、傍点は筆者）

このうちで、『船簞笥』が引用しているのは、⑴「船道式」の部分である。「船道式」という項目は、奉行所がことにあたって船頭と対応する際の規則を記したマニュアルである。内容は多岐にわたっているが、ここにあげた「公領米船来候節之格式云々」という項目は、公領すなわち幕府の直轄地の城米船が入津した場合の規則について述べているところで、「その具体的なことは細かく書いた書類が船簞笥に入っているのでここでは略す」といっているのである。したがって、この場合の船簞笥は奉行所で船関係の書類を納めてある篁笥だということがわかる。

また、(2)の「公領御米船并諸難船着津之時心得大概」も、やはり公領の城米船および諸難船が入津した際の奉行所としての心得を記したものである。「但し難船関係の方は証文等の控え其外の委細についてやはり船篁笥に書式等が入っているのでそれを参考にしろ」とあって、さらに城米船関係のことだけを詳しく記している。これには多くの項目があるが、ここでは「船篁笥」という言葉が出ている項だけ取りだした。それが(ロ)から(ニ)までである。簡単に説明すると、

(ロ)は、城米船を積むための空船が入港しても小浜まで案内する必要はないから、例の通りに船の中を改め、船頭頭に入出港の記録を丁寧に書いて置くように申しつけ、船頭頭が差出す書付を船篁笥に入れて置くだけでよい、ということである。

(ハ)は、その前項の城米船を査問する方法をうけている項目で、その帳面の仕立て方については船篁笥に控えがあるといっている。

したがってここでいう船篁笥もいずれも奉行所で廻船関係の書類を入れていた篁笥であるということになる。

さらに(ニ)は、難船した城米船が入津した場合の規則である。即ち難船城米船入津の報が改役人から奉行所に入ったら、奉行二人と大目付と代官は羽織袴で、船篁笥を持って、その船がついている近くの町屋に行き、改役人と一緒に、船頭・上乗から事情聴取し、内々に指図をして改帳面を書かせ、判を捺させ、終わったら肝煎りによく申しつけるように、そしてさらに浜へも行き様子をよく見届けて帰ること、ということである。

以上によってここでいっている船篁笥は廻船で船乗り達が使っていたいわゆる「船篁笥」とは違い、廻船

関係の書類を入れる公用書類箱だったことがわかる。ただし形については持ち運びできるものであったことがわかり、おそらく懸硯のようなものだったと想像される。ではなぜ「指掌録」で「船簞笥」という言葉が用いられていたのかである。

2 簞笥という言葉

そもそもタンスという言葉は中国語の担子《たんし》がもとである。これは小形で持ち運ぶことができる物入れとか、天秤棒で担ぐことができる荷物を指す言葉である。この言葉、日本では戦国期あたりから使われ出したが、当時は「たんし」とか「たじ」とも呼んでいた。漢字は「担子」「簞子」「簞笥」などと書いていた。その頃、日本でタンスと呼ばれていたのは、茶道具を入れる茶簞笥、冊子を入れる書物簞笥、玉薬を入れる玉薬簞笥などで、これらはいずれも慳貪蓋がつき、中は抽斗になり、上に提手がついていた。つまり船簞笥の懸硯に近いものである。こうした物入れがおそらくこの頃、日本に入ってきたのであろう(7)。

簞笥という言葉が現在使われているような衣類を入れる大形の抽斗式家具を指すようになるのは、一七世紀中頃からである。そうなってからは、それまで簞笥と呼んでいた小形の物入れの方は簞笥と呼ばれなくなってしまったが、この越前敦賀町の奉行所の船簞笥に見られるように、地方の藩などでは引きつづき公用の書類入れの抽斗を簞笥と呼んでいるところもあった(8)。

しかしさきにみたように浦証文にも船簞笥という言葉は出て来ない。ということは江戸時代には、懸硯・帳箱・半櫃をそれぞれに呼んでいて、これら全体を総称する言葉はなかったということになる。さらにその懸硯・帳箱・半櫃という名称についても、懸硯だけは当時から全国的に使われていたが、帳箱と半櫃は必ずしも一般的な言葉ではなかった。後述するように、これは主として日本海側で使われていた呼称である。だが現在では船箪笥という総称、および懸硯・帳箱・半櫃という種別名称が定着してしまっていることと、言葉としても便利であるので本書でもこれを使っている。

（1）北前船の定義についてははっきりしていない。本来は幕末・明治初期に、大坂を中心とする地方で、北国地方から来る廻船という意味で使われていた言葉だという。近年は、西廻り航路に就航していた船、あるいは船主が北陸地方の船、というような意味を含んで使われているようであるがこれらは正確ではない。この点に関して中西聡氏は「場所請負人手船輸送を含めて自分荷物積を主体とし、日本海航路を主要航路とした不定期の廻船」と定義づけをされている（「場所請商人と北前船」、『商人と流通』所収、山川出版社）。

（2）石井謙治『江戸海運と弁才船』（財団法人日本海事広報協会、一九八八）。

（3）船往来手形には自藩内のみ通用のものと、全国通用のものがあったらしい。左は浦証文の一部であるが、文中に「舟往来并他国出帰御切手共」という文言がある。舟往来も御切手もどちらも往来手形のことであるから、この場合、二つ書かれているのは他国出帰切手は藩外用、舟往来の方は藩内用ではないかと考えられる。この点は藩によっても違っていたのかも知れない。

（前略）舟往来之儀御尋ニ御座候、舟往来并他国出帰御切手共、常々大事に懸申候ニ付、舟往来の儀者戸棚江入置申候ニ付、舟破損之砌何とそ取出度心付候得共、前書之通、急難殊ニ夜中之事故、何分ニ茂取出申儀不相叶流失仕申候、他国出帰御切手之儀者常々袋ニ入、船頭権兵衛首に懸居申故所持仕申候、右舟往来之儀近浦江流寄候哉与段々為御尋被下候得共不申候（後略）（基礎資料1〔11〕）

（4）城米船が入津した際にこうした書類がどのように扱われたかわかる例として「指掌録」がある。「指掌録」については第四節－1でも書いているが、その場合は「船箪笥」という言葉だけを抽出する目的であり全文を揚げてない。このため重複する部分もあるがここでは取扱方をみるために当該個所を掲げる。城米船及び難船が敦賀に入港した際、船頭らと浦役人や奉行所との間でどんなやりとりがあり、その際どんな書類がどのような意味を持ったかが具体的にわかる。

三八　公領御米船并諸難船着津之時心得大概　但難船諸証文等之扣其外委細ハ船箪笥ニ書法等有

公領御米為積請乗来候空船寄候節改

一　公領之御米為積請と乗来候空船寄候ハヽ、両濱肝煎共右之船江早々罷越、右之船頭江対談仕、送り状ニ引合せ水主等逐吟味出入共ニ、両濱肝煎右之船江乗移り、船中ニ積荷物無之哉、弥から船ニ候哉之儀見届、日帳を出入共記可遣之、尤日帳之写此方江茂可差出事、

一　公領御米積請ニ参候空船着津之義ハ小濱江不及案内ニ、如例船中相改、入津出船共船道頭入念書記置候様ニ申付、船道頭より差出ス書付を船箪笥ニ入置斗也、

右同積請通り候船風待等ニ而寄候節改、間懸り舟小濱へ注進ノ義、追テ老中より由来趣奥ニ記、

（中略）

一　右帳面之端作り文言ハ、其船之寄候子細を書候故、着津之船ニより其時々違あり、惣躰帳之仕立様ハ船箪笥ニ扣有之事、

（中略）

一　奉行共方江右之船着津之旨改役人共より案内有之候ハヽ、奉行両人大目付代官両人共羽織袴ニ而、船箪笥を持せ、右の船向寄之町屋ニ罷在、改役人共窺候義共聞之、夫々内証差図致、其所ニ而改帳面相認させ、上乗船頭印形をも取せ、諸事相済引取候節、両濱肝煎共へ船逗留之内諸事心を付油断無之様ニ申付、浜辺へも出候而彼船之掛り場なと見分之上罷帰候事、（後略）

（5）「吟味之上、浦証文ハ有之候共、類船無之差而船いたみ不申候処、打荷いたし候に於ゐては、船江過料拾貫文、上乗同三貫文、水主無構」（寛保二年幕府法『徳川禁令考後聚』）。

（6）原本もしくは写本が、敦賀の打它家に伝えられていたが、第二次大戦により焼失して、現在残っているのは、これらの写本である。写本には、京都大学文学部国史研究室所蔵本、東京大学史料編纂所所蔵本、東北大学附属図書館所蔵本、東北学院大学附属図書館所蔵本、酒井家編年史料稿本所収のものの五本がある（『敦賀市史・史料編第五巻』による）。

（7）小泉和子『箪笥』（ものと人間の文化史46、法政大学出版局、一九八二）。

（8）江戸時代にはこのように公用書類入れを箪笥あるいは御用箪笥と呼んでいた。例えば次は鳥取藩「御作事御定」の一節であるが、これも御作事小屋に置かれて書類を入れる箪笥である。

（前略）

一　御作事小屋之有之候箪笥、并数々之帳箚之類、諸奉行手前ニ請取置候文庫・硯箚等ニ至まで、悉員数相

改、根帳拵記し置、硯石などの損し引替候義、御普請目付之申達、其上ニテ裏判所申遺し、右ヲ以引替之手形に押切取、引替相渡し可申事

（寛保三年五月）

（後略）

第二章　船簞笥の様式形成と豪華形の出現

第二章では船簞笥という様式が、いつごろ形成されたものか、またそうして形成された様式がどのような変遷を示したかを船簞笥そのものを史料として検討する。この場合、対象とするのは筆者が全国で調査を行った船簞笥のうち墨書があるものである。

第一節では墨書の年代による編年を行い、まず船簞笥の懸硯・帳箱・半櫃というものが、いつ、どのように形成されていったかを見る。次いで第二節でそうして形成された懸硯・帳箱・半櫃のその後の変遷過程で豪華形出現という問題をあきらかにする。つまり第二章は、船簞笥を時間軸によって考察するものである。

第一節　船簞笥の様式形成

1　船簞笥の墨書

船簞笥の様式が形成された時期を見るためには、個々の船簞笥の年代を知る必要があるが、その手がかりとなるのが墨書である。数は少ないが、船簞笥の中には底や抽斗の裏などに、持主の名前や屋号、あるいは買い入れた年月日などが書き入れられているものがある。これは先にみたように、船簞笥というものが船乗りにとって重要な意味を持つものであったこと、しかもこれが船頭や水主の私物であったためである。なにかを新調した時に記念に名前や年月日を書き入れておくということは、誰もがよくすることだが、それも私物であったからこそである。同じように船内で使われたものでも、炊事用具や膳椀などは船の備品であるため墨書などはない。

しかしそれだけでなく、船簞笥の場合、当時は浦々で拾得したものは必ず浦役人に届けなくてはならないとされていたため[1]、住所・氏名を書いておくと、海難などで流出した際、後で拾われて戻ってくる可能性があった。実際にこれがどこまで守られたかはわからないが、たしかに浦証文にはそうして戻って来ている例が出ている[2]。

墨書にはもう一種、持主が書いたものだけではなく、船簞笥の製作者や箱屋が自分の名前や店名などを書いている例もある。そこでこうした墨書を集めて整理すると次のようになる。

まず年月日などが記入されている「年代有」と、記入されていない「年代無」に分かれる。また「年代有」の中にも、当初の持主と製作地の両方がわかるもの、製作地のみわかるもの、当初の持主のみわかるもの、年代のみわかるものとがある。なお当初の持主のみわかるものには、墨書はもちろんだが、そのほか金具や油単に染めつけられた家紋や屋号などといったはっきりした根拠があるものと、そういうものはないが、船頭や船持の子孫の家で代々伝わってきたものであるとか、またそうした家からきたということがはっきりしているなどといった場合がある。

一方「年代無」の場合も、当初の持主と製作地の両方がわかるもの、製作地のみわかるもの、当初の持主のみ（地域だけの場合も含めて）わかるものがある。この場合も当初の持主のみわかるものには、根拠のあるものと、根拠はないが諸状況からわかるものとがある点は同様である。

そこで「年代有」と「年代無」の船箪笥を一覧表にしたものが、それぞれ基礎資料2—1「年代判明の船箪笥一覧」、基礎資料2—2「年代不明の船箪笥一覧」でそれぞれのデータは基礎資料2—3・4にある。総数は二一四例で(3)、これらは巻末に掲げてある。このうち基礎資料2—1がこの章での考察の基礎になる。

2　船箪笥の歴史的変遷概観

では基礎資料によって、最初に、船箪笥というものが、いつ、形成され、どう発展し、どのように終末を

表2－1(1)　懸硯・帳箱・半櫃の年代別分布

	懸硯		帳箱		半櫃	
	基礎資料番号	年代	基礎資料番号	年代	基礎資料番号	年代
18世紀	301	1787				
	201	1789				
			202	1797		
19世紀前半	101	1814				
			401	1815		
	102	1817				
			302	1818		
	103	1820				
	303	1820				
	304	1823				
	305	1824				
	104	1826			306	1826
	307	1827				
	308	1831				
	402	1831				
	309	1834	105	1834		
	310	1836				
	311	1839			312	1839
	203	1840	106	1840		
	204	1840				
	313	1841				
	314	1843				
	315	1843				
			205	1848		
			316	1848		
19世紀後半	317	1851				
	318	1852				
					107	1853
	320	1854	319	1854		
			321	1855		
			206	1857		
			322	1860		
	108	1861				
	207	1861				
			208	1863		
			109	1866		
			110	1866		
	323	1868	111	1868		
	324	1868				
	112	1869	113	1869		
					114	1871
			115	1872	209	1872
			116	1874		
			117	1875	325	1875
	326	1876	118	1876	119	1876
	327	1876	328	1876		
			329	1877		
			120	1879		
			121	1879		
			330	1879		
			331	1882		
			332	1882		
	334	1885	333	1885	122	1885
	336	1887			335	1887
			124	1891	123	1891
	337	1892				
20世紀	338	1902				
	339	1903				
			340	1905		

迎えたかという時期的変遷を概観する。このため基礎資料2－1の一覧表から懸硯・帳箱・半櫃に分けて、相互に比較しやすいように年代順に一覧表にした。これが表2－1(1)「懸硯・帳箱・半櫃の年代別分布」である。ここから数量を集計したものが表2－1(2)である。

表2－1(2)　懸硯・帳箱・半櫃の年代別分布集計

年　代	懸硯	（構成比）	帳箱	（構成比）	半櫃	（構成比）
1780代	2	5.7	0		0	
90	0		1	3.3	0	
1800	0		0		0	
10	2	5.7	2	※6.8	0	
20	6	17.1	0		1	10.0
30	5	14.3	1	3.3	1	10.0
40	5	14.3	3	10.0	0	
50	3	8.6	3	10.0	1	10.0
60	5	14.3	6	20.0	0	
70	2	5.7	9	30.0	4	40.0
80	2	5.7	3	10.0	2	20.0
90	1	2.9	1	3.3	1	10.0
1900	2	5.7	1	3.3	0	
個数合計	35	100.0	30	100.0	10	100.0

※端数切り上げ

懸硯・帳箱・半櫃のそれぞれが使われだした時期を較べると、全体的な動向としては、懸硯は一七〇〇年代からあり、一八〇〇年代から終末期までほぼ万遍なく分布している。数量も一番多い。それに対し帳箱は一八〇〇年代の前半にはまだ少ない。後半に多くなり、一八六〇年代から八〇年代に全体の五〇%以上が集中している。同様に半櫃も一八七〇年代から八〇年代に六〇%以上が集中している。つまり帳箱・半櫃は一八七〇年代前後に集中していることがわかる。しかし半櫃は数的には少ない。ただし懸硯・帳箱・半櫃ともここでとりあげたものは、すでに船簞笥としての形式が整ったものである。

また墨書にみる限りでは、いずれも一九〇〇年代はじめには終わっている。これは第一章でみた浦証文の時期区分の状況とも共通している。したがって船簞笥の歴史的・全体的傾向としては、早くからあり、しかも時期を通して使用されていたのは懸硯で、帳箱と半櫃については一九世紀に入ってしだいに使われはじめ、とくに後半にさかんになったとみてよいであろう。

3　懸硯・帳箱・半櫃の様式形成

前項でとりあげたものは、すでに船簞笥としての形式が整ったものである。そこで次に、懸硯・帳箱・半櫃のそれぞれについて、船簞笥という形式がいつごろ形成され、どう変遷したかという点を少し詳しくみる。基礎資料2－1から懸硯・帳箱・半櫃を年代順にし、様式形成と変遷を把握するため「型」「用材」「金具」「技法」「程度」を指標としてとりあげて並べたものが表2－2「懸硯の様式形成と変遷」（七五ページ）、表2－3「帳箱の様式形成と変遷」（七八ページ）、表2－4「半櫃の様式形成と変遷」（八一ページ）である。

(1)指標の説明

最初に指標について説明する。「型」は正面のデザインである。

懸硯は十字型・全面型・鼓型、それと懸硯そのものの基本形が違う別型に分類してある。十字型は、前述の通り懸硯のスタンダードタイプである。全面型は、透彫《すかしぼり》をほどこした鉄板を扉一面にべたに貼りつけたもので、これも何枚かの鉄板をつなぎあわせて全面を覆っているものと、一枚の大きな鉄板で覆っているものとがある。鼓型は、十字型の変形ともいえるもので、十字型の縦の上下の枠が四角でなく、釣鐘のように上下に開いた形になっている。ちょうど鼓のような形であるため鼓型とした。また横の帯は途中までしか通っていない。

帳箱は慳貪型・閂型・抽斗型・複合型に分類してある。しかし実際にはからくりになっているものが多く、とくに框戸・開戸には、実際は摩戸《ずりど》になっている例がある。また複合型については構成がわかるように、抽斗とか遣戸の場所を上から下、左から右へと順次並べ、それぞれの数をあらわし、一段ごとに読点で区別しである。例えば「抽1、両開」は上部に抽斗が一つあり、下が両開戸になっているということである。半櫃は一重型・二重型に分類してあり、例外的な形については別型とした。

「用材」は船簞笥に使われている材木の種類である。船簞笥に使われている用材は外部は殆どが欅で、内部はすべて桐である。しかしここでは外部のみしか記してない。またこれは記入してないが、欅には玉杢《たまもく》とか葡萄杢《ぶどうもく》といった特別に美しい杢目を用いたものもある。用材のうち桐は箱物の用材として古くから一般的に使われてきたものであり、船簞笥の場合も、初期のものには桐が多かった。とくに懸硯はそうである。したがって桐製か欅製かが時期を判定する上で重要な指標となる。

「金具」は金属の種類である。

「技法」は金具の装飾加工の技術のことである。透彫・絵様刳形《えようくりがた》・無地・指物風の四種類がある。透彫は平らな鉄板をたがねで打ち抜いて文様を作っているものである。松竹梅や鶴亀、千成瓢簞や唐草などといった具象的な吉祥図案を透彫にしたものが多い。絵様刳形に比較すると、技術的にはどちらかというと古拙であり、時代的に古いと考えられる。絵様刳形は絵様曲線に刳って作る抽象的な図柄で、建築や工芸品の装飾として彫刻や金具でよく用いられている装飾技法である。無地は以上の二種以外であるが、これは大体が実用的なもので、必要最小限の金具がついているといったものである。

指物風は一般の船簞笥とは違った作《つく》りで、小簞笥や鏡台などといった指物に使われている金具に近い華奢なものである。材料も鉄でなく、銅や真鍮である。

「程度」は全体の作りの程度のことである。A(特上)・B(上)・C(中)・D(下)の四段階に分けた。やや客観性に欠けるが、金具・用材・塗装・内部の工作などすべてを総合した水準である。たとえば金具であれば、鉄板が厚いか薄いか、鋲や空鎖などがしっかりついているか、加工が丁寧か否かといったことである。用材の欅にもあまりよくないものと、玉杢や葡萄杢を使った豪華なものがあるし、木部の仕上げ塗のレベルも丁寧な拭漆で艶やかに仕上げられているものから、ごく雑な塗り立て仕上げまである。この点は懸硯ではさほど差がないが、帳箱・半櫃の場合はかなり違う。また内部の作りやからくりによっても非常に差がある。このためこれらの項目の一つ一つについて四段階評価を行い、集計してランク付けをした。ただし四段階評価のデータをいちいち示すことは煩雑になりすぎるため省略する。

以上の指標を参考に、表2―2・3・4によって懸硯・帳箱・半櫃がそれぞれ、いつ、どのように形成されたかをみる。

(2)懸硯（表2―2）

船簞笥としての懸硯の定形については、第一章の第一節で述べたように、寸法は間口三五・六センチから四〇センチ、奥行四五センチから四七・八センチ、高さ四〇センチから四五センチ、片開戸で上に提手がついている。片開戸には右に大形の蝶番が五対つき、左に表鎖がつき、中央に十文字に帯金具がついている。この上下に角形がつき、中を丸く抜いて定紋や屋号をはめるというもので、つまり「十字型」である。用材は欅である。

これを基準とすると、[三〇一]（基礎資料2―1の通し番号）の一七八七年が最も古い。これは間口四〇センチ・奥行四八センチ・高さ四五センチで、前面に片開戸がつき、五枚蝶番で、四角い鍵座金具には菊座の手掛鎖、空鎖、ブラ環がついている。戸には十字に帯金具がつけられ、縦帯の上下をそれぞれ角形にして丸く抜き、上には「金」、下には「瀧」と屋号か持主の名前が入っている。材料も外部は欅、内部は桐であり、船簞笥の懸硯としてスタンダードな型である。したがってこれは完全に船簞笥の懸硯としての定形が確立している。

また［二〇二］（一七八九）も、同じく間口三九センチ・奥行四七・五センチ・高さ四四・七センチで、上に提手がつき、片開戸、五枚蝶番、左に表鎖、中央は十字の帯金具で、上には定紋、下には吉の字が入っている。材料は外部が欅、内部は桐と完全な「十字型」で、船簞笥としての定形を示している。さらに［一〇一］（一八一四）の懸硯も同様に「十字型」である。

これらは一八世紀末から一九世紀初めにかけてのものであるが、これだけ完全な形となっていることは、それより以前にすでに船簞笥の懸硯としての様式は確立されていたと考えられる。

一方、浦証文では一章でみたように一六八一（延宝九）年（基礎資料1［1］）から懸硯が出ている。浦証文の場合、形はわからないが、ともかく一七世紀末には廻船で懸硯が使われていたことは確かである。

しかし前章でみたような懸硯の重要性から考えれば、もっと以前から使われていたはずである。ではその当時使われていたのはどんな形のものであったか。これを見るためにここでひとまず船簞笥から離れて、とりあえず筆者が入手できた範囲の懸硯で、一七八七（天明七）年以前の墨書のあるものをみてみよう（写真2－1～7）。

	（年　代）	（持主の墨書）	（W／D／H／センチ）
［イ］	一六二三（寛永　五）	佐渡水金六太夫	32・1／43・5／38・1
［ロ］	一六三四（寛永一一）	下京五条坊門橘屋藤兵衛	33・5／44・5／39・0
［ハ］	一六五二（慶安　五）	大坂屋勘左衛門	31・5／43・0／38・0
［ニ］	一六八七（貞享　四）	十日市町宿上屋清兵衛	34・0／44・6／40・5
［ホ］	一六九三（元禄　六）	勢州	31・5／41・0／38・5
［ヘ］	一七〇二（元禄一五）	氏家宿穀町清左衛門	

写真２－１　[イ]佐渡水金六太夫(1623)

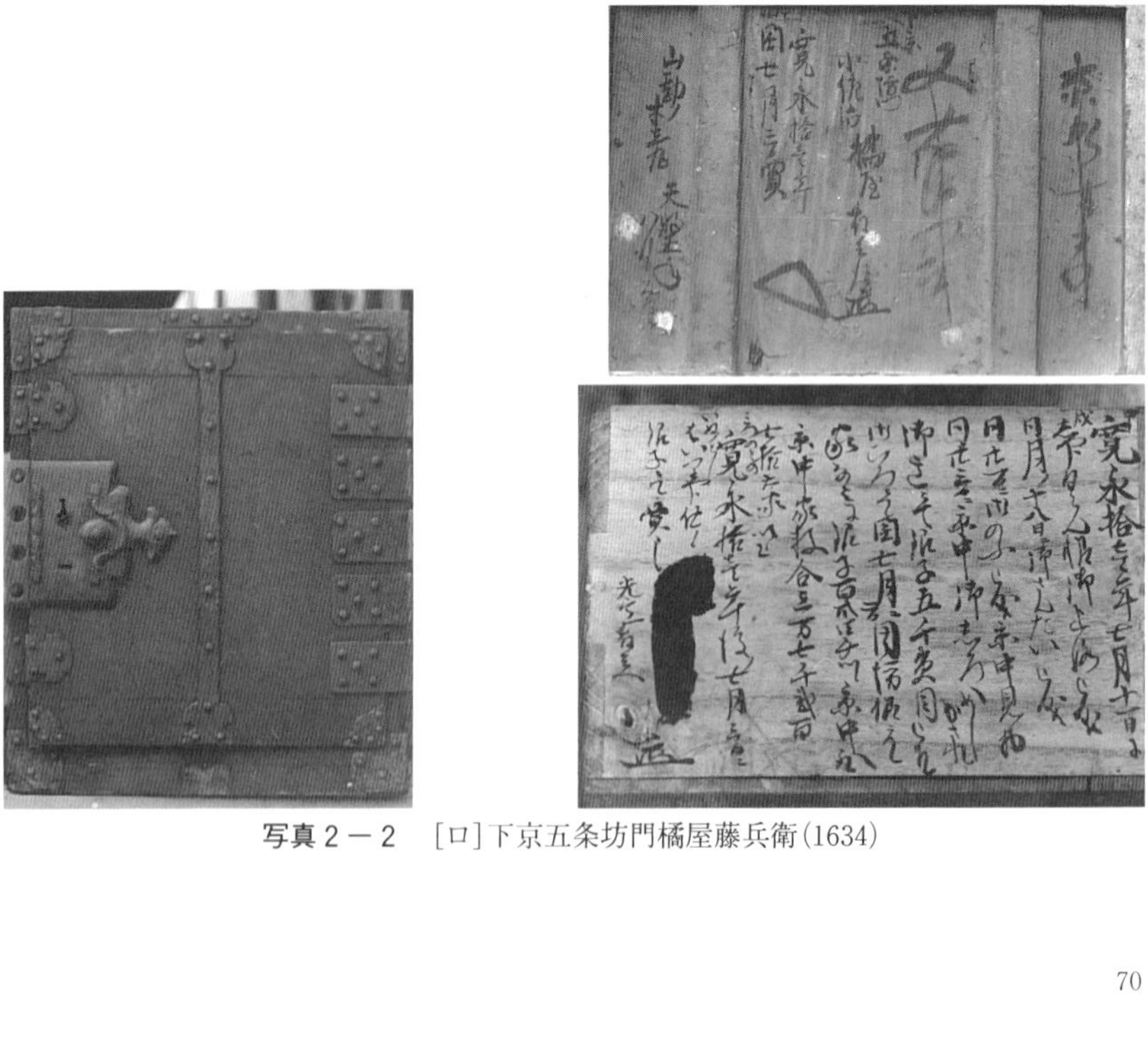

写真２－２　[ロ]下京五条坊門橋屋藤兵衛(1634)

写真２－３　[ハ]大坂屋勘左衛門(1652)

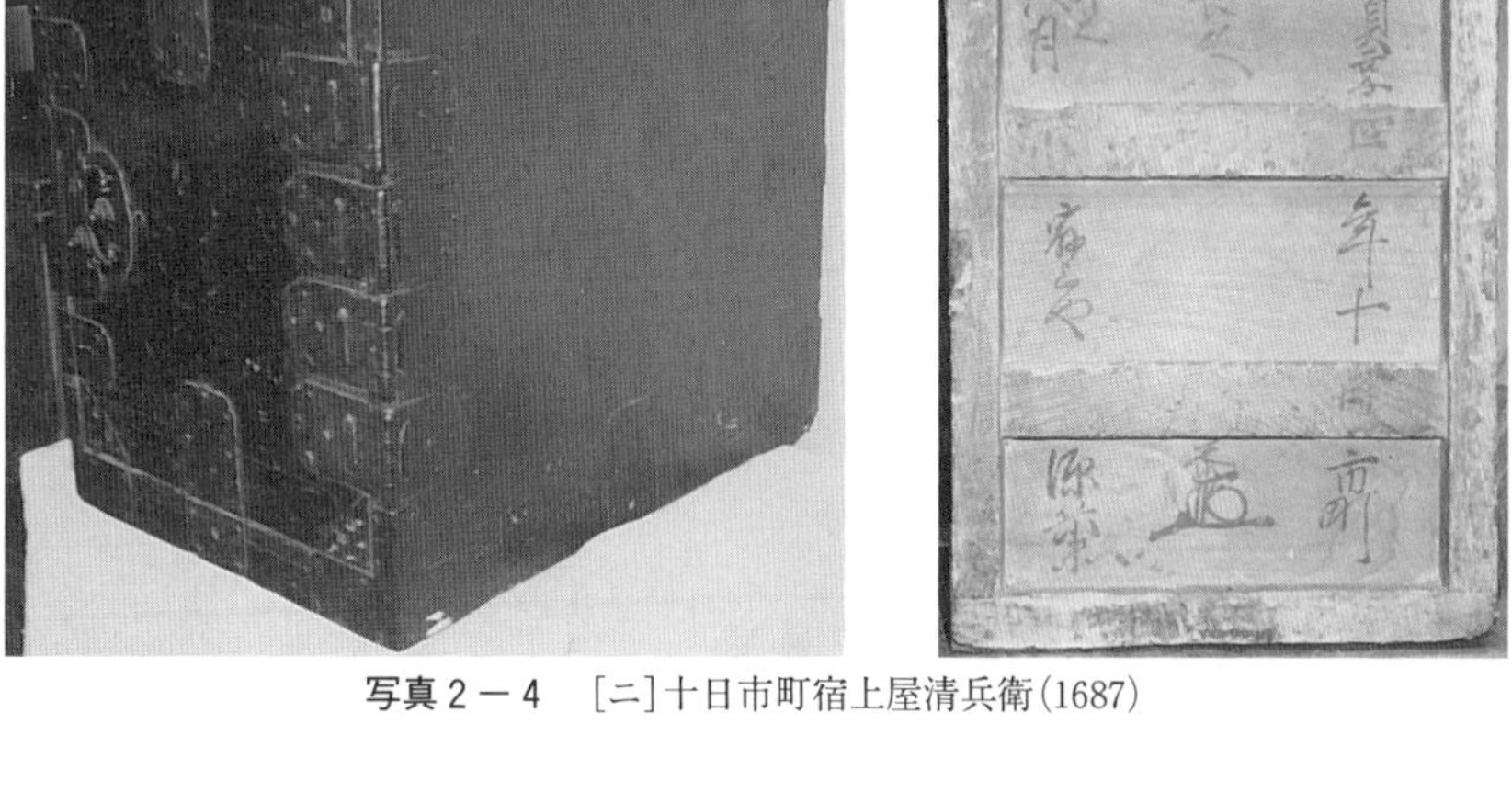

写真２－４　[ニ]十日市町宿上屋清兵衛(1687)

写真２－５　［ホ］勢州(1693)

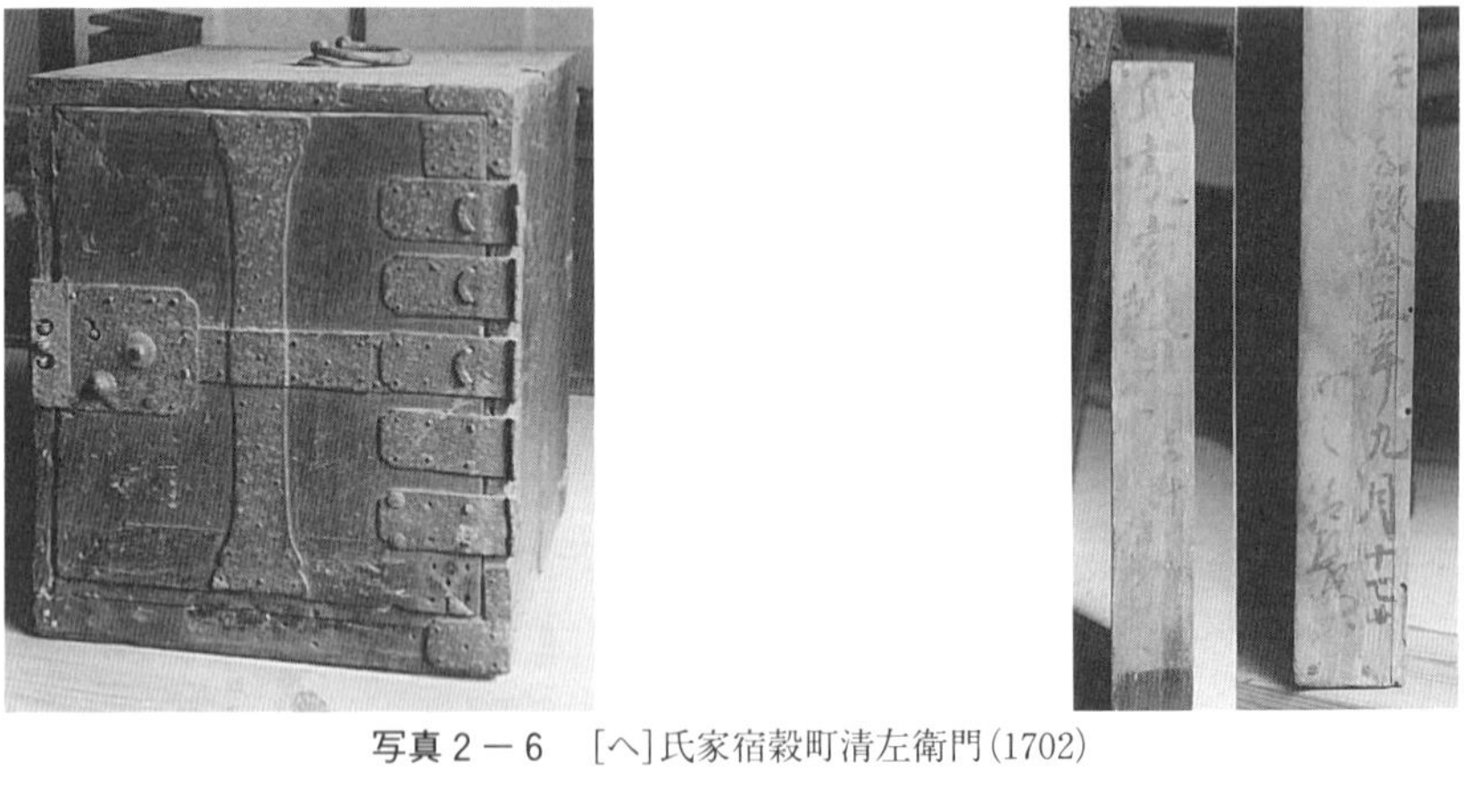

写真２－６　［へ］氏家宿穀町清左衛門(1702)

写真2－7　[卜]市場村北山氏(1705)

[卜]一七〇五（宝永二）　市場村北山氏　32・0／44・0／37・5

以上七例である。このうち[八]は船で使われた可能性もあるが、それ以外の持主は海運関係者ではないと考えられ[4]、陸上で使われていた懸硯とみてよいであろう。材料はすべて桐か杉・檜である。いずれも片開戸で、上に提手がついている。また右側に蝶番がつき、左側に表鎖がついているが、作りはきわめて簡素である。中央の帯十字もまことにプリミティブで、大きさも全体的に小さい。但し[卜]のものになると、中央の帯金具の上下が角形になり、丸く抜いて定紋状のものを入れるようになっており、これは船箪笥の形式に近くなっている。

こうしてみると、これらは江戸時代初期に一般の家庭や商家で使われていた懸硯[5]と同じであることがわかる。たとえば一六八六（貞享三）年の西鶴『好色五人女』の中の八百屋お七の物語（「大節季はおもひの闇」）には「わやわやと火宅の門は車長持ひく音、葛籠、かけ硯、かたに掛てにぐるも有」とあって、挿絵に駒込吉祥寺に避難した人々が持ち運んだ懸硯が描かれているが、これなど[三]とよく似ている（図2－1）。片開扉で、上に提手がついているといった基本的な点では船箪笥の懸硯と同じである。してみると初期には船も陸上も同じものを使っていたものと考えられる。それがある時期

図2－1　『好色五人女』の懸硯

から、船用は大形化し、金具も定型化するなど船独自の様式として発展していったのであろう。ではその時期はいつだったのであろうか。

ここに示した例でみると、［ト］（一七〇五）はのちの船簞笥の形式に近い。一方、表2－2の［三〇二］や［二〇二］がすでに船簞笥の様式として完成している。このことからすると、懸硯が船簞笥の様式として完成したのは一八世紀初めから半ばにかけてあたりだったと考えるのが妥当であろう。おりしもこの時期は、第一章第二節で述べたように、近世海運の第Ⅱ期にあたる。全国的な廻船が出現し、まさに海運業が活発化していった時期であるから、こうした海運業の展開にともなって、おそらく船簞笥としての形式が発展していったのであろう。

ちなみに陸上用の方は、その後すっかり形が変わり、もっと小形で上蓋式の懸硯になる。写真2－8や図2－2のようなものである。上蓋に提手がついていて、上蓋は蝶番とばね鎖で開閉する。上蓋を開いたところが硯箱で、下には小抽斗が二つか三つついている。陸上用がいつごろこのタイプの懸硯に変わったのかは正確にはいえないが、一八世紀半ばすぎの黄表紙類の挿絵にはたくさん描かれているところをみると、やはり一八世紀の半ばごろには変わったのではないか。このころになると、経済活動がより複雑化してきて、店頭には大抵帳簞笥が備えられるようになる。このため、帳簿入れと硯箱をかねた大形の懸硯ではかえって不便になってしまい、硯や印鑑程度が入れられればいいということになったのであろう。帳簿入れと硯入れとが機能分化したわけである。

写真2－8　上蓋式の懸硯

図2－2　『其数々之酒癖』(1779)
にみえる上蓋式の懸硯

表2－2　懸硯の様式形成と変遷

基礎資料2-1	年代	指標				
		型	用材	金具	技法	程度
301	1787	十字型	欅	鉄	透彫	B
201	1789	十字型	欅	鉄	透彫	B
101	1814	十字型	欅	鉄	透彫	B
102	1817	十字型	欅	鉄	透彫	B
103	1820	十字型	桐	鉄	無地	D
303	1820	十字型	欅	鉄	透彫	B
304	1823	十字型	欅	鉄	透彫	B
305	1824	十字型	欅	鉄	透彫	B
104	1826	十字型	桐	鉄	透彫	C
307	1827	十字型	桐	鉄	透彫	C
308	1831	十字型	欅	鉄	透彫	B
402	1831	十字型	欅	鉄	透彫	B
309	1834	十字型	欅	鉄	透彫	C
310	1836	十字型	欅	鉄	透彫	B
311	1839	鼓型	桐	鉄	透彫	A
203	1840	全面型	欅	鉄	透彫	A
204	1840	全面型	欅	鉄	透彫	A
313	1841	十字型	桐	鉄	透彫	C
314	1843	十字型	桐	鉄	透彫	B
315	1843	十字型	桐	鉄	透彫	C
317	1851	十字型	桐	鉄	透彫	C
318	1852	全面型	欅	鉄	透彫	A
320	1854	鼓型	欅	鉄	絵様刳形	B
108	1861	十字型	欅	鉄	絵様刳形	B
207	1861	鼓型	欅	鉄	絵様刳形	B
323	1868	鼓型	桐	鉄	無地	C
324	1868	十字型	欅	鉄	透彫	A
112	1869	鼓型	欅	鉄	絵様刳形	A
326	1876	十字型	欅	鉄	無地	D
327	1876	十字型	栗	鉄	透彫	C
334	1885	別型	桐	鉄	無地	D
336	1887	別型	桐	鉄	無地	D
337	1892	別型	桐	鉄	無地	D
338	1902	別型	欅	鉄	無地	D
339	1903	別型*	欅	鉄	絵様刳形	A

*慳貪・屋号つくり付け

写真２―９（右）　帳面入れと机と硯箱が一つになっている帳箱
図２―３（左）　『見徳一炊夢』にみえる帳箱

（3）帳箱（表2―3）

帳箱も、初期は陸上で一般に使われていたものが船に持ち込まれたと考えられる。帳箱という言葉は一七世紀初めには使われている。たとえば『梅津政景日記』の一六一二（慶長一七）年、二月二九日の条に「帳箱も壱つ御召し候へと申し候」と出てくる。その後、一六九四（元禄七）年刊行の『西鶴織留』「只は見せぬ佛の箱」にも「諸商人其家々の帳箱なり」とあり、一八一三（文化一〇）年の鶴屋南北の『お染久松色読版』でも瓦町油屋の店先について「軒には紺の布簾油屋と染たるを懸け、能所に売場格子の内に天秤を餝り、帳箱に向ひ太郎七帳合して居る」とある。また浄瑠璃『卯月の紅葉』にも「町の会所の帳箱に入納めた譲状」とあるなど文芸書にもしばしば出てきており、帳箱というものは、主として商家で帳場に置いて帳簿入れとして使ったものだったことがわかる。『梅津政景日記』などにあるように、藩邸や会所などでも使っていたようである。

ただ形式についてはっきりと確認できるのは一八世紀半ばすぎからである。たとえば一七八一（天明四）年の『見徳一炊夢』という黄表紙の挿絵に帳箱が描かれているが、長方形の箱で、上を机のように使い、右脇に蝶番つきの蓋がついた硯箱が組み込んである（図2－3）。つまり帳面入れと、帳付けをする机と硯箱が一緒になったものである。この場合「帳箱」とはっきり記入されているので間違いない。このタイプの帳箱は今でも時々現物が残っているので見ることができる（写真2－9）。

しかしこのほかにも各地に帳箱と呼ばれていたものが残っており、これには縦形で観音開きになっているもの、慳貪蓋のものなど諸種のタイプがあり、懸硯のように定形的な形ではなかったようだ。

だがこうした帳箱はどれもその後あまり使われなくなったようである。これもやはり経済の進展によって個々の商店の帳場機能も大規模化、複雑化していったため、大形で便利な帳場箪笥というものに変わっていったからであろう。

ところが船となると事情が違う。狭い船内ではむしろコンパクトな帳箱の方が便利である。このため帳箱の場合も最初は陸で使われていたものがそのまま持ち込まれていたが、やがてこれも船箪笥独自の様式として形成されていったものと考えられる。

さてその時期である。第一章でみた浦証文では一六九八（元禄一一）年に日帳箱というものが出ていて（基礎資料1〔3〕）、その後一八二〇（文政三）年に小箱［二四］、一八二二（文政五）年に小櫃［二五］と続いている。

一方、実際の帳箱の遺物としては、表2－3にみるように、［一〇二］（一七九七）が最も古い。閂が一本、正面中央に立っている「閂型」だが、しかしこれは船箪笥としての帳箱の典型的な形ではない。しかも閂につけられた金具に職人の名前が刻み込まれていることからみると特注品のようである。しかしこれより約二〇年後の［四〇二］（一八一五）になると上が大抽斗で、下が両開き、つまり「抽斗・両開」で、これはすでに船箪笥の帳箱としての形になっている。また［三〇二］（一八一八）や、［一〇五］（一八三四）も上部に大

表２－３　帳箱の様式形成と変遷

基礎資料2—1	年代	指標 型／構成	「構成表示」	（備考）	用材	金具	技法	程度
202	1797	閂型		（特注品）	欅	鉄	透　彫	C
401	1815	複合型／抽斗·両開	「抽１、両開」		欅	鉄	絵様刳形	C
302	1818	複合型／抽斗·框·片開	「抽１、框、片開（摩戸）」		欅	鉄	透　彫	C
105	1834	複合型／抽斗·框·片開	「抽１、框、片開（摩戸）」		欅	鉄	透　彫	B
106	1840	複合型／抽斗·慳貪	「抽１、慳」		欅	鉄	絵様刳形	C
316	1848	複合型／遣戸·抽斗	「遣、抽１・３・合体型」		欅	鉄	絵様刳形	A
205	1848	複合型／抽斗·慳貪	「抽１、慳」		欅	鉄	透　彫	B
319	1854	複合型／遣戸·抽斗	「遣、抽３・１」		欅	鉄	無　地	C
321	1855	慳貪型	「慳」		欅	鉄	絵様刳形	C
206	1857	複合型／抽斗·慳貪	「抽１、慳」		欅	鉄	絵様刳形	B
322	1860	慳貪型	「慳」		欅	鉄	絵様刳形	B
208	1863	複合型／抽斗·両開	「抽１、両開」		欅	鉄	絵様刳形	A
109	1866	複合型／抽斗·両開	「抽１、両開（摩戸）」		欅	鉄	絵様刳形	A
110	1866	慳貪型	「慳、慳」		欅	鉄	絵様刳形	A
111	1868	複合型／抽斗·慳貪	「抽１、慳」		欅	鉄	絵様刳形	A
113	1869	複合型／遣戸·抽斗	「遣、抽１・３」		欅	銅	絵様刳形	B
115	1872	複合型／抽斗·両開	「抽１、両開」		欅	鉄	絵様刳形	A
116	1874	複合型／遣戸·抽斗	「遣、抽１・３」		欅	真鍮	指 物 風	B
117	1875	複合型／抽斗·両開	「抽１、両開（摩戸）」		欅	鉄	絵様刳形	B
118	1876	複合型／抽斗·両開	「抽１、両開」		欅	鉄	絵様刳形	A
328	1876	複合型／抽斗·両開	「抽１、両開」		欅	鉄	絵様刳形	B
329	1877	慳貪型	「慳」		欅	鉄	絵様刳形	C
120	1879	複合型／遣戸·抽斗	「遣、抽２・３」		紫檀	真鍮	指 物 風	B
121	1879	複合型／遣戸·抽斗·慳貪	「遣、抽２・１・慳・合体形」		桑	真鍮	指 物 風	A
330	1879	複合型／抽斗·両開	「抽１、両開」		欅	鉄	絵様刳形	A
331	1882	複合型／遣戸·抽斗	「遣、抽２・３」		欅	鉄	絵様刳形	B
332	1882	複合型／遣戸·抽斗	「遣、抽１・３・合体型」		欅	鉄	絵様刳形	B
333	1885	抽斗型	「抽１・２・３」	（知工箪笥）	欅	銅	絵様刳形	B
124	1891	慳貪型	「慳・合体型」		欅	鉄	絵様刳形	B
340	1905	抽斗型	「抽１・２」	（知工箪笥）	欅	鉄	絵様刳形	B

抽斗がつき、下は右が片開戸で、左は横桟のある框（摩戸）の「抽斗・框・片開」で、材料も外欅、中桐で、完全に船簞笥の帳箱としての様式が確立されている。

したがってここでみる限り、一九世紀前期には船簞笥の帳箱の様式が確立していたことは間違いない。これがいつからであったかということになると、一方で陸上用の帳箱が一八世紀末にはさきにみたように机形その他であること、また一方で浦証文でも見たように、一八二二年ころにまだ小箱とか小櫃などと呼ばれているところをみると、それほど古くはないのではないかと推定される。形式からいっても[二〇二]の閂というものは簞笥類の施錠手法としてかなり古風なものであるし、[三〇二][一〇五]の「抽斗・框・片開」も右下の片開戸は懸硯の様式で、左に横桟の框（摩戸）があるなど、いかにも懸硯と帳箱を寄せ集めて無理に一つにしたようで意匠的にもこなれていない。年代が入っていないためここでは取りあげていないが、このタイプはかなり多く、中には摩戸の部分が閂になっているものもある。摩戸という手法自体も後には船簞笥のからくりとしてさかんに使われるが、この段階ではまだからくりとして積極的に用いたというより、簡単な施錠方法として用いたものと考えられる。

では年代が入っていない帳箱でこれより古い形式だと見られるものがあるかというと、そうしたものはこれまで目にしていない。となるとやはりここらあたりが船簞笥の帳箱としてはもっとも古い形式ではないかと考えられる。また[四〇二]の「抽斗・両開」構成は様式としては後になって多くみられるようになるものであるが、これについていえばまだ作りはさほど良いものではないから、完全に様式として完成されたというより、一つのバリエーションと見た方がよいようである。

その後になると[一〇六]は「抽斗・慳貪」構成になって、デザイン的にも整ってきており、金具もバランスよくなっている。さらに[一一〇]になると「慳貪型」で、材料も木目の美しい欅を使い、金具も豪華にな

写真2－10　「船道帳箱」と記された帳箱

っている。中の作りも二重、三重に箱が仕込まれていて、すでに完全に船簞笥の帳箱として完成している。これが一八六〇年代である。しかも注目されることはこうした形の帳箱は陸上にはないので、完全に船用として作られたものであることがわかる。

そうすると帳箱の方は、懸硯のように、ある特定の形から発展したというより、一八世紀半ば頃からいくつかのタイプの陸上用の帳箱の中から次第に使いやすいものが選ばれ、これが船用の帳箱として形成されていったものと想像される。船道帳箱と記された櫃もある（写真2－10）。

（4）半櫃（表2－4）

半櫃ももともとは陸上で使われていたものである。半蓋とも書く。「はんかい」の〝かい〟は〝け〟（笥）が訛化した言葉である。笥は椀とか小桶のようなものを指す言葉であるが、これがわからなくなって櫃などもの入れ一般に拡大されていったものである。半櫃は普通の大きさの半分の櫃ということである。江戸時代に奉公人たちが衣類・寝具や所持品入れとして使っていた。『西鶴織留』にも「飛鳥川流れてはやき、月日のたつ事夢ぞかし。此春、寝道具入れて半櫃を持たせて行しが、程なく九月五日になりて、出替りせし男女の奉公人宿こそ、さまざまにおかしけれ[6]」とある。但しこの言葉は関西地方だけ、それももっぱら大坂で使われていたらしく、大坂では明治初めころまで使われていたようである[7]。

陸で使っていた半櫃の古い形はよくわからないが、先の『西鶴織留』にあるように、奉公人が自分で担いで奉公先へ運んで行けたということからすると、さほど大きなものでなかったのは確かである。一七〇六（宝

表2－4　半櫃の様式形成と変遷

基礎資料2－1	年代	指標			標	
		型	用材	金具	技　法	程度
306	1826	二重型	欅	鉄	絵様刳形	B
312	1839	二重型	欅	鉄	透　彫	B
107	1853	二重型	欅	鉄	透　彫	B
114	1871	二重型	欅	鉄	絵様刳形	B
209	1872	二重型	欅	鉄	絵様刳形	B
325	1875	一重型	欅	鉄	絵様刳形	B
119	1876	二重型	欅	鉄	絵様刳形	B
122	1885	二重型	欅	鉄	絵様刳形	B
335	1887	一重型	欅	鉄	絵様刳形	B
123	1891	別　型	欅	鉄	絵様刳形	B

永六）年の近松の『お夏清十郎五十年忌歌念仏』には「半櫃箪笥」という言葉もあるが、これは普通の箪笥の半分ということらしい。当時の普通の箪笥は間口三尺ほどで、高さが五、六尺、抽斗が四、五杯であったから、その半分というと抽斗が二杯くらいのものになるが、これはちょうど船箪笥の半櫃と同じである。おそらく材料も杉か樅で、金具もごく簡単なものがついているだけだったであろう。

半櫃も、浦証文によると一七一五（正徳五）年すでに「船頭櫃」（基礎資料1〔6〕）があがっているから古くから使われていたことはたしかであるが、やはり最初は陸上用のものを船に持ち込んでいたのであろう。それがやがて懸硯や帳箱が船独特の様式に発展するのに伴って、今見るような様式に発展していったのであろうが、さきにいったように「はんがい」という言葉が大坂で使われていたことからすると、半櫃を最初に船に持ち込んだのは大坂出身の船乗り、もしくは大坂に入津する廻船の船乗りだったのではないかと推定される。

時期については、半櫃で年代のわかっているものは、一番古くて［三〇六］（一八二六）である。二つ重ねで、それぞれ寸法は間口八二センチ、奥行四四センチ、高さ四六センチ、前面が慳貪蓋になっていて、蓋をとると中に抽斗が二杯ついている、つまり「二重型」である。金具の技法は絵様刳形である。しかしその後の［三一二］（一八三九）、［一〇七］（一八五三）も「二重型」だが金具が透彫である。懸硯や帳箱の例からみて透彫の方が古い形式であるから、様式的には[三一二]や[一〇七]の方が古く、[三〇六]の方が新しいということになる。その後の[一一四]（一八七一）以後はすべて絵様刳形であるから、[三一二][一〇七]は透彫としては最後ごろのものだったのであろう。

半櫃の場合、墨書のある例が少ないため正確な年代は分からないが、半櫃の場合も、帳箱と同じころ、すなわち一八世紀半ば頃に、やはり船簞笥としての形式が成立したものと考えられる。ただ半櫃は帳箱のようにいくつかのタイプがミックスされたのではなく、奉公人用の小形の簞笥が原型となっていたものであろう。

以上によって懸硯・帳箱・半櫃のいずれも、最初は陸上で使われていたものと同じものであったが、一八世紀初めに、まず懸硯が船独特の様式として形成されていき、ついでこれに促されて、一八世紀半ば頃に帳箱や半櫃も船簞笥としての独自の発展をし始めたということになるであろう。

第二節　様式変遷と豪華形の出現

1　懸硯・帳箱・半櫃の様式の変遷

ではこうして形成された船簞笥の様式はその後どのように変化していったのであろうか。再び表2－2・3・4を用いて、その後の変遷を見る。

(1)懸硯（表2－2）

まず懸硯からみていく。

「型」については、すでにみたように[三〇二]から[一〇二]で「十字型」という様式が形成されていた。「十字型」はその後も時期を通して使われているスタンダード型だが、[三一一]（一八三九）から「鼓型」がでてくる。これは「鼓型」といっても全面にべったり金具がついているもので、「全面型」と複合したものともいえる。ついで、[二〇三][二〇四]（一八四〇）になると「全面型」がでてくる。「全面型」はその後、[三一八]（一八五二）にもある。「鼓型」の方も、[三二〇]（一八五四）、[二〇七]（一八六一）、[三二三]（一八六八）、[一一二]（一八六九）と集中してでてきている。また[三三四]（一八八五）からは「別型」が出て、その後[三三六]（一八八七）、[三三七]（一八九二）、[三三八]（一九〇二）と続いている。最後は[三三九]（一九〇三）だが、この型は特殊である。

「用材」については、懸硯の場合、もともとは桐だったが、船簞笥としての様式が成立してからは欅が主になっている。しかし桐も全く使われなくなったわけではなく、断続的に出ている。とくに「別型」に多い。

「金具」と「技法」については、透彫が通して存在しているが、[三二〇]以後は絵様刳形がでてきており、[三三四]以後は無地が集中している。

つまり「十字型・透彫」は時代を通して続いているが、その間に一八四〇年前後からは、「全面型・透彫」→「鼓型・絵様刳形」（但し透彫も一例ある）が集中して出てきて、その後一八八五年から一九〇五年にかけて「別型・無地」が出てくるということである

「全体の程度」については、

A＝「全面型」3・「鼓型」2・「十字型」1・「別型」1

B＝「十字型」12・「鼓型」2

C＝「十字型」7・「鼓型」1

D＝「十字型」2・「別型」4

である。Aは「全面型」と「鼓型」に集中しており、「十字型」はB・Cが圧倒的に多く、Dは別型に多い。ということは懸硯は、一八三〇年代から一八七〇年頃にかけてとくに豪華になり発展するが、一八八〇年代にはいると急速に後退しはじめたということである。最後は一九〇三年である。

(2)帳箱（表2－3）

次に帳箱をみる。

「型」については、すでに[四〇一][三〇二][一〇五]が船簞笥として様式的に完成されている。ただしこれらは形式としては古く、その後[一〇六]（一八四〇）から上が抽斗で下が慳貪の「抽斗・慳貪」構成が出てくる。このタイプは[二〇五]（一八四八）、[二〇六]（一八五七）、[一一二]（一八六八）と続いている。次に[三一一]（一八五五）から「慳貪型」が出て、[三一二]（一八六〇）、[一一〇]（一八六六）、[三一九]（一八七七）と続いている。「抽斗・慳貪」構成の場合は、金具に透彫があるが、「慳貪型」になると絵様刳形になっている。ついで[三一六]（一八四八）になると「遣戸・抽斗」構成が出てくる。遣戸構成はその後、[三一九]（一八五四）、[一一三]（一八六九）、[一一六]（一八七四）、[一二〇][一二一]（一八七九）、[三三一]（一八八二）、[三三二]（一八八二）とある。しかしこれは作りからみると二種類にわかれ、[三一六][三三一][三三二]は欅に拭漆で鉄金具つきといった標準的な船簞笥の作りであるが、[一一六][一二〇][一二一]は紫檀や桑を使ったり、金具も銅や真鋳を使っている。木工技法での面の取り方なども通常の船簞笥とは異なるいわゆる「指物」の仕口である。さらに、[二〇八]（一八六三）から「抽斗・両開戸」構成が出てくる（[四〇二]もそうだが、作りが違うので一応別とする）。これは上部が抽斗で下が両開戸であるが、同じように両開戸にみえて[一〇九]（一八六六）のように左が摩戸になっているものもある。このタイプはからくりも多く、船箪笥として絶頂を極めたものといえる。金具は絵様刳形で、これも作りが非常によい。[一一五](一八七二)、[一一七](一八七五)、[一一八](一八七六)、[三二八](一八七六)、[三三〇](一八七九)、と一八六〇年代末から一八七〇年代に集中している。また、[三三三](一八八五)、[三四〇](一九〇五)は知工《ちく》箪笥である。知工箪笥は帳箱から機能分化して独立したものである。

つまり閂や框戸があるのは古い形で、これが一八世紀末から一九世紀前期頃まで比較的緩やかな変化で続いているが、一九世紀中頃になると慳貪と遣戸が平行して出てくる。ついでこれに踵を接して一九世紀半ば過ぎには抽斗と両開戸の構成が出てきて、さらに一九世紀末から二〇世紀にかけて全部抽斗になり、これが最後の形式になっている。

「用材」については欅が多い。[一一〇](一八四五)以降は表には記入してないが上杢が使われており、とくに[二〇八](一八六三)以後は集中的に出てきている。また[一二〇](一八七九)、[一二一](一八七九)には紫檀・桑も使われている。

「金具」については、技法は透彫は[二〇五](一八四八)までで、[一〇六](一八四〇)以降はほとんど絵様刳形になっている。これらはいずれも鉄金具だが、[一一三](一八六九)以降、銅金具・真鋳金具が出てきている。

「全体の程度」は、

A=「複合型」8・「慳貪型」1

B=「複合型」10・「慳貪型」2・「抽斗型」2

C=「複合型」4・「慳貪型」2・「閂型」1

である。Aが九例、Bが一四例、Cが七例であるから帳箱は全体的に水準が高い。とくに「複合型」がレベルが高い。時期的には一九世紀の半ば過ぎからA・Bが集中している。

以上により、帳箱は一八四〇年前後から急速に発展していることがわかる。とくに一八六〇年〜七〇年代に豪華なものが集中している。最後は一九〇五年である。

(3)半櫃（表2－4）

最後に半櫃をみる。「型」については、「一重型」か「二重型」だけであまり変化がない。一般的にいって「二重型」のほうが新しい。ここで「二重型」がほとんどなのは時期的に新しいためである。

「用材」については外側はすべて欅、内部も抽斗前板が欅でほかは桐である。

「金具の技法」については透彫は[三一二]（一八三九）、[一〇七]（一八五三）までで、[三〇六]（一八二六）から絵様刳形がみられ、[一一四]（一八七一）以降はすべて絵様刳形である。

「全体の程度」はすべてBである。

2　豪華形の出現

(1)船箪笥の様式の発展過程

前項でみた懸硯・帳箱・半櫃それぞれの発展過程を全体的に概観し、様式の変遷と時期の関連を全体的に指標によって整理すると、図2－4「特徴的指標による懸硯・帳箱・半櫃の様式の変遷と時期の関係」のようになる。ただしこれらは墨書のあるものだけであるから、実際には前後に幅があるわけである。

ここでもういちど、懸硯と帳箱について（半櫃は変化が少ないので省く）全体をまとめると、「型」では、懸硯は「十字型」→「全面型」「鼓型」と変遷している。そして「全面型」「鼓型」以降が新様式であり、こ

図2－4　特徴的指標による懸硯・帳箱・半櫃の様式の変遷と時期の関係

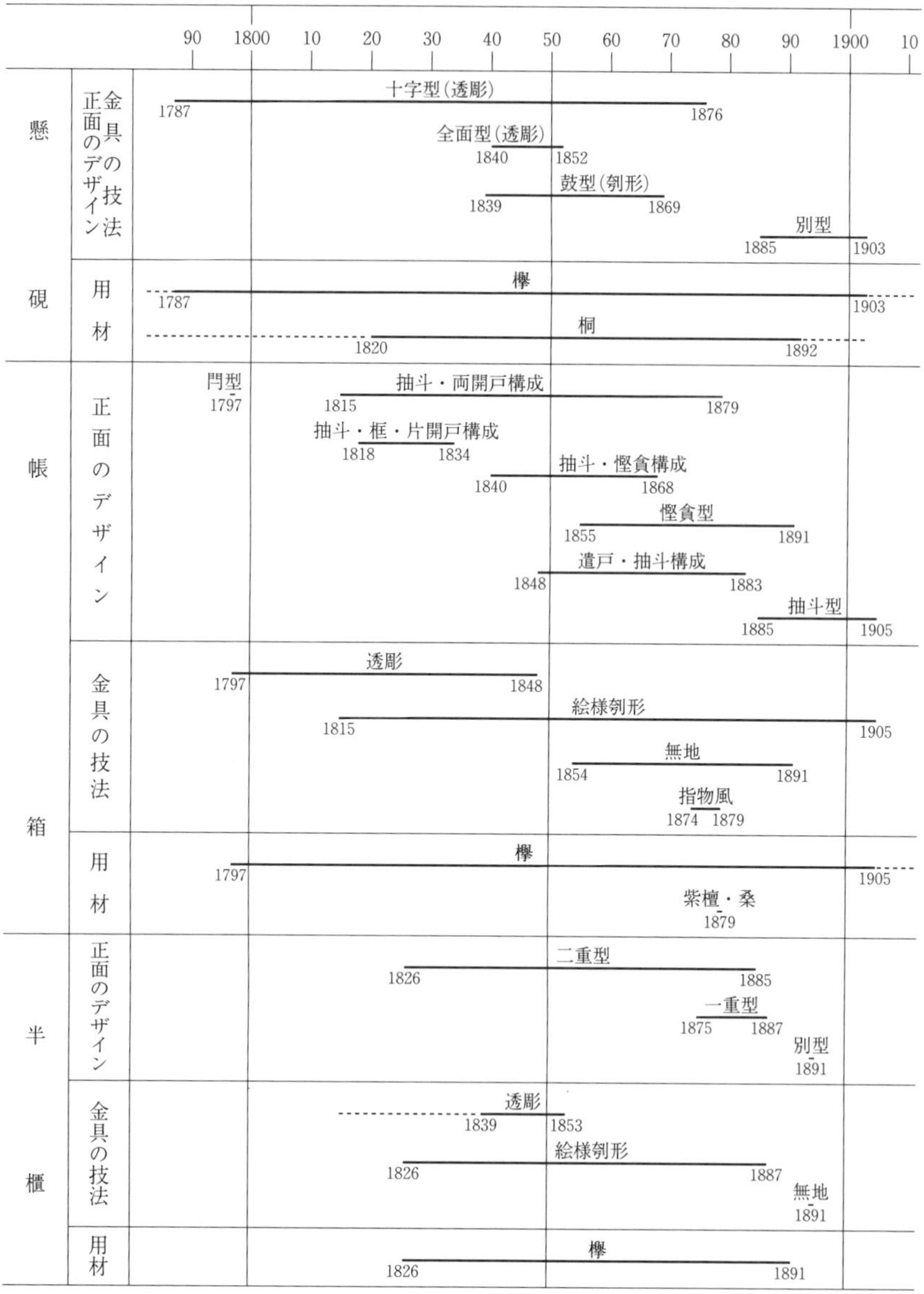
90 1800 10 20 30 40 50 60 70 80 90 1900 10
懸硯
正面のデザイン
金具の技法
十字型（透彫） 1787 1876
全面型（透彫） 1840 1852
鼓型（刳形） 1839 1869
別型 1885 1903
用材
欅 1787 1903
桐 1820 1892
帳箱
正面のデザイン
閂型 1797
抽斗・両開戸構成 1815 1879
抽斗・框・片開戸構成 1818 1834
抽斗・慳貪構成 1840 1868
慳貪型 1855 1891
遣戸・抽斗構成 1848 1883
抽斗型 1885 1905
金具の技法
透彫 1797 1848
絵様刳形 1815 1905
無地 1854 1891
指物風 1874 1879
用材
欅 1797 1905
紫檀・桑 1879
半櫃
正面のデザイン
二重型 1826 1885
一重型 1875 1887
別型 1891
金具の技法
透彫 1839 1853
絵様刳形 1826 1887
無地 1891
用材
欅 1826 1891

れに変わるのが一八三〇年代末である。帳箱は「閂型」→「慳貪型」「複合型」→「抽斗型」であるが、「複合型」のうちの「抽斗・慳貪」構成以降が新様式であり、これに変わるのが一八四〇年前後である。最盛期は懸硯は「全面型」と「鼓型」、帳箱は「複合型」で遣戸や両開戸の構成であるが、どちらも一八四〇年前後から一八七〇年前後となる。「用材」では、懸硯はあまり変化がないが、帳箱では欅の上杢が盛んに使われるようになるのが、一八四〇年代から一八七〇年前後ということになる。

「金具の技法」では、懸硯・帳箱とも、透彫→絵様刳形の順で変遷しており、これとは別に無地と指物風がある。技術的には透彫の方は稚拙な面白味とか味わいといった点はあるものの、総合的にみればデザインとしてもまだ洗練されていないし、技術的にも未熟である。絵様刳形の方が概して鉄板の厚みも厚いし、表鎖についている菊座手掛や鋲、鐶、鋲なども数も多い上に、形も整い、工作法も丁寧になっている。鎖前の縁などもきちんと面取りがしてある。またデザイン的にもよくバランスがとれたものが多くなっていて、様式としてより完成されたものとなっている。しかし透彫でも、懸硯の「全面型」や帳箱の「複合型」の中には、あたかも鉄のレースで覆ったように、大きくて厚い鉄板に蔦や千成瓢箪などを透彫にしたまことに見事な仕事があり、これになると絵様刳形と変わらない。

様式からすると、懸硯は「全面型・透彫」が技術的な転換期で、最盛期は「全面型・透彫」と「鼓型・絵様刳形」になる。帳箱は「抽斗・慳貪」構成が透彫で「慳貪型」は絵様刳形であるから、ここらあたりが転換期になり、最盛期は遣戸と両開戸構成である。したがって金具の技法の上からみても、一八〇〇年代の初期あたりが転換期で、最盛期は一八四〇年前後から一八七〇年前後だったといえる。

さいごに「程度」をみると、懸硯は「全面型」と「鼓型」にAが多く、Bがこれに次ぐ。帳箱は「複合型」「慳貪型」にA・Bが多い。半櫃については数も少なく変化も小さいためあまり差はみられず、全体的にB

ということになる。しかし「二重型」は「一重型」に比べるとより上等ということになる。したがって一八四〇年前後から一八七〇年代がA・Bの多い時期だったことになる。

(2)発展段階と豪華形の出現

以上、第一節・第二節で、墨書のある船簞笥を分析して、船簞笥の様式の発展過程を見てきたが、これをまとめると次のようになる。

①　船簞笥の様式の形成期　一七〇〇年代初め〜一七五〇年頃
②　船簞笥の様式の発展期　一七五〇年頃〜一八三〇〜四〇年頃
③　船簞笥の最盛期　一八三〇〜四〇年頃〜一八七〇〜八〇年頃
④　船簞笥の終末期　一八八〇年頃〜一九〇〇年代初期

すなわち①の形成期以前の一七世紀にはまだ船簞笥独自のものはなく、陸上用の懸硯などが利用されていたが、やがて一八世紀の初めから半ばにかけて、懸硯・帳箱・半櫃それぞれに船簞笥特有の形式が形成されていった。ついで一八世紀半ば頃から一九世紀前期にかけて発展期を迎えるが、とくに一八三〇〜四〇年頃から一八七〇〜八〇年代には最盛期となり、豪華なものも集中して作られている。ところがその後、急速に船簞笥は衰退に向かい、一九〇〇年代に入ると終息してしまうということである。

こうしてみると、船簞笥の歴史というものは約二〇〇年間続いていたということになる。その間の①の形成期から②の発展期までが約一三〇〜四〇年間であるから比較的穏やかなカーブで発展していっており、③の最盛期は三〇〜四〇年間であるから、幕末の最末期から明治最初期という短期間に集中して豪華な船簞笥が作られたということになる。

これを第一章で述べた近世海運の画期にあてはめると、まず船簞笥というものは第Ⅱ期の民間荷物の発展期になってはじめて発達してきたものだということがわかる。また豪華な船簞笥というものは第Ⅲ期の買積船の活躍期とちょうど一致しているということがわかる。そこで次に船簞笥を特徴づけているこの豪華な船簞笥の出現と発展について第三章・第四章で考えていくことにする。

（1）漂流物および沈没品を拾得した場合の取扱い、ないし処理に関しては幕府からの次のような法令が出されている。

寛文七年「浦高札」
自然寄船并荷物於流来ハ、可揚置之、半年過迄荷主無之者、揚置輩取之、荷主雖出来不可返之、雖然其所之地頭代官之差図可請事
天明四年六月二十七日「流寄之品取計之事」
都而浦付へ船或は荷物竹木之類流寄候節、六ケ月見合、尋来もの無之はば、御払之積り御勘定所へ可相伺と御下知有之候と相見候得共、浦高札之内、自然寄船并に荷物於流来者可揚置之、半年迄荷主於無之者揚置候輩可取之、若右之日数過荷主雖出来不差返、其所之地頭代官之可受差図事と有之間、流寄候品巨細に認、往還端抔へ建札いたし、六ケ月見合尋来もの無之候はば、取揚る村方へ為取可申
また航海中の拾得物についても次のような規定がある。
寛延二年八月「御触書」
沖合又ハ海底ニテ拾ヒ候物有之候ハバ、其品書付ヲ以、早速庄屋方迄可申出、尤庄屋方ヨリ可遂注進
（金指正三『近世海難救助制度の研究』、吉川弘文館　一九六八）

（2）次は基礎資料1「浦証文一覧」の中から海に落ちた持物が拾われた例である。
［11］（前略）簞笥壱ツ沖相より猟船拾揚候ニ付、船頭権兵衛并拙者共立会相改候所、金弐拾八両壱分其外仕切目録帳面等船頭覚之通、無相違相渡候（後略）
［40］「難破船揚り品渡受御帳」覚一、紺浅黄立ジマ単物壱（中略）メ革葛籠ニ入細引付　右ハ私共所持ノ

、品ニ相違無御座候処去子朔日當浜先ニテ難風ニ逢、元船波船仕、海中へ落込紛失罷在候処　御村役人中ヨリ加勢人足御差出穿鑿被下候ニ付海底ヨリ掛上ケ御取調ノ上、私共エ御下渡ニ相成難有惜ニ受取申候（後略）

（3）調査した船簞笥の総数およそ一〇〇〇例である。そのうち墨書のあるのが二一四例であるから、全体の約二〇％強にあたる。

（4）これらの懸硯の墨書と、それについて考えられる点は次の通りである。

㋑墨書（箱底）

什　寛永五年五月吉日　水金六太夫　花押

佐渡相川に水金町という町がある。佐渡博物館の学芸員の話によると、この水金六太夫となんらかの関係があり、六太夫は奉行所の役人だったのではないかという。したがって、いわゆる船簞笥ではない。

㋺墨書が箱底と抽斗背裏の二カ所にある。

（箱底）

下京五条坊門　小佐治　橘屋藤兵衛

寛永拾壱年閏七月三日買

（抽斗背裏）

申戌寛永拾壱年七月十一日に志やうぐん様御上洛被成
同月ノ十八日ニ御さんたい被成
同廿一日ニ御のふ被成　京中見物
同廿三日ニ京中御志ろへめし出され
御意ニて銀子五千貫目被下候
御しろニて閏七月二日ニ周防様ニて
家なミに銀子百卅四匁つゝ京中へ取
京中家数合三万七千弐百七拾六家以上
ミつのとのいぬのとし寛永拾壱年後ノ七月三日にはいりやう仕候〔この二文字墨で抹消〕銀子ニて買候
光宣　藤兵衛　花押

寛永一一年に将軍家光が上洛したとき、京都市中に銀五千貫をあたえたという事実があるが、この懸硯はその時に貰った金で買ったものだとわかる。その史料としても興味深いが、ともあれこれも船簞笥でないことは確かである。

㈧墨書（箱底）

慶安五年辰七月吉日　大坂屋　勘左衛門

この懸硯は小豆島郡内海町苗羽の山本喜景という醬油関係の家から瀬戸内海歴史民族博物館に寄贈されたものである。当初の持主については不明であるが、地域的なことからもまた大坂屋という屋号からも船関係であったとも考えられる。

㈡墨書（箱底）

長久　貞享四年卯之六月　十日市町　宿上屋清兵衛　花押

㈭墨書（箱底）

元禄六年癸酉　八月吉日　勢州之住□□□□　花押

㈬墨書（抽斗側面）

壬午　元禄拾五年九月十七日　町々　清左衛門

氏家宿　穀町□□□

氏家町は栃木県塩谷郡にある。海運とは関係ない地域であるから船簞笥ではないと考えられる。

㈦墨書（抽斗底裏・側面）

宝永弐年酉乙弥生廿九日

□□□□求之　市場村　北山氏

（5）懸硯という言葉は懸子のついた硯箱という意味である。元は重硯箱《かさねのすずりのはこ》という手箱形で懸子の部分が硯箱になっており、身には料紙などを入れるものであった。それが戦国末から江戸初期にかけて片開戸で中が抽斗になっており、抽斗の一つを硯箱とする形に変わったのである。この形は当時たんすと呼んでいたものと同じである。茶道具入れ、書物入れ、鉄砲の玉薬入れなどに使われたが、手提げ用で便利なところから硯箱兼書類入にも応用されるようになったのであろう。このようなたんす形の懸硯を創出したのは泉州の堺だったと想像される。この点については第三章第六節で詳述する。

(6) 江戸時代の奉公には年切奉公と年季奉公・半年奉公の三種類があった。年切は二年以上の長期契約だが、一般には一年契約の年季、半年契約の半季が多く、春秋の二回、契約の更新が行われた。春は三月五日、秋は九月十日と決められており、後五日の猶予期間があり、その間に雇主も奉公人も採用、就職を決めることになっていた。これを出替りと称し、春の出替りから秋までの半季を夏季、秋から春までを冬季といった。出替りに際し、就職先を周旋するのが奉公人宿で、出替り期になると衣服や枕などを入れた半櫃を抱えて奉公人宿へ集まってきたのである。

(7) 明治七年の『府県物産表』(勧業寮編)の大阪の部の木製品生産リストの中に「半蓋」がある。

第三章　船簞笥の地域的差異と産地

第三章では、船簞笥の様式の問題を地域という角度からとりあげることにする。またこのことと関連して産地の問題もとりあげる。つまり第二章が時間軸による分析であったのに対して、空間軸により分析するものである。

第一節では船簞笥の地域的差異を明らかにし、第二節から第八節で船簞笥の産地についてみる。まず第二節から第五節において、柳宗悦の『船簞笥』以来、船簞笥の産地として一般に定着している佐渡（新潟県）小木、出羽（山形県）酒田、越前（福井県）三国《みくに》についての検討を行い、この三つの産地で作られた船簞笥は、船簞笥の中でも特異な、いわば豪華形船簞笥であることを確認する。

では豪華形ではない一般的・実用的な船簞笥とはどこで作られていたのか。これは近世海運の初期から使われてきていたもので、船簞笥全体からみればこの方が圧倒的に多かったはずである。そこで第六節から第八節であらためて近世海運全体を見直して、泉州堺、大坂、そして江戸について検討する。

表３－１　船箪笥の程度別集計

	A	構成比	B	構成比	C	構成比	D	構成比	種類別合計	構成比
懸　硯	13	41.9	26	28.2	34	61.8	19	79.1	92	45.5
構成比	14.1		28.3		37.0		20.6		100.0	
帳　箱	18	58.1	41	44.6	17	30.9	4	16.7	80	39.6
構成比	22.5		51.3		21.2		5.0		100.0	
半　櫃	0	0	25	27.2	4	7.3	1	4.2	30	14.9
構成比	0		83.4		13.3		3.3		100.0	
程度別合計	31	100.0	92	100.0	55	100.0	24	100.0	202	100.0
構成比	15.3		45.6		27.2		11.9		100.0	

第一節　船箪笥の地域的差異と豪華形船箪笥の集中地域

最初に船箪笥の地域的差異の有無という問題から見てゆくことにする。このための前提作業として、基礎資料２―１・２―２から、製作地または当初の持主が判明する（推定を含む）二〇二例を、第二章第二節で説明した指標の「程度」によりＡ・Ｂ・Ｃ・Ｄに分けて、さらに種類による違いがあるかないかを見るために、懸硯・帳箱・半櫃に分けて集計した。これが表３―１「船箪笥の程度別集計」である。

総合計は二〇二で、そのうち懸硯九二（四五・五％）、帳箱八〇（三九・六％）、半櫃三〇（一四・九％）である。これを程度別にみると、Ａは懸硯・帳箱・半櫃あわせて三一（一五・三％）、Ｂは九二（四五・六％）、Ｃは五五（二七・二％）、Ｄは二四（一一・九％）でＢが最も多く、次いでＣ、Ａ、Ｄの順となっている。

次にこれを種類別でみると、Ａが最も多いのは帳箱、ついで懸硯で、半櫃はない。Ｂも帳箱が最も多く、ついで懸硯、半櫃である。Ｃは懸硯、帳箱、半櫃、Ｄも懸硯、帳箱、半櫃の順である。

Ａ・Ｂを豪華形、Ｃ・Ｄを実用形とすると、Ａ・Ｂは合計一二三で、この中で帳箱が五九（四八・〇％）で半数近くを占めている。懸硯は三九（三一・七％）、半櫃は二五（二〇・三％）である。Ｃ・Ｄの方は合計七九で、

表3－2　懸硯・帳箱・半櫃の豪華形・実用形の地域分布

豪華形（AおよびB）					実用形（CおよびD）				
懸硯		帳箱・半櫃		合計	懸硯		帳箱・半櫃		合計
佐渡（新潟県）	14	佐渡（新潟県）	32	46	佐渡（新潟県）	6	佐渡（新潟県）	5	11
三国（福井県）	2	三国（福井県）	22	24	吉良（愛知県）	9	吉良（愛知県）	2	11
加賀（石川県）	1	加賀（石川県）	5	6	香川（香川県）	4	香川（香川県）	2	6
村上（新潟県）	3	村上（新潟県）	3	6	三国（福井県）	1	三国（福井県）	3	4
能登（石川県）	2	能登（石川県）	3	5	村上（新潟県）	4			4
越後（新潟県）	1	越後（新潟県）	3	4	酒田（山形県）	1	酒田（山形県）	2	3
		越前（福井県）	3	3	野間（愛知県）	4			4
酒田（山形県）	2	酒田（山形県）	3	5	北海道	1	北海道	1	2
豊後（大分県）	1	豊後（大分県）	1	2	広島（広島県）	2			2
能生（新潟県）	2			2			加茂（山形県）	2	2
		北海道	1	1	那珂湊（茨城県）	1	那珂湊（茨城県）	1	2
		大阪（大阪府）	2	2	能登（石川県）	1	能登（石川県）	2	3
宮古（岩手県）	1			1	加賀（石川県）	2			2
加茂（山形県）	1			1	小豆島（香川県）	3			3
乙浜（千葉県）	1			1	宮津（京都府）	2			2
越中（富山県）	2			2	越前（福井県）	1			1
福井（福井県）	1			1	青森（青森県）	1			1
敦賀（福井県）	1			1	秋田（秋田県）	1			1
宮津（京都府）	1			1	新潟（新潟県）	1			1
島根（島根県）	1			1	水戸（茨城県）	1			1
		神戸（兵庫県）	1	1	乙浜（千葉県）	1			1
		紀州（和歌山県）	1	1	京橋（東京都）	1			1
		芸州（広島県）	1	1	尾張（愛知県）	2			2
不明	3	不明	2	5	阿波（徳島県）	1			1
					能生（新潟県）	1			1
							福井（福井県）	2	2
							兵庫（兵庫県）	1	1
							雲州（島根県）	1	1
							西条（愛媛県）	1	1
					不明	1	不明	1	2
総数	40	総数	83	123	総数	53	総数	26	79
								合計	202

そのうち懸硯が五三（六七・一％）と六割以上である。帳箱は二一（二六・六％）とほぼ三割、半櫃は五（六・三％）と極めて少ない。帳箱、半櫃に豪華形が多く、懸硯には実用形が多いということである。

そこでつぎに地域分布を見る。先ほどの二〇二例を豪華形と実用形に分けて、懸硯と帳箱、半櫃それぞれの地域（この場合、製作地と持主住所が判明している場合は、製作地をとっている）をあげたのが、表3―2「懸硯・帳箱・半櫃の豪華形・実用形の地域分布」である。

豪華形については、懸硯、帳箱・半櫃とも佐渡が圧倒的に多く四六で、三国の二四がこれに次ぐ。次いで加賀六、村上六、能登五、酒田五、越後四、越前三となっており、以下、能生・加茂・福井・敦賀・越中・島根・宮津と北陸地方を中心とした日本海側の地域に集中していることがわかる。しかしこの中で懸硯だけをとってみると、乙浜（千葉県）や宮古（岩手県）まで広く分布している。ここでも懸硯の方が船簞笥として、より普遍的であったことを示している。

実用形についても、懸硯、帳箱、半櫃とも佐渡の一一が最も多い。しかしこれに並んで吉良が一一、香川六、三国四、村上四、野間四、酒田三、能登三、小豆島三と続き、以下、北海道・広島・加茂・那珂湊・加賀・宮津・尾張・越前・青森・秋田・新潟・水戸・乙浜・京橋・阿波・能生・福井・兵庫・雲州・西条と全国的に広く分布している。ここでも特に懸硯は分布の範囲が広い。

以上、限られたデータからではあるが、豪華形船簞笥は佐渡を中心とした北陸地方に集中しており、また一方、実用形については全国的に分布していることがわかる。ただし懸硯に限ってみると、グレードも比較的万遍なく、しかも分布範囲も広いということがわかる。

船簞笥というと、大変に豪華なデザインのものだという認識が一般化している。しかし、実際に調査に歩いて見ると、どうも船簞笥の全部が全部立派なものばかりではないことに気づく。民芸館や骨董店で船簞笥をみているだけではわからないが、全国各地の津々浦々の海運関係の場所、例えば船頭や水主、廻船問屋などをしていた家をたずねて残っている船簞笥をみると、豪華なものは少なく、むしろ粗末なものの方が多いのである。あるのは懸硯ばかり、しかも例の十字型ばかりで、『船簞笥』に載っているようなものにはなかなかぶつからない。また単に粗末というより作りそのものが、民芸館などでよく見かけるものとはかなり違うものもある。最初はこれが不思議でならなかったが、やがてこれには地域的差異があるということがわかってきた。つまり、豪華な船簞笥の多い地域と、そうでもない地域があるということ、というより豪華な地域は日本海側、特に北陸地方を中心とした地域に限られているということである。そこでこのことを確認するために行ったのが以上の作業である。

第二節　豪華形船簞笥の産地――その一・佐渡小木湊――

日本海側のしかも北陸地方を中心とする地域に集中して豪華な船簞笥が多いということになると、これはまさしく『船簞笥』があげている産地、すなわち佐渡の小木、出羽の酒田、越前の三国と重なってくる。したがって結果的にみれば『船簞笥』は豪華な船簞笥の地域だけをとりあげていたことになる。

しかしいまみたように船簞笥というものは全国に広く分布しているものであり、とくに実用形についてはそうである。そうなると船簞笥の産地が、北陸のこの三箇所だけであったわけはない。だがまず、確認を含めて、小木・酒田・三国の三箇所についてみることにする。最初は墨書によって確認できる例が最も多い、いいかえれば船簞笥の製造が行われていたということが確実な佐渡からみていく。

1　時期と製造場所

(1)船簞笥からみた時期と製造場所

佐渡製であると確認できる船簞笥を基礎資料2―1・2―2からリストアップしたのが表3―3「佐渡製船簞笥リスト」である（年代判明のものと判明しないものとに分けた）。全部で五七例ある。

年代の点からみていくと、最も古いものが[三〇二]（一七八九）でこれは沢根町製である。つぎが[一〇二]（一八一四）で、これは小木湊製で、以下[二〇九]（一八七二）まで全て小木湊で作られている。時期的には天保期（一八三〇－四四）以降に多くなっている。

つぎに年代不明の方も含めて場所と製造業者をみてみる。場所では、沢根町が二例、小木湊が四三例、不明が一二例（これも小木湊であろうが）で、小木湊が圧倒的に多い。製作人・販売者名では湊屋（利寿と利八郎は同一家系と考えられる）が一六例、浜屋（おくめやとも）が五例、箱屋（辰治郎・辰右衛門は同一家系と考えられる）が二例、綿屋・賀登屋が各一例、あとは職人名だけが記されている。これにより簞笥製造が行われていた場所は沢根町と小木湊であったということがわかる。とくに小木湊はこれだけ屋号を記した店があった事実からみても、相当の規模の産地であったことがうかがえる。

年代的には、ここからわかるのは一八世紀末頃からで、一九世紀に入ると多くなり、一九世紀の後期まで続いていたということだけである。では小木にしろ、沢根にしろ、佐渡の地で船簞笥の製造が始まったのはいつ頃からだったのだろうか。この点を文献史料からみてみよう。

表３－３　佐渡製船簞笥リスト

(1)年代判明のもの（年代順）

基礎資料番号	種類	木部	技法	年代	製作地	製作人・販売者
201	懸硯	欅	透彫	1789	沢根町	細工人利右衛門
101	懸硯	欅	透彫	1814	小木湊	大工留蔵・湊屋利八郎
102	懸硯	欅	透彫	1817	小木湊	
104	懸硯	桐	透彫	1826	小木湊	大工惣右衛門・鍛冶屋武左衛門
105	帳箱	欅	透彫	1834	小木湊	
106	帳箱	欅	絵様	1840	小木湊	湊屋利八郎
203	懸硯	欅	透彫	1840	小木湊	湊屋利八郎
204	懸硯	欅	透彫	1840	小木湊	綿屋東一郎
205	帳箱	欅	透彫	1848	小木湊	湊屋利八郎
107	半櫃	欅	透彫	1853	小木湊	湊屋
206	帳箱	欅	絵様	1857	小木湊	大工石吉・鉄具師覚三郎・湊屋
207	懸硯	欅	絵様	1861	小木湊	
208	帳箱	欅	絵様	1863	小木湊	湊屋
109	帳箱	欅	絵様	1866	小木湊	大工喜味吉
111	帳箱	欅	絵様	1868	小木湊	
114	半櫃	欅	絵様	1871	小木湊	湊屋
115	帳箱	欅	絵様	1872	小木湊	
209	半櫃	欅	絵様	1872	小木湊	湊屋

(2)年代不明のもの（製作人・販売者別）

508	帳箱	欅	絵様		小木湊	湊屋
509	帳箱	欅	絵様		小木湊	湊屋
512	半櫃	欅	絵様		小木湊	湊屋
601	帳箱	欅	透彫		小木湊	湊屋利寿
602	帳箱	欅	絵様		小木湊	湊屋利八郎
603	半櫃	欅	絵様		小木湊	湊屋
604	懸硯	欅	透彫		小木湊	湊屋
507	帳箱	欅	絵様		小木湊	おくめや
606	帳箱	欅	絵様		小木湊	浜屋
607	帳箱	欅	絵様		小木湊	浜屋
608	帳箱	欅	絵様		小木湊	浜屋
609	半櫃	欅	絵様		小木湊	浜屋
501	懸硯	欅	透彫		小木湊	箱屋辰治郎
510	帳箱	桐	絵様		小木湊	大工箱屋辰右衛門
605	懸硯	欅	透彫		小木湊	賀登屋三八郎
504	懸硯	桐	透彫		佐渡沢根	

503	懸硯	欅	他		小木湊
517	懸硯	欅	透彫		小木湊
519	懸硯	桐	絵様		小木湊
522	知工	欅	他		小木湊
523	知工	欅	絵様		小木湊
524	帳箱	欅	絵様		小木湊
525	帳箱	欅	絵様		小木湊
526	帳箱	桐	絵様		小木湊
527	帳箱	欅	絵様		小木湊
528	帳箱	欅	絵様		小木湊
529	帳箱	欅	絵様		小木湊
502	懸硯	桐	他		佐渡
514	懸硯	欅	透彫		佐渡
515	懸硯	欅	透彫		佐渡
516	懸硯	欅	透彫		佐渡
520	懸硯	桐	透彫		佐渡
521	懸硯	欅	透彫		佐渡
530	知工	欅	絵様		佐渡
531	帳箱	欅	絵様		佐渡
532	帳箱	欅	絵様		佐渡
533	帳箱	欅	絵様		佐渡
534	帳箱	桐	透彫		佐渡
535	帳箱	欅	透彫		佐渡

(2)佐渡における船簞笥の製造開始期

佐渡における木工品の製造について記されている明治以前の史料を、管見の限り年代順にあげてみるとつぎの通りである。

①『佐渡四民風俗』一七五六(宝暦七)年・追加一八四〇(天保一一)年

②『佐渡細見帳』一七八九(寛政元)年

③「四十物并国産之内他国出高書付(自寛政至天保書上留)」一八〇〇(寛政一二)年

④「地方覚書(佐渡奉行書文書)」一七九四(寛政六)年以降一八二九(文政一二)年以前

⑤『諸品津積出差留』一八六五(慶応元)年

①『佐渡四民風俗』は、佐渡奉行所の地役人高田備寛が奉行石谷清昌に提出した村村の実情報告書である。明治二八年、史林雑誌社から出版されている。一七五六(宝暦七)年、石谷が老中に対して佐渡の仕法改革についての意見書を提出した際の基礎

となったものである。その後一八四〇（天保一一）年、原田久通が佐渡奉行川路聖謨に命じられて再調査を行ったため、この分が「追加」として記載されている。したがって高田備寛の書いた、いわば「本文」では宝暦はじめ頃の状況が、「追加」には天保期の状況が反映しているということになる。

ところがこれをみると、「本文」にも「追加」にも、沢根町・小木町とも木工品類の製造については全く記載されていない。ちなみに小木の産業については「本文」で次のように書かれている。

勿論当所は外の産業無 之都て船方旅人の宿或者遊小宿等にて見過をいたし茶屋女体のものを抱へ拙き暮方の者多く重立候者の内にも至て有徳のもの無 之少にても旅人より置銭を多く取事を励候風俗故人心以の外 不宜所に御座候。其上国仲辺江通路悪敷候間一切のもの運送多く掛り諸式高直にて候。（後略）

つまり小木は特に産業がなく、船乗り相手の宿屋とか茶屋を営む者が多く、一般に貧しい暮らしの者が多い。有力者にも立派な人物は少なく、旅人から金をとることばかり考えているようで、人気がはなはだ良くない所である。その上、国仲地方への交通事情も悪いためなにごとにも運賃が多くかかるから物価も高い、ということである。この様子では、少なくとも一七五〇～六〇年代の宝暦期には小木は船箪笥どころではなかったようである。

だが同書の、雑太郡八幡村の項には、「本文」に産物として「箱屋」があがっている。「八幡村は耕作の隙に男ハ桐木組工等多く仕出し」と説明があり、農間稼ぎとして桐を使った櫃や簡単な箪笥類の製造が行われていたということがわかる。こういう場合、農家で引手や把手などの金具の製造までしていたとは考えられないから、おそらく農家では木部だけを製造して問屋や小売商に出していたのであろう。金具は、問屋や小売商が鍛冶屋に作らせていたと考えられる。

鍛冶屋については、同書に河原田町鍛冶町、下相川町、湊・夷、牛込村などが産地としてあげられているが、箪笥金具の産地だったのはおそらく河原田町鍛冶町であろう。鍛冶町は一貫して佐渡一の鍛冶産地であったし、八幡と鍛冶町とは距離的にも至近距離にある。また後まで八幡向けの箪笥用金具はここで製造していることからもその可能性が高い(1)。八幡村での桐箪笥製造は、江戸・明治・大正・昭和と続いて行われており、昭和四〇年代頃まで続いていた。八幡は一貫して佐渡における箪笥産地だったということである。ただし八幡の桐箪笥は、もっぱら国仲平野の農村向けの嫁入り箪笥であった。しかしここで古くから指物技術が発達していたこと、鍛冶町に進んだ金具製造技術があったことが、後に小木で船箪笥が生まれ発展する技術的土壌になっていたものと考えられる。この点については後でもう一度述べる。

②『佐渡細見帳』は、『小木町史』に載っている。原本は現在所在不明である。

小木町の項に、産物として「箱細工、樫木細工、船道具」があがっている。船道具が具体的になにを指すのかはっきりしないが、船内で使われる道具であることはまちがいない。これによりすでに小木で廻船向けの細工仕事がはじまっていることがわかり、ここから推してこの箱細工が船箪笥ではないかと考えられる。

③「四十物并国産之内他国出高書付」は『新潟県史・通史編4・近世二』に紹介されている（三九四頁）。それによると一八〇〇（寛政一二）年、佐渡国産の移出総額一三万貫余のうち、櫃・箪笥・膳棚・戸棚類が一二六〇貫文余、箱類三八四貫文余、木枕・箸箱二〇五貫文余、杉戸九一〇貫文余、杉障子四九六貫文余の木製品がある。このうちの箱類に船箪笥が含まれている可能性が高い（佐渡では船箪笥屋を箱屋とよんだ）。

④「地方覚書（佐渡奉行所文書）」は、佐渡奉行所文書の一部を書写したものである（川上賢吉所蔵）。跋に次のようにある。

此書ハ幕府相川ニ佐渡奉行所ヲ置キ民政局官吏ノ手控ニテアリ猥リニ民間ヘハ知ラシメザルモノノ膝下ニ出入リシテ密ニ閲覧ヲ請フ時ハ他見紙ヲ徴シテ謄写ヲ許シタルモノナリト聞ク此原本ハ（鷲）崎村藻

浦本間宗次カ家ニ秘蔵シツツアルモノヲ予借序後藤貞蔵君ニ託シテ謄写ヲ詢シカハ君モ亦書ク兎角紙屑屋ノ手ニ渡リ襖ノ仲張ニ墜落世ニ傳ルモノ断テ而ラン事ヲ憂フル者ニテアレハ農（以下欠失）

年代については本文中の記載から一七九四（寛政六）年以降、一八二九（文政一二）年以前ということしかわかっていないが、この中の「国産類品之事」の中につぎのような記載がある。

一、箱細工類

但　櫃たんす、小箱類重モ廻船方ニ而用ヒ或者松前江差下し候。箱類小木町之者拵潤懸り船江売出申候。

佐渡で、櫃たんす・小箱などの箱細工類、すなわち船簞笥の製造が行われて、廻船の船乗りに売ったり、松前や江差に移出していた、そしてこれは小木町の者が行っているということである。小木で船簞笥の製造が行われていたことをはっきりと示している史料である。

時期ははっきりしないが、③の「四十物并国産之内他国出高書付」に一七八九（寛政一二）年、すでに箱類を移出しているとあることから、やはり同じ時期であろう。

⑤『諸品津積出差留』は、触れ書きである。この中の松ケ崎から松前向けの積荷の中に「箱細工類」がある。

以上によってみると、沢根町での船簞笥製造についての史料はない。しかし表3－3〔二〇二〕でみたように、一七八九（寛政元）年に沢根町の墨書のある船簞笥がある。沢根町も湊町であったことから若干の生産が行われていたとも考えられるが、それより八幡に近いところであることから、八幡で製作したものを仕入れて売っていたと考える方が蓋然性が高い。

一方、小木町では『佐渡細見帳』にみられるように、一七八九（寛政元）年に「箱細工」があがっている。ついで一八〇〇（寛政一二）年の「四十物并国産之内他国出高書付」および「地方覚書」により、寛政期にはすでに小木が完全に船簞笥の産地として成立していたことがわかる。だがこれだけでは、小木湊で船簞笥の製造が始まった時期については今一つはっきりしない。しかし今のところ直接的な文献からはこれ以上はわからないため角度を変えて、あらためて小木湊の湊としての発展過程から考えてみることにする。

2　小木湊の都市的発展

小木湊の都市的発展については、『小木町史』および写真3―1「小木湊絵図」をもとに作成した、図3―1の「小木湊復原地図」[2]を参考にしながら考えるとおよそ以下のようになるであろう。

小木岬には木浦郷・強清水・深浦・宿根木などの集落があり、地頭の居館小木城は元小木にあった。湊も元小木の入り江にあった。一六〇三（慶長八）年、幕府の直轄領となり佐渡奉行大久保長安が入部すると、小木城は小木代官原土佐の居城になる。一六〇六（慶長一一）年には、小木に番所が作られる。一六一四（慶長一九）年、小木町の町割が行われ、湊の機能が元小木から小木に移された。

その直後の一六一五年から二四年の元和年間に小木町村は木野浦村から独立した行政圏となるが、これは小木が上納金銀輸送のための湊として機能がよかったためだといわれる。上納金は金銀山のある相川から船で小木に運び、いったん木崎神社（幕府によって金銀渡海の無事を祈って一六〇八年に建てられた）に納め、あらためて海を渡って出雲崎に運び、信濃から駿府、江戸へと運んだ。小木は湾入が良好なことと越後への至近距離という地理的条件により、幕府上納金銀が出雲崎へ渡るまでの中継地とされたもので政治的に重要な地位にあったわけである。『佐渡風土記』によると相川鉱山の最盛期、一六三〇年頃の寛永頃は上納金便が年に七、八度から一二度もあったという。

したがって当時は、相川と小木を結ぶ小木街道（相川街道）に近く、番所（上番所）がある上町・中町が中心であった。元和年間には問屋が五人、船役を納めていたのが一一四人、廻船は一五艘ぐらいであったという。だがこの段階では、島外からの物資は直接相川に入るため、小木はあくまでも金銀上納のための湊であった。

しかし一七世紀半ばの寛永末年頃から相川鉱山が衰微しはじめたことから、上納金中継地としての小木の役割がしだいに減少してくる。

佐渡の金銀山は、中世以来、その存在を知られていたが、一五八九（天正一七）年、佐渡に出兵した上杉景勝が鶴子銀山を領有した頃よりはじまる。一五九四（文禄三）年、豊臣秀吉が景勝のもとに技術者を派遣して、朝鮮出兵に要する軍資金のため、金銀山の開発を行ったのが金銀山としての本格的なスタートである。関ケ原の戦いの後、徳川家康の代官田中清六が運上入札制をとり、各地に新鉱脈が発見されて鉱山は活況を呈し、一六〇二（慶長七）年頃には、銀運上が年一万貫に達した。一六〇三（慶長八）年、代官となった大久保長安も、直山《じきやま》制をとったり、西洋技術の水銀精錬法を導入するなど、積極的に経営革新を行ったため、銀運上は六、七千貫に達したが、しだいに坑道が深くなって、経費が増加して行き、長安の末期、一六一二（慶長一七）年頃には年二千貫を割った。

その後、奉行鎮目市左衛門が水上輪を採用するなどの技術革新を行い、一六二一（元和七）年頃には一時的に生産が上がったが、寛永期（一六二四－四四）以降深坑による水替経費の増加、銀価格の下落などによって不振となり、一六五一（慶安四）年に幕府は出方不振の鉱山の閉鎖を命じている。その後、一六九〇（元禄三）年に佐渡奉行となった荻原重秀は復興に全力を上げて、新たに膨大な投資を行って新坑を掘る一方、採算に合わない山を閉鎖するなど経営合理化に務めたため、一七世紀末から一八世紀始めの元禄から宝永期には生産が一時的に上昇した。だが以後は経費の増大から赤字が大きくなるばかりだったため、一七一六年

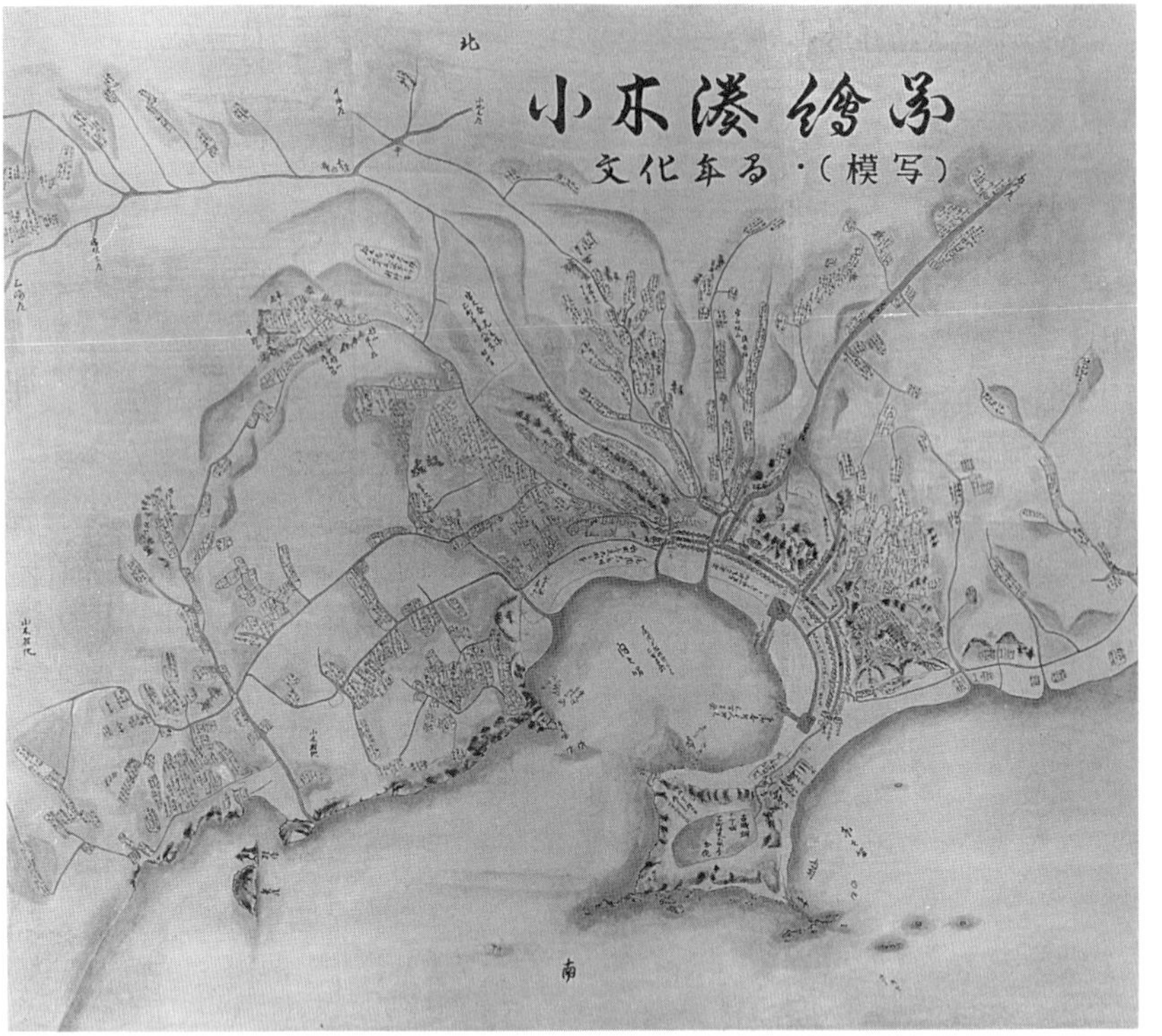

写真３－１　小木湊絵図(佐渡離島センター所蔵模写本)

図３－１　小木湊復原地図

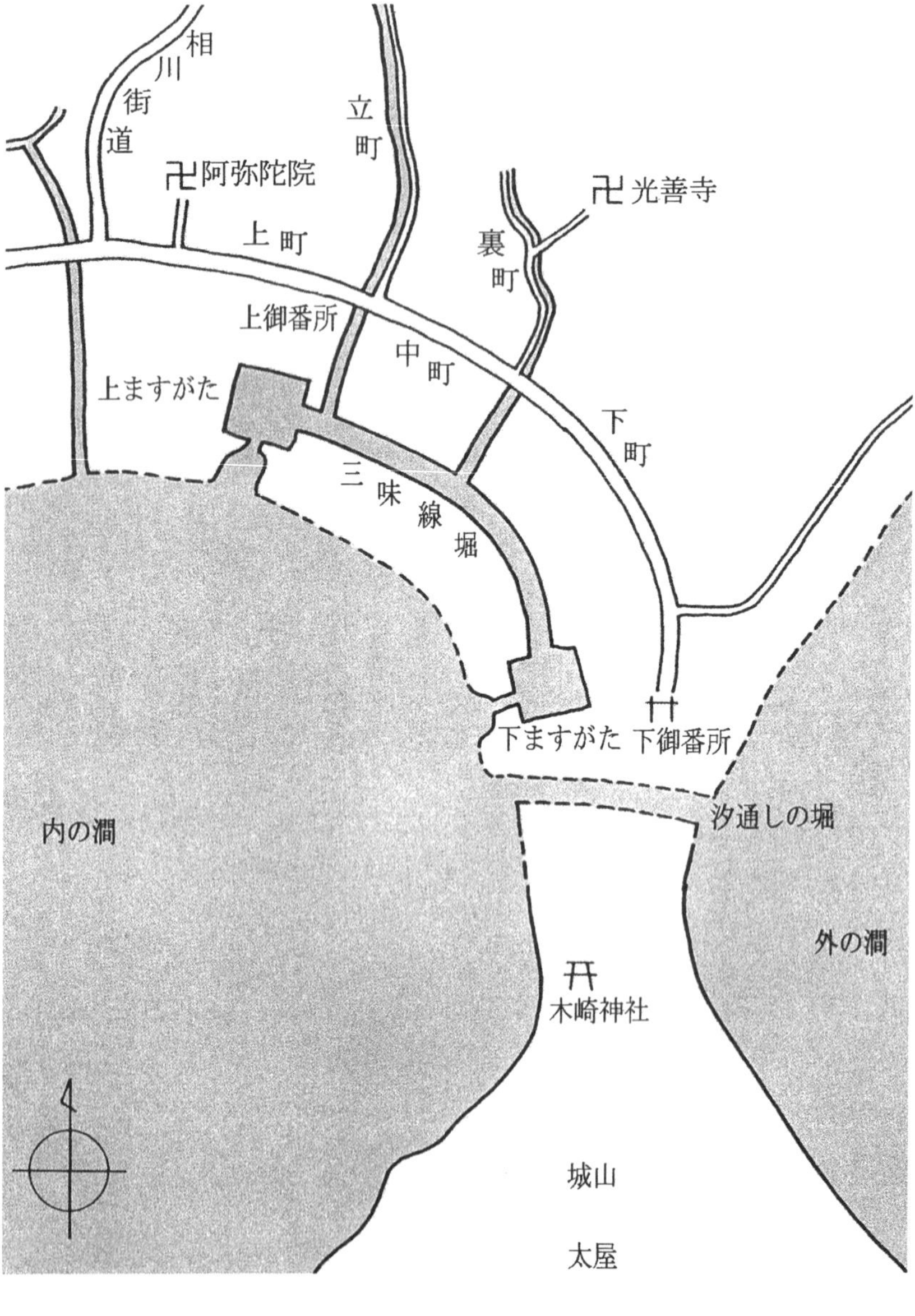

相川街道
卍阿弥陀院
立町
卍光善寺
上町
裏町
上御番所
中町
上ますがた
下町
三味線堀
下ますがた
下御番所
汐通しの堀
内の澗
外の澗
木崎神社
城山
太屋

から三五年の享保期にはいると、幕府も撤退姿勢をとり始め、一七二二（享保七）年・一七三九（元文四）年と直山制廃止の通達を出すが、請け負う者もないという状況だったという。

つまり金銀山の最盛期は慶長から元和までの、わずか二〇年ほどだったわけで、金銀山の衰退とともに小木湊も衰微していったのである。

そこで上納金中継地としての役割に代わって大きくなりだしたのが、西廻り航路の寄港地としての役割である。小木は幕府の定めた寄港地の一つとなり、立務所がおかれた。立務所とは廻船の不正を調べたり、難破船の救済に当たるものである。

一六六三（寛文三）年には、佐渡奉行若林六郎左衛門が、岬の先の城山に太屋を建てている。これは元小木城の出先機関だったと思われ、この時期には湊の機能が拡大し、外の澗も湊として使われ始めていたものと思われる。ついで一六七一（寛文一一）年には、佐渡奉行所は内の澗と外の澗をつなぐ、汐通しの堀切の開削を行い湊を整備している。小木の内の澗は南風に弱く、北東風に強い。逆に外の澗は北風や東風には弱く、南風や西風が吹いても波は立たない。したがってこの二つの澗を水路でつなげば船の寄港地として安全である。このためであろう、河村瑞軒による西廻り航路の開拓は、一六七二（寛文一二）年であるが、すでにそれ以前から、海運活発化の兆しを見せはじめており、それに備えて整備が行われ始めていたことがうかがわれる。

一六八二（天和二）年、今度は下の番所が下町のはずれに置かれる。湊の機能がしだいに下町側に移っていったことがわかる。しかしこのことが小木町の中で上町・中町と下町の対立を引き起こしたようだ。当時、上町・中町には二〇〇軒、これに対し下町は五〇軒であったから、上町・中町の方が中心地域であった。しかし下町の方が発展しはじめていったため、古くからの町である上町側が異議をとなえ、汐通しの堀切の埋立てを要求したのである。このときは最終的には上町側が一旦は勝って、一七一六（享保元）年、汐通しの堀切は埋め立てられた。

しかし一七八八（天明八）年、堀切は再度開削されている。おそらくこの間に小木が寄港地として一層発展したため、内の澗と外の澗を合わせた湊としなければ応じきれなくなったのであろう。と同時に湊の機能もより下町側に移ったということであろう。この原因については、一七五一（宝暦元）年の佐渡産品の島外輸出禁止解除が、影響していたと思われる。

なにしろ金銀山の繁栄期には、膨大な労働力を必要とした。このため相川町の人口は、一六一五年から二四年の元和年間には一〇万人以上（『佐渡風土記』）だったとも二〇万人（『佐渡四民風俗』）だったともいわれている。当然膨大な量の消費物資を必要としたことから、佐渡の村々では相川向けの消費物資の生産を行ったが、これだけでは到底賄いきれず、多量の物資が輸入されていた。そうした状況であるから輸出により物資の一層の不足をきたすことは物価の上昇を招き、鉱山経営を圧迫することになる。このため佐渡産品は島外輸出を禁じられていたのである。

ところがその後の金銀山の衰微により、相川向けの物資の需要は急激に減少していった。もともと佐渡は畑作を中心とした自給自足的農業が主体となっていた土地であったが、鉱山が開発されたことから幕府は全島をあげて、政策的に商業を発展させる方策を講じた結果、全島的に農村の貨幣経済化が進んでいたところへ金銀山の衰微である。商品作物の生産を織り込んで成り立っていた農民の生活は成り立たなくなった。一方では、一七世紀初期の享保期に入ると、定免制の導入が行われるなど年貢の増徴が強化されるなどといったさまざまな矛盾が、一七五〇（寛延三）年の一国越訴となって噴出した。二〇八カ村におよぶ百姓から、二八カ条に及ぶ訴状が出されたが、この中に百姓が農間稼ぎとしてつくった藁細工・藤細工・竹細工等、また茶・たばこなどの他国売り許可の要求があった。[3] その結果、一七五一（宝暦元）年一二月に、島内産品の他国出しが解禁されたのである。

このとき他国出しが解禁になった品々は『佐渡年代記』によるとつぎの通りである。[4] この中に「木細工類」、つまり木工品がある。

大豆・小豆、竹木、薪、茶・多葉粉、塩、莚、草履・草鞋、下駄・足駄、木細工類、生蛸・生鮑・生栄螺、いご、若和布、干海老、菅苫

役銀は、海産物については免除、諸細工物は元売価格の二〇分の一であった。

こうして佐渡物産の島外出しが始まったことにより、佐渡の廻船はもちろん、他国の廻船も佐渡へ商品を積み下ろすだけの片荷貿易でなく、佐渡の産物を他国へ積み出せることになって、小木へ入港する船が増加した。また佐渡の海岸諸村にも小さな廻船をもってこれら佐渡産物を交易する廻船主が勃興しはじめ、小木湊は徐々に貿易港としての比重を大きくしていった。

問屋数をみても、この間、一六二四（寛永元）年に一〇人だった問屋が、一七五一（宝暦元）年には、船宿一四軒のうち一〇軒が問屋に昇格し、従来の一〇軒と合わせて二〇軒になっている。また問屋の一つ、和泉屋の客船帳をみると、表3－4「和泉屋の客船帳にみる入船数の推移」にみられるように、一七五一年以前の九年間は取扱船一一艘であるが、以後の一〇年間には二六艘と倍増し、以後うなぎのぼりとなっており、廻船の到来が多くなったことを物語っている。

ちょうどこの埋立と再開削の間の期間に書かれた『佐渡四民風俗』は次のように書いている。

小木町の儀者當国一の湊にて入津船多く外との潤は別て碇掛り宣候と申し。猶又北国第一の湊と申傳候得共荷場にては無　之汐掛りのみに御座候。（後略）

表3－4　和泉屋の客船帳にみる入船数の推移

	年代＊																	
	1	2	3	4	5	6	7	8	9	10	11	12	13	14	15	16	17	合計
加賀	13	5	5	26	23	12	18	21	28	24	5	5	15	23	34		(1)	258
越前	20	5	20	28	53	28	29	13	44	20	18	8	8	11	12		(1)	318
越中						1			1							2		4
能登					1				3	1	1	2	1		7			16
越後										1	3	3	1	29	26			63
佐渡	3	1	1	2	1		8	1	3	1		6		16	5			48
出羽						1	5	4	3	5	16	9	8	28	27			106
松前									3		1	2	3	5	10			24
若狭									1	1	1	1		7				11
伯き									1				3	1	7			12
出雲													12	44	26			82
石見														1				1
長門									1			3	13	11	9			37
周防								1	1	2	1	10	15	41	26			97
備前											1			1	4			6
備中											1	2	2	3	1			9
備後															1			1
安芸														2				2
播磨											1	1	2	2				6
摂津	2				1		5	12	21	15	13	26	19	49	36			199
和泉										1		5	1	2				9
近江											1	1						2
山城														1				1
紀伊								1			1							2
淡路															1			1
讃岐									2						6			8
阿波												3	1	2	4			10
土佐					1									1				2
肥前							1	4	1		2		1	3				12
肥後																	(1)	1
筑後									1		1	2		1	2			7
豊後													1	5	4			10
壱岐															1			1
日向															2			2
薩摩											1			14	7			22
駿河														1				1
遠江													1					1
尾張											1		2					3
陸奥										1	1			3	3			8
陸中								1	2		2	2	2	1	1			11
総計	38	11	26	56	80	42	66	58	116	72	72	91	111	308	262	2	(3)	1414

＊実年代との対応関係
1 (1729～1740)　2 (1741～1750)　3 (1751～1760)　4 (1761～1770)
5 (1771～1780)　6 (1781～1790)　7 (1791～1800)　8 (1801～1810)
9 (1811～1820)　10 (1821～1830)　11 (1831～1840)　12 (1841～1850)
13 (1851～1860)　14 (1861～1870)　15 (1871～1880)　16 (1881～1890)
17 (年代不詳)
出典：新潟県教育委員会『新潟県文化財年報第2　南佐渡学術調査報告書』(1956) より作成

小木湊が佐渡一の湊となっていること、とくに外の澗が良港であるといっている。水深が深かったようである。しかし荷場ではなく汐掛りだけだといっている。つまり寄港地として良港だったということである。その後一八〇一（享和元）年、大地震があり、土地が隆起して堀切は機能しなくなり、内の澗も湊として使えなくなる。このため海岸線に沿って堀を掘って湊の機能を維持した。このときに掘られた堀が三味線堀である。

さらにその後、一八二四（文政七）年、この三味線堀の両側の地域一帯が埋め立てられ、町域が拡大した。これは湊の発展にしたがって町全体も大きくなっていったということなのであろう。

3　小木湊における船簞笥製造の開始

船簞笥の製造開始と、こうした小木湊の発展の画期とは関係深かったであろう。

小木湊における船簞笥製造開始も一七五一（宝暦元）年の解禁以降であったことは間違いないが、だが一七五六（宝暦七）年前後の小木の産業が、さきにみた『佐渡四民風俗』が述べているような状態であったとすると、解禁になったからといって直ちに船簞笥のようなある程度の技術を必要とする仕事が始まったとは考えられない。そうなるとでは何時かということになるが、この問題に関しては小木湊が先にみたように一七八八（天明八）年に一旦埋められていた外の澗と内の澗を結ぶ堀切が再度開削されているということが、かなり大きな意味を持っていたと考えられる。というのはおそらく、この前後あたりからこの堀切がないと湊の機能として対応しきれなくなって来たのではないか。

さきの和泉屋客船帳を見ても、一七五一年から一七六〇年までの一〇年間は二六艘、一七六一（宝暦一一）年から一七七〇（明和七）年までの一〇年間が五六艘、一七七一（明和八）年から一七八〇（安永九）年までの一〇年間で八〇艘、一七八一（天明元）年から一七九〇（寛政二）年までの一〇年間が四二艘、一七九一（寛政三）年から一八〇〇（寛政一二）年までの一〇年間が六六艘と増加しており、一七六一年以降の増加はめざましい。一八世紀の半ば過ぎあたりから下町が寄港地として大きく発展し始めたものと考えられる。

そしてこの開削の翌年の一七八九（寛政元）年の『佐渡細見帳』には小木で船簞笥、船道具が作られていたと考えられる記録があり、寛政期には先にみたように、すでに小木が船簞笥の産地として発展している。

したがって以上のことから考えると、一八世紀半ば過ぎの明和・安永から天明にかけての約二〇年間の内に小木湊で船簞笥の製造が始まった可能性が大きい。

このことはまた、箱屋、つまり船簞笥屋の所在地から見ても確率が高いと思われる。箱屋のあった場所を調べてみると、現在わかる限りでは、図3－2の「小木湊箱屋分布図」に示したように下町に集中している。これは下町の発展期と船簞笥の製造とが密接な関係にあったことを示しているのではないか。しかもこの場所は一八二四（文政七）年に拡大した地域ではないから、それ以前に箱屋の集住地域として成立していたということになる。となるとやはり小木湊が外の澗と内の澗が一体の湊として発展した一七世紀後期の明和・安永から天明にかけての時期に、この下町地区に箱屋が集まり始めたということになる。

では小木町では、どのようにして船簞笥の製造が始まっていったのか。

船簞笥についてはかなり古くから知っていたであろうし、あるいはさきに見たように、すでに金銀山の盛んな時期から、八幡あたりでは、多少、注文で作っていたのかもしれない。したがって小木湊が廻船の寄港地として活発になってくれば、船乗り相手の商売を始める者が多くなってくるのも当然で、そうした中で船簞笥製造も始まっていったのであろう。

さいわい佐渡島にはそのための欅・桐・漆などの材料も豊富であった。郷土史家の本間雅彦氏の話によると、欅は小佐渡の東側の野浦とか、赤泊付近、桐は大佐渡の南端の砂地の沢根付近、漆は小佐渡の南中央の山間部にことに多かったという。漆については、一七二一（享保六）年に小倉村から出された書き上げがある。[5] これは萩原奉行が島内の村々に殖産興業を指示したときの在郷の世話係が提出したもので、これによると、小佐渡山村の集落、小倉村の漆仕立て本数は、一一七三本となっている。こうした漆の生産奨励により国仲地方では漆器生産が盛んになったといわれる。漆塗りの技術もすでに進んでいたのである。

図3－2　小木湊箱屋分布図

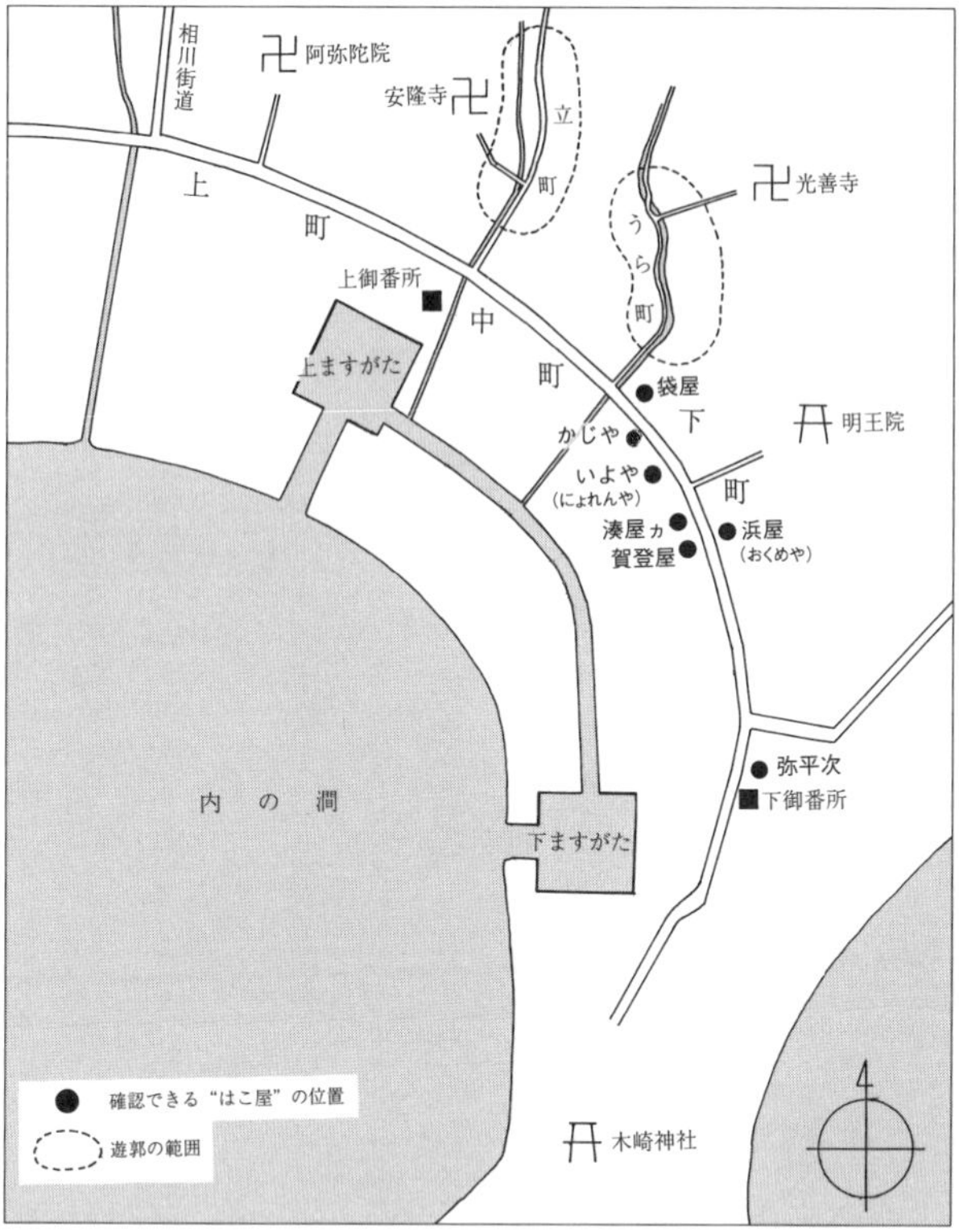

一方、製造開始の経緯としては、『佐渡四民風俗』にあったように八幡村で早くから桐細工が行われてきていたこと、河原田の鍛冶町で鍛冶業が発達していたことから、そうした職人ないしは技術が小木湊の発展につれて、移動してきたものではないかと考えられる。とくに佐渡の船簞笥の場合、金具の占める割合が大きいが、これも鍛冶町が技術的に進んでいたことと関係あると考えられる。

実はこのことを示すものとして、八幡簞笥と小木簞笥がある。どちらも衣裳簞笥だが、佐渡には、戦前まで八幡と小木の二つの簞笥産地があり、それぞれ全く違うデザインの簞笥を作っていた。

写真3－2と3－3に示したように、二つ重ねで、それぞれに二杯ずつ抽斗がついているもので、形は同じである。しかし材料・仕上げと金具が違い、八幡簞笥は桐の無地で、小木簞笥は欅の拭漆塗である。金具のデザインは、八幡簞笥は大きな比較的薄い一枚の鉄板に宝尽しや蓬萊、鶴亀などの具象的な吉祥文様を透彫にしたものであるが、小木簞笥は厚い鉄板を使って絵様刳形《えようくりがた》にしたものである（注目されることは八幡の金具を佐渡の金具職人は鳥模様とか雲模様とよび、小木の金具を三国模様とよんでいることである）。ところが小木でもごく古い時期の帳簞笥や衣裳簞笥は透彫である。こうしたことが小木での船簞笥製造を解く鍵ではないかと考えられる。

というのは船簞笥の方にも、表3－3でわかるように、小木製のものには透彫と絵様刳形の二つの金具のタイプがある。そしてこの場合、とくに年代の古いものに透彫が多いことが注目される。しかもこの透彫の船簞笥というものは他の産地にはない佐渡独特のものである。年代の判明している表3－3の(1)をみると、絵様刳形が出てくるのは一八四〇（天保一一）年からであり、一八五三（嘉永六）年まで透彫がある。

このことから考えると、おそらく最初は八幡で船簞笥を作り始め、小木に運んで来ていたが（この際も金具は河原田の鍛冶町であろう）、やがて職人が移って来る、あるいは小木から八幡や河原田に習いに行くなどして小木での船箪笥も含めた箪笥製造業が始まったということなのではないか。そして確かに小木の場合も残っているものを見ると、古いものは衣裳箪笥・帳箪笥[6]も、また船箪笥（初期は懸硯が多かった）も桐製で無地に透彫金具である。

ところがその後、船箪笥の需要が増えていくにつれ、しだいにつくりが向上していき、欅の拭漆塗になる。墨書のあるものでは、一七八九（寛政元）年が欅である。金具も絵様刳形になる（絵様刳形は、職人の呼び名が事実を反映しているとすれば三国から入ってきたことになるが、西の方からということかもしれない）。そうなるとこれに影響されて小木では衣裳箪笥も絵様刳形になったが、八幡の方はそのまま国仲地方の農村向けの衣裳箪笥を作り続けていたため、依然として桐の無地で、金具は透彫であった。このため一九世紀後半以後は、同じ佐渡の中で異なる二つのデザインの箪笥が並存することになったのではないかと考えられる。

以上、佐渡における船箪笥製造の始まりを整理すると次のようになる。

①一七五一（宝暦元）年の解禁直後は、八幡で多少製造されていた。この時期は懸硯が主で、桐製で、単純

写真３－２　八幡箪笥

写真３－３　小木箪笥

素朴な透彫金具であった。

②一七六〇年代から八〇年代の明和・安永・天明期頃になると八幡から技術が入ってきて小木で製造が始まる。初期は桐の無地で、金具も透彫金具で簡単素朴なものであったが、船簞笥が発展して行くに従って一八世紀末の寛政期頃には欅の拭漆塗になった、ということである。

では、その後の小木の船簞笥はどうなったか。

4　小木湊における船簞笥業の発展

一九世紀に入ってからの小木の船簞笥製造の状況を見るために、まず小木湊の動向を問屋の客船帳(7)によって考察し、次に製造業者の状況を船簞笥の墨書と聞き取り調査によって検討する。

(1)客船帳の考察

まず表3－4「和泉屋の客船帳にみる入船数の推移」によって和泉屋の一八〇一(享和元)年以降を見てみよう。一八〇一年から一八九〇(明治二三)年までの一〇年単位の入船数の集計を見ると、五八艘、一一六艘、七二艘、七二艘、九一艘、一一一艘、三〇八艘、二六二艘、二艘となる。一八〇一～一〇(文化七)年と、一一(文化八)～二〇(文政三)年の間に倍増し、その後しばらく横ばいが続き、五一(嘉永四)～六〇(万延元)年から六一(文久元)～七〇(明治三)年にかけて一一一艘から三〇八艘と、一気に飛躍的に増加している。これがピークで、その後七一(明治四)～八〇(明治一三)年も二六二艘とかなり多いが、つぎの八一(明治一四)～九〇(明治二三)年はたった二艘と激減している。

今一つ安宅屋の客船帳がある。これは、表3－5「安宅屋の客船帳にみる入船数の推移」の通りで和泉屋ほど年代が長くないが、和泉屋と比較のため時期区分を揃えてみると、一八四一（天保一二）年から一八五〇（嘉永三）年が三五一艘、一八五一（嘉永四）年から一八六〇（万延元）年が一六九艘、一八六一（文久一）年から一八六八（明治元）年は八年間で二〇八艘である。

和泉屋の客船数の推移をみてわかることは、一九世紀に入ってからの一八一〇年代にまず小さな山があり、二〇年代・三〇年代にいったん下がった時期を経てまた増加を始め、一八六〇年代・七〇年代に大きな山がある。特に一八六〇年代が最大である。安宅屋の場合、年代が短いので長期のことはわからないが、一八四〇年代から七〇年代までは三桁台である。しかしこうした繁栄も八〇年代までで、八〇年を過ぎると急速に衰えていることがわかる。

表3－5　安宅屋の客船帳にみる入船数の推移

	年代＊				
	1	2	3	4	合計
加　賀	18	283	91	141	533
越　前	1	7	14	9	31
能　登	6				6
越　後		18	27	10	55
佐　渡		1	1	5	7
出　羽		3	1	2	6
陸　奥			1		1
松　前		1		5	6
若　狭		11	8		19
伯　耆		1	1	3	5
摂　津		10	16	17	43
近　江	1	8	5	7	21
淡　路	1	5			6
播　磨				1	1
豊　後				2	2
出　雲				1	1
無記名		3	4	5	12
総　計	27	351	169	208	755

＊実年代との対応関係
1（1840）　2（1841～1850）
3（1851～1860）　4（1861～1868）
出典：表3－4と同じ

(2)製造業者についての考察

つぎに製造業者をみる。墨書に出てくるものは表3－3「佐渡製船箪笥リスト」で見た通りで、湊屋・浜屋(おくめや)・箱屋・綿屋・賀登屋・大工惣右衛門・鍛治屋武左衛門・大工喜味吉などがあり、一八一四(文化一一)年から一八七二(明治五)年までに分布している。

一方、職人からの聞き取り調査の結果はつぎの通りである。

現在聞き取り調査を行うことができたのは表3－6「佐渡の船箪笥職人の系譜」のように箱屋が四軒(このうち墨書にあるものは浜屋一軒)、鍛冶屋が四軒である。箱屋は本町に多く、箪笥金具鍛冶屋は稲荷町・朝日町・琴平町に多かったという。一軒ごとに簡単に説明する。

【箱屋】

浜屋(おくめや)

浜屋は本町にある。別称「おくめや」ともいっていた。浜屋は船箪笥の取引きに対し、おくめやは小木町および近在の一般の箪笥や木工品の取引きに対して用いていた屋号だという。どちらも墨書にでてくる。柳宗悦が一九三六(昭和一一)年に船箪笥の調査に小木を訪れた時、この浜屋三代目の金子信次に会っており、その後、柳の質問に答えて一九四四(昭和一九)年に、信次は書簡を送っている。筆者が訪問した一九八九年には四代目益実の未亡人しげさんが健在で、彼女から聞き取りを行った。奥には立派な土蔵があり、往時の繁栄ぶりを偲ばせていたが、その後、一九九二年に再訪した際には、すでにしげさんは移転し家もなくなっていた。

最初に『船箪笥』に載っている信次の書簡から確認できる事柄をあげる。

[信次書簡による小木湊の船箪笥屋]

小木では船箪笥屋を箱屋あるいは箱物商とよんでいた。最盛期は浜屋の場合、二代目時代、つまり明治初

表3－6　佐渡の船箪笥職人の系譜

(1)箱屋

屋号	代	名前	生年	没年	没年齢
浜屋 (おくめや) 本町	初代	金子今朝吉(六蔵)	不詳	不詳	
	2代	金子熊蔵	1843(天保14)	1911(明治44)	69
	3代	金子信次	1881(明治14)	1959(昭和34)	79
	4代	金子益美	1908(明治41)	1971(昭和46)	64
	当主	金子しげ	未調査		
いよや (にょれんや) 本町	初代	加藤吉右衛門	不詳	1874(明治7)	
	2代	加藤吉右衛門	1821(文政4)	1887(明治20)	67
	3代	加藤福松	1850(嘉永3)	1928(昭和3)	78
	4代	加藤松太郎	1878(明治11)	1933(昭和8)	55
	5代	加藤勝市	1907(明治40)	1937(昭和12)	30
	当主	加藤完治	1933(昭和8)		
袋屋 本町	初代	風間伝右衛門	不詳	不詳	
	2代	風間源右衛門	不詳	不詳	
	3代	風間富蔵(伝左衛門)	1837(天保8)	1906(明治39)	69
	4代	風間勇吉	1877(明治10)	1937(昭和12)	61
	5代	風間嘉一	1900(明治33)		
	当主	風間浩一	1932(昭和7)		
弥平次 栄町	9代	金井松蔵	1851(嘉永4)	1922(大正11)	71
	10代	金井力蔵	1877(明治10)	1947(昭和22)	70
	11代	金井昭蔵	1930(昭和5)	1979(昭和54)	49
	当主	金井直昭	未調査		

(2)鍛冶屋

屋号	代	名前	生年	没年	没年齢
鍛冶屋 稲荷町	先々代	八木覚左衛門	不詳	不詳	
	先代	八木充	不詳	不詳	
	当主	八木朝次郎	1900(明治33)		
覚三郎 朝日町	初代	八木覚三郎	不詳	1874(明治7)	
	2代	八木伊太郎	1836(天保7)	1919(大正8)	83
	3代	八木栄次郎	1877(明治10)	1962(昭和37)	85
	4代	八木八郎	1905(明治38)	1980(昭和55)	75
	当主	八木□□	1928(昭和3)		
三屋 朝日町	初代	藤井□□	不詳	不詳	
	2代	藤井鉄蔵	不詳	1915(大正4)	
	3代	藤井庄三郎	1878(明治11)	1932(昭和7)	55
	当主	藤井庄三	1915(大正4)		
作兵衛 稲荷町→上町	先々代	鈴木百松	不詳	1933(昭和8)	
	先代	鈴木虎造	1888(明治21)	1952(昭和27)	65
	当主	鈴木正夫	1928(昭和3)		

年頃だったが、この時期は小木湊の船箪笥製造業全体にとっても最盛期であった。商人も職人も多く、活気があり、どの商売より繁盛し、職人も「数十百《（ママ）》人」おり、金具鍛冶も四、五軒あった。当時の小木の箱屋には、みなとや・かどや・佐平次（弥平次か）などあり、台風シーズンの二百十日、二百二十日近くになると数百の船が集まってきたため、旧盆頃からは一つもないというくらい売れた。また小木湊産の箱物は、廻船の船乗りが自分用として買って行くばかりでなく、小木に来ない同業者の注文によっても盛んに売れた。明治三三〜四年頃までは「大和船」の出入りがはげしかったが、その後、出入船舶の減少とともに箱物商も自然衰微していった。

以上である。つぎは聞き取り調査から判明した事柄である。初代から代ごとに説明する。

[初代・金子六蔵（今朝吉）] 浜屋が箱物商になったのは六蔵の時代からである。六蔵は小木の近くの羽茂村の出身である。浜屋出荷製品のうち上等なものには箱の裏などに「佐州小木港箱商浜屋六蔵」と署名して出したという。これは「六蔵」が一種のトレードマークとなっていたことを示しており、この代に箱屋とし

写真３－４　浜屋の外観と土蔵入口（1989年撮影）

て確立していたことを示している。金子家には六蔵と次の熊蔵時代の取引き書類が若干残っていた。
〔二代・金子熊蔵〕　この人の代が浜屋にとってもっとも盛んだった時期である。熊蔵は田地も沢山ふやしたという。この熊蔵の時代は小木湊の船箪笥業全体にとっても最盛期だったようである。
〔三代・金子信次〕　信次も若い時は父親と一緒に箱物商をしていたが、二〇歳を過ぎると船箪笥業が衰微したため廃業、一九〇九（明治四三）年、二八歳の時、町役場に勤め、一九三七（昭和一二）年に中風で倒れるまで勤めていた。柳宗悦と会ったのはその前年である。この当時の同業者は五、六軒で、いよや・岩田屋・覚十郎・袋屋などがあったという。このうち、いよや・袋屋は子孫が現存している。
〔四代・金子益美〕　益美は若いうちは特別に職業を持たず地主で生活していた。しげさんが嫁に来た当時は欅の板が山と積んであったという。戦後の農地改革で土地を失ったため、戦後は炉端焼き屋をした。

以上によると、浜屋は初代の壮年期、おそらく一八二〇年代あたりに船箪笥を始めたと思われる。最盛期は二代目時代で、とくに幕末最末期から明治初頭にかけてがさかんであったが、一八九〇年代から衰微し出し、三代目が二〇歳頃の一九〇〇〜〇一（明治三三〜四）年頃に廃業している。

いよや（にょれんや）

いよやは本町にある。いよやも「にょれんや」という別の屋号を持っている。理由については家人はわからないというが、浜屋の例からすると廻船向けと佐渡内向けの取引きのためだったかもしれない。現在も加藤家具店として商売を続けている。五代目勝市の未亡人（一九一二〔明治四五〕年生まれ）が健在で、彼女が話者である。浜屋と同様、代ごとに説明する。
〔初代・加藤吉右衛門〕　過去帳により没年がわかるだけである。
〔二代・加藤吉右衛門〕　生没年以外は不明である。

［三代・加藤福松］　この代から箱物商を営んでいたことがはっきりしている。福松は八幡で簞笥職人をしていて養子に来たという。
［四代・加藤松太郎］　松太郎も新保から養子に来ている。しかし元は家大工だった。養子にきてからは箱屋をやっていたが、途中から一般用の簞笥に切り替えた。
［五代・加藤勝市］　勝市も父を継いで一般向けの簞笥製造業を営んだ。
［六代（当主）・加藤完治］　完治の代には家具販売店となり、仕入れて販売だけを行っている。
以上によると、いよやで船簞笥製造をしていたことがはっきりするのは三代目と四代目時代であるが、四代目は途中で一般の簞笥に転換している。したがって明治初年からおそらく一九〇七（明治四〇）年あたりということになる。しかし屋号が二つあることからみて、それ以前から箱屋を始めていた可能性が大きい。

袋屋

袋屋は本町にある。現在六代目で、食品類の小売店を営んでいる。話者はこの六代目の浩一氏である。

写真３－５　いよや
（現在は加藤家具店）

写真３－６　袋屋

［初代・風間伝右衛門］　全くわからない。
［二代・風間源右衛門］　全くわからない。
［三代・風間富蔵（伝左衛門）］　富蔵は蓮華峯寺の僧兵の家、渡辺家から養子に来た。大変頭がよくて器用で、船簞笥や小木簞笥を盛んに作ったといわれている。
［四代　風間勇吉］　勇吉は無職で売り喰いをしていた上、一九〇四（明治三七）年八月、火災で家を焼失する。
［五代　風間嘉二］　嘉二は食品類の小売業を始めた。
［六代（当主）　風間浩一］　浩一は父と共に食品類の小売業を営んでいる。

以上によると、袋屋は船簞笥を作ったのは三代目だけであるから、一八六〇（万延元）年あたりから一九〇〇（明治三三）年前後までである。

弥平次

弥平次は栄町にある。現在は一二代目で、釣具屋を営んでいる。一一代目の昭蔵の未亡人が話者である。過去帳によると、かなり古い家系で、六代目の直方（一八三八＝天保九年没）は学者だったという。ただ現在からさかのぼれるのは九代目の松蔵からである。
［九代・金井松蔵］　松蔵は大工だったという。
［一〇代・金井力蔵］　力蔵は山先といって木材を山ごと買って、材木屋に売る商売をしていたが大変なやり手だったという。桐を主に扱っていた。そのほかにも簞笥や箱物類を売っていたようである。この場合、生地で仕入れて、自分の所で金具を取り付けて販売したようである。おくめやが商売をやめたとき、蔵の中にあった半製品をまとめて買い取ったという。
［一一代・金井昭蔵］　昭蔵の代で釣具店に変わり、没後は未亡人が営み、一二代目は役場に務めている。

以上によると、弥平次では一〇代の時代に箪笥類を扱っていたようだが、時期的にみるとむしろ大工だといわれている九代松蔵の時代に箱屋をやっていた可能性が大きい。そうすると明治初期からやはり一九〇七（明治四〇）年頃までになる。

【鍛冶屋】

覚左衛門

覚左衛門は稲荷町にある。箪笥金具専門の鍛冶屋であるが、先々代からしか分からない。

[先々代・八木覚左衛門]　覚左衛門は文化か文政頃の生まれとみられる。この時代にによれんやや弥平次にだしていたという。弟子に覚三郎がいる。

[先代・八木充]　充は鍛冶屋をしていない。烏賊場漁師で、北海道にいったきり帰ってこなかった。

[当主・八木朝次郎]　朝次郎は竹細工の職人である。

以上によると、覚左衛門では、いつから鍛冶屋をはじめたかは不明だが、先々代の覚左衛門の時代、天保から幕末にかけてが盛んで、そのあとはやめている。

覚三郎

覚三郎は朝日町にある。覚三郎は覚左衛門の弟子で、しかも分家である。

[初代・八木覚三郎]　覚三郎は覚左衛門と同様、箪笥金具専門の鍛冶屋である。一八五七（安政三）年のみなとやの墨書にある「大工石吉、鉄具師覚三郎」の鉄具師がこの覚三郎であろう。

[二代・八木伊太郎]　伊太郎は「伊太郎鍛冶」とよばれ名人といわれた人で、船釘、箪笥金具、農具などなんでもやったという。

[三代・八木栄次郎]　栄次郎の代から石屋に転向した。

［四代・八木八郎］　八郎は父親の後を継いで石屋をしていた。
［五代（当主）・八木□□］
以上によると、覚三郎では簞笥の金具を作ったのは、初代から三代目の途中までである。したがって一八三〇～四四年（天保期）あたりから一八九七（明治三〇）年頃までであるが、一八八七（明治二〇）年頃からは一般の簞笥金具に転向したと考えられる。

三屋

三屋は朝日町で、八木覚三郎の隣にあった。
［初代・藤井□□］　この代については鍛冶屋をしていたということだけしかわからない。
［二代・藤井鉄蔵］　鉄蔵は中町にあったあずまやという箱屋の船簞笥金具を作っていたが、のちには荷車の輪金を作った。
［三代・藤井庄三郎］　庄三郎も鍛冶屋をしていた。
［四代（当主）・藤井庄三］　庄三は豆腐屋をしていたが、のちには会社員になった。
以上によると、三屋では船簞笥の金具を製作していたことが確認できるのは二代の鉄蔵だけである。初代もやっていたとすれば、幕末最末期からということになる。

作兵衛

作兵衛ははじめ稲荷町にいて上町へ移った。作兵衛の場合、分かるのは二代前の百松からである。その前は畑野から養子にきて、博労をしていたという。
［先々代・鈴木百松］　百松は羽茂から養子に来た。最初は鍛冶屋ではなかったが、簞笥金具専門の鍛冶屋になり、おくめや・いよや・権兵屋・権助屋に出していた。当時、おくめやが最も大きく、倉を三つも持って

盛んにやっていた。鉄を自分で打ち伸ばしてつくったという。この人の代に稲荷町から上町に移転した。

[先代・鈴木虎造] 虎造は子供の頃、稲荷町にいて、鍛冶屋(覚左衛門)の仕事を見ていたという。衣裳簞笥金具の他、海道具・山道具鍛冶も兼ねていた。権兵屋に出した。おくめやは最後で二、三本やっただけである。この頃は金具鍛冶屋は作兵衛一軒だけだった。

[当主・鈴木正夫] この人が話者である。一九五一(昭和二六)年まで鍛冶屋をやっていたが、佐渡汽船の船員になった。

以上によると、船簞笥の金具は百松時代ということになり、幕末最末期から明治中期までになる。

以上を総括すると、いずれも一八三〇(天保一二)年代あたりからとりわけ盛んになって、明治初期の一八六〇年代末から七〇年代にかけてが最盛期で、一九〇〇年代で終わっている。客船帳では八〇(明治一三)年以降入船数が急速に減少しているのと対照すると少し遅れるが、いずれにしても小木湊における船簞笥製造業は一九〇〇年代をもって終わりを告げたといってよいであろう。

写真3－7　作兵衛が作った金具

なお重要なことは、経営形態において自分の所に常雇の職人を置いて製造販売するほか、資金を提供して下請けとして木地や金具をそれぞれの職人に作らせて、これをまとめる、あるいは完成品を仕入れて売るという問屋的な形が主流であったことである。佐渡では屋号などが記入されている例が多いのもこのためであろう。箱屋も問屋としての店舗意識を持っていたということであろう。

(3)製造業者の年代的変遷と船箪笥の意匠

以上みてきた製造業者の年代的変遷と船箪笥の意匠がどのように対応しているかを見る。墨書と職人の聞き取り調査の結果と意匠に関する情報および客船帳の入船数をまとめたものが表3−7「小木湊船箪笥関係年表」である。

材料からみていくと、一八二六年に桐があり、これが桐としては最後になる。これ以後は欅だけである。様式では一八四〇年から全面型、一八六一年から鼓型、一八六三年から両開型と新様式が矢継ぎ早にでてくる。これらの金具技法はいずれも絵様刳形であるが、その間の一八五三年には透彫が終わっている。この時期に様式の大きな転換があったということになる。透彫は八幡以来の佐渡のいわばローカルデザインであるが、絵様刳形はほかから入ってきたものと考えられるので、佐渡が産地としてより普遍化したということになる。程度については一八二六年と一八四〇年以外はAかBで豪華形ばかりである。とくに一八四五年以降一八七二年まではAが集中している。したがってこの範囲でいえば、一八〇〇年代のはじめから半ばにかけて一段階向上し、さらに一八四〇年代からまた一段と豪華になって一九〇〇年頃まで続いていたということがわかる。

客船帳の入船数も、一八四〇年から一八八〇年が最大である。

表3－7　小木湊船箪笥関係年表

年	代	墨書のある製造者名	聞き取りによる箱屋の活躍期	製造者の系譜	年代判明の船箪笥の意匠による時代的変遷（画期）（程度）
寛政元	一七八九	（利右衛門・沢根町）			
2	一七九〇				
3	一七九一				
4	一七九二				
5	一七九三				
6	一七九四				
7	一七九五				
8	一七九六				
9	一七九七				
10	一七九八				
11	一七九九				
12	一八〇〇				
享和元	一八〇一				
2	一八〇二				
3	一八〇三				
文化元	一八〇四			初代 浜屋・おくめや／初代 いよや・にょれんや／初代 袋屋	
2	一八〇五				
3	一八〇六				
4	一八〇七			初代 覚左衛門	
5	一八〇八				
6	一八〇九				
7	一八一〇			初代 覚三郎	
8	一八一一				
9	一八一二				
10	一八一三				
11	一八一四	湊屋利八郎（大工留蔵）			B
12	一八一五				
13	一八一六				
14	一八一七	（小木湊のみ）			B
文政元	一八一八		湊屋 かどや（賀登屋） 佐平次	袋屋 2代	
2	一八一九				
3	一八二〇				
4	一八二一			いよや・にょれんや 2代	
5	一八二二				
6	一八二三				
7	一八二四				
8	一八二五				
9	一八二六	大工惣右衛門・鍛冶屋武左衛門			桐の最後 C
10	一八二七				
11	一八二八				
12	一八二九				
天保元	一八三〇				
2	一八三一				
3	一八三二				
4	一八三三				
5	一八三四				B
6	一八三五				
7	一八三六			覚三郎 2代	
8	一八三七			袋屋 3代	
9	一八三八				
10	一八三九				
11	一八四〇	湊屋利八郎（2例）・綿屋東一郎			絵様刳形・全面型初出 A A C
12	一八四一				
13	一八四二				
14	一八四三			浜屋・おくめや 2代／弥平次 9代	
弘化元	一八四四				
2	一八四五	湊屋利八郎			A
3	一八四六				
4	一八四七				

客船帳による入船数	寛政2–寛政11	寛政12–文化6	文化7–文政2	文政3–文政12	天保元–天保10	天保11–弘化4
和泉屋	六六	五八	一一六	七二	七一	九一
安宅屋						三五七

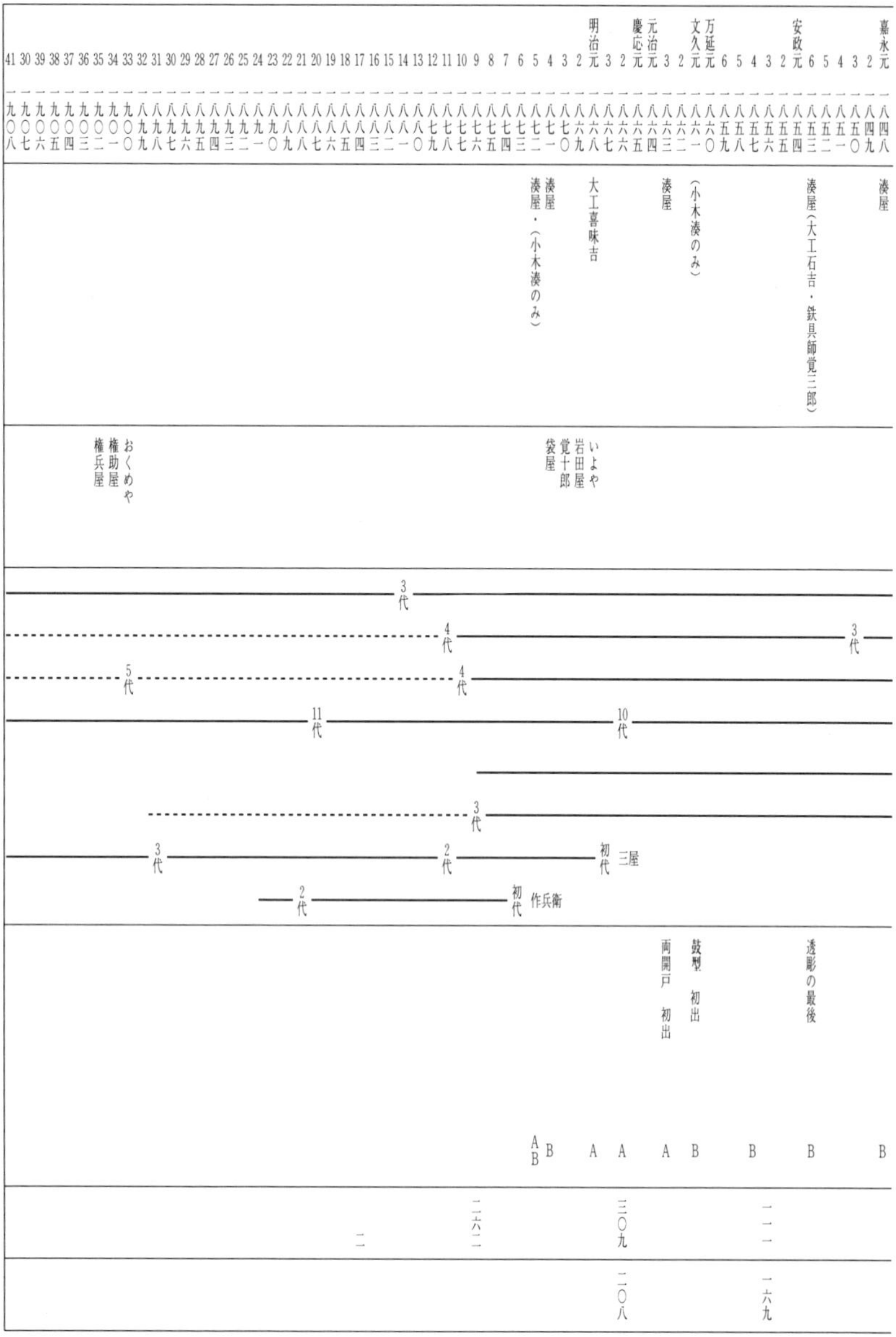

嘉永元 2 3 4 5 6 安政元 2 3 4 5 6 万延元 文久元 2 3 元治元 慶応元 2 3 明治元 2 3 4 5 6 7 8 9 10 11 12 13 14 15 16 17 18 19 20 21 22 23 24 25 26 27 28 29 30 31 32 33 34 35 36 37 38 39 30 41
一八四八 一八四九 一八五〇 一八五一 一八五二 一八五三 一八五四 一八五五 一八五六 一八五七 一八五八 一八五九 一八六〇 一八六一 一八六二 一八六三 一八六四 一八六五 一八六六 一八六七 一八六八 一八六九 一八七〇 一八七一 一八七二 一八七三 一八七四 一八七五 一八七六 一八七七 一八七八 一八七九 一八八〇 一八八一 一八八二 一八八三 一八八四 一八八五 一八八六 一八八七 一八八八 一八八九 一八九〇 一八九一 一八九二 一八九三 一八九四 一八九五 一八九六 一八九七 一八九八 一八九九 一九〇〇 一九〇一 一九〇二 一九〇三 一九〇四 一九〇五 一九〇六 一九〇七 一九〇八
湊屋
湊屋（大工石吉・鉄具師覚三郎）
（小木湊のみ）
湊屋
大工喜味吉
湊屋
湊屋・（小木湊のみ）
いよや
岩田屋
覚十郎
袋屋
おくめや
権助屋
権兵屋
3代
3代
4代
4代
5代
10代
11代
3代
初代 三屋
2代
3代
初代 作兵衛
2代
透影の最後
鼓型 初出
両開戸 初出
B B B B A A A B A A B B
二一一
三〇九
二六二
二
一六九
二〇八

そこであらためてこれまで見てきた小木湊の船簞笥の変遷をまとめると、一七六〇年頃から八〇年頃が発展期で、一八三〇年頃から一八八〇年頃が最盛期、なかでも一八四〇年頃から八〇年頃まではとりわけ豪華な時期だったということになる。これを第二章第二節で考察した船簞笥の様式の発展段階と比較すると、ちょうど②期の船簞笥の様式の発展期以降に相当する。

そして小木湊の場合、何より重要なことは生産規模の大きさである。数量的な把握は不可能であるが、和泉屋と安宅屋の入船数だけをみても、あれだけの数の廻船が入津しているのであるから、最盛期などは小木湊で、それこそ年間何千棹もの船簞笥が製造されていたのであろう。

つまり小木湊においては船簞笥製造が主要産業の一つであったということである。これは箱屋が湊に近い場所に集住していることからもあきらかで、明確に廻船の水主達をターゲットにしていたということである。

第三節　豪華形船簞笥の産地——その二・出羽酒田湊——

1　酒田製の船簞笥の特徴

酒田関係の墨書のある船簞笥を、基礎資料2—1・2—2からリストアップしたのが表3—8「酒田製の船簞笥リスト」である。わずか五例だけであるが、まずこれらについて説明する。

［一一〇］帳箱　加茂市のもと船頭をしていた石名坂家が所蔵していた帳箱である。年代は書かれていないが、帳箱底裏に「松前乂三・長保丸石名坂金六」、往来切手箱蓋裏に「御往来箱・松前長保丸金六」、同爪掛け蓋裏に「佐渡小木湊宿いづみや清兵衛」、外箱底裏に「長保丸小新造・金六」という墨書がある。石名坂家の調査からこれらの墨書についてつぎのようなことが判明した。

金六は一八一九（文政二）年生まれで長保丸の沖船頭をしていた。長保丸は往来手形によると、二五〇石積みで、大坂薩摩堀の近江屋惣七の持船で、近江屋は松前〆三という店の大坂代理店にあたる。一方佐渡小木湊のいづみや清兵衛は廻船問屋であるから、長保丸の小木における船宿だったのであろう。往来切手の年紀は一八四五（弘化二）年である。したがってこの年に新調したか、あるいは小新造の時にしたかどちらかであろう。小新造というのは半分以上修理することをいい、長保丸は一八六六（慶応二）年に大修理をしているという。このためこの年代をとった。

様式は慳貪型であるが二段になっているのが珍しい。特注品であろう。中は上段は抽斗、下段はからくり箱になっている。欅の良杢で、天秤蟻とよぶほぞ組が使われている。これは酒田の木工で非常によく使われる技法である。金具は絵様刳形で蓋の中央に横に酒田独特の帯金具が付き、引手は角手で、花菱が多用されている。中の金具は銅である。この銅というのも後述するように酒田の特徴である。小木湊に入津《しん》した際に購入したということも考えられるが、つくりが佐渡とは違い酒田の特徴を備えているため酒田製であるとした(8)。

［一一二］懸硯　これにはつぎのような墨書がある。買入地・当初持主名から、船で使われていたものであることがわかる。

大入小出千両金箱　二

越中六渡寺浦　吉徳丸　　二上屋濃右衛門持用

明治二年四月酒田ニテ買求

欅製・鼓型・絵様刳形で、金具に花菱の透しがある。金具の意匠も

表３－８　酒田製の船簞笥リスト

⑴年代判明

基礎資料番号	種類	木部	技法	年代	製作地
110	帳箱	欅	絵様	1866	酒田
112	懸硯	欅	絵様	1869	酒田
113	帳箱	欅	絵様	1870	酒田
331	帳箱	欅	絵様	1882	酒田(推)

⑵年代不明

610	懸硯	欅	絵様		酒田(推)

よくこなれていて全体に作りもかなり良い。

[一一三]帳箱　これにはつぎのような墨書がある。

酒田縣出町通池田與五郎　酒田管(9)

「酒田県」は一八六九（明治二）年から七〇年まであるからこの間のものである。遣戸・抽斗構成だが、下段中央は慳貪である。金具は絵様刳形、鍵座は切り込みのある半円形で、引手は角手、引手の通し座金は中を角に抜いた直線、引手座金は花菱形である。この点[一一〇]に似ている。木工技術に特徴があり、側板の接合法は天秤蟻である。デザインもすっきりして良く締まっている。作りの特徴からみて酒田製だとみられるが、ただしこれは持ち主の住所からみると船で使っていたものではないようだ。

[三三二]帳箱　つぎのような墨書がある。

明治一五年五月新調　斉藤賢治珍蔵

これは年代と持ち主の名前だけで住所がないが、つくりからみて酒田製と考えられる。遣戸・抽斗構成で、金具も絵様刳形で[一一三]と似ているが、すこし硬質で新しい感じがする。これも「珍蔵」などとあるところをみると、船で使われたものではないようだ。なお後述するように斉藤賢治という名が職人の中にいるが、同一人ではないであろう。

[六一〇]懸硯　これは年代は不明であるが、宮野浦でもと船頭をしていた家が所蔵していたものであることから船で使われていたとみてよいであろう。絵様刳形で扉中央の縦の帯金具の形は鼓型である。花菱の透しもある。また中の抽斗の引手は角手で、引手座金は花菱形である。側板の接合に天秤蟻が使われていることなどから酒田製と推定される。蝶番が三枚で素朴なつくりであることからみて[一一〇]より古いものであろう。

以上、時期的にはかなり新しいものばかりである。例としては少ないが共通して小木製とは違う特徴がある。まず金具の技法がすべて絵様刳形であること、製作人・販売人名を書き込んだ墨書がないことである。また作りの上でも共通する特徴がある。たとえば木工ではほぞ組に天秤蟻を用いていること、金具に銅や真鍮が使われていること、絵様刳形であること、花菱の透しを多用していること、縦の帯金具が一種の鼓形であることなどである。とくに[一一〇]は全体に技術が高く、作りが丁寧である。

しかしいずれにしろ墨書があるものが五例だけで、はたして酒田が船簞笥の産地といえるほどであったのかどうかという確認ができていない。もし産地であったとしたら、いつどのようにして製造がはじまったのか。その規模や状況はどうであったか。こうした問題について、船簞笥調査と同時に行った一般の簞笥の調査結果および職人調査を勘案して検討する。(10)

2　簞笥調査からみた酒田湊の船簞笥製造

船簞笥と密接な関係にあると考えられるものは帳簞笥であるが、参考のために衣裳簞笥についてもみることにする。

(1) 帳簞笥

酒田市内の商家で使われていた帳簞笥を調査すると、船簞笥と共通するものが多いことがわかる。さきにあげた[一一三][三三二]も船で使われたものではないと考えられるが、酒田市内の商家では船簞笥の懸硯と帳箱と全く同じものを使っていることが多い。とくに知工簞笥（酒田では前箱とよぶ）はそうである。ただこれにも船簞笥と全く同じものを帳簞笥として使っている場合と、形や大きさは違うが、木材・塗装・金具などの作りが同じものがある。

①船箪笥と同じものを帳箪笥に使っている例

船箪笥と同じものが使われていた例として、たとえば懸硯では、本間家の分家本間光敏旧蔵品がある。写真3－8である。これには「浜畑本間」という墨書がある。上部の屋号は現所有者が自分の家の三柏《みつがしわ》に変えてあるが、もとは「丸に本」であったという。光敏は五代当主光輝の子で一八四〇（天保一一）年生まれ、一九〇二（明治三五）年没で、一八六八（明治元）年に浜畑に分家している。したがってこの懸硯はそれ以降のものであろう。様式は懸硯としてスタンダードなものであるが、鎖がダイアル式になっている。本の字が入っていたこと、鎖の特殊な作りからみて酒田市内で作られた可能性が高い。

帳箱では写真3－9がある。本間家旧蔵品である。遣戸・抽斗・両開構成である。非常に作りがよく、欅の玉杢、天秤蟻、銅・真鍮金具、花菱と酒田の特徴を備えている。ただし遣戸の手掛けが、黒い銅板を矢車状に透した銅板を張った指物風の作りで、これは船箪笥とは異なる。また引手の通し座金は、一九〇二（明治三五）年の酒田漆品評会の出品品にあるものとまったく同一である。

前箱では写真3－10が市内の商家で使っていたものである。一八八五（明治一八）年の墨書がある。前箱については、昔日を知る職人の富樫徳三郎によると[11]、彼が一九〇二（明治三五）年に鷹町の後藤又助に弟子入りした当時、一日一個の割りで作っていたという。当時はすでに本格的な船箪笥は製作されておらず、前箱は値段も安いので小さい船でも一般の商家でも使ったという。前箱は大正いっぱい作られていたという。

②形は違うが木材・塗装・金具の作りが同じもの

写真3－11は、市内の西田薬局で使われてきたもので、右扉の中央に「西田」という名前が、左扉に家紋である三柏がついている。欅製で両開きの下に小抽斗がついている。扉中央に鼓型の帯金具が縦につき、花

写真３－11　西田薬局旧蔵の帳箪笥

写真３－８　浜畑本間光敏旧蔵の懸硯

写真３－９　本間家旧蔵品

写真３－12　酒田の古い形式の帳箪笥
（本間家蔵）

写真３－10　前箱

菱の透しがある。墨書はないが、作りが[一一〇]の船箪笥と近いことから同時期と推定される。実は、箪笥調査による編年の結果、酒田の帳箪笥でもっとも古い形式は写真3－12のようなものであることが判明した。これは一九世紀に入れば成立していたと見られる。写真3－10はこれと同じ形式であるから、おそらく古くからの帳箪笥の形式に船箪笥の影響が入ったものと考えられる。

(2)衣裳箪笥

つぎに衣裳箪笥であるが、酒田の衣裳箪笥には黒塗箪笥と欅箪笥の二つのタイプがある。

黒塗箪笥は（写真3－13）、木地は桐・杉・樅、前面が黒漆塗、側面が赤褐色の春慶塗で、金具は松竹梅や鶴亀などの吉祥文様を厚い鉄板に打出し技法を使って立体的に造形し、着色によって銅色に仕上げた非常に装飾的な作りである。

写真3－13　黒塗箪笥

欅箪笥は（写真3－14）、欅を木地蠟仕上げとし、分厚い鉄を使い、絵様刳形のがっちりした金具をつけた

写真3－14　欅箪笥

ものて、引手も角手である。欅箪笥は素材といい、仕上げといい、船箪笥とよく似ている。黒塗箪笥が女性的なのに対し男性的な意匠の箪笥である。

このように同一地域で全く異なるタイプがあるという点は、八幡箪笥と小木箪笥がある佐渡の例と似ている。酒田ではなぜ二つのタイプが生まれたのか、また欅箪笥の存在が船箪笥とのつながりを示すものであるかどうか。そこで衣裳箪笥がどのように変遷したかをみてみよう（表3—9参照）。

①最も古いものは桐製で、横に長い一本もので、大抽斗が三段つき、その下に中抽斗と片開きがついている。技術的にもきわめて素朴なものである。このタイプは江戸時代に多かったタイプの一つで、一九世紀に入るとすでに出来上がっていた。仙台箪笥などと同じもので、下級武士の家で使っていたことから士《さむらい》型と仮称しているが酒田の特色はまだ出ていない。材料や技術、所有者の系譜からみてこのタイプと帳箪笥の古いタイプが時期的に対応するものと考えられる。

②幕末になるとやはり桐だが縦長でやや小形の、抽斗だけのものになる。前面中央に閂が入る。閂には全面に唐草状の鎊金具がつくものもある。これを酒田では通し箪笥と呼んでいる。庄内箪笥とよばれる酒田地方の箪笥の初期の形である。

③明治一〇年頃になると、この通し箪笥が黒塗になる。さらにこれに前後してやはり黒塗で下方の左側に中抽斗二杯、右に片開きをつけた一本箪笥と呼ぶものがでる。中抽斗の鍵座金具は菊を図案化したもので、以後これは庄内箪笥の一パターンとなる。また金具に銅色がでてくる。これは鉄金具に弁柄《べんがら》や赤土（近くの赤川の赤い土を使う）を焼きつけて着色するもので、おそらく銅金具に見せようとしたためであろう。

④明治二〇年代末頃になると、二つ重ねで、上部は両開き、下部は大抽斗に中抽斗と片開きがつく形がでる。上の両開きの金具が非常に装飾的である。このタイプが明治三〇年代末頃まで続く。

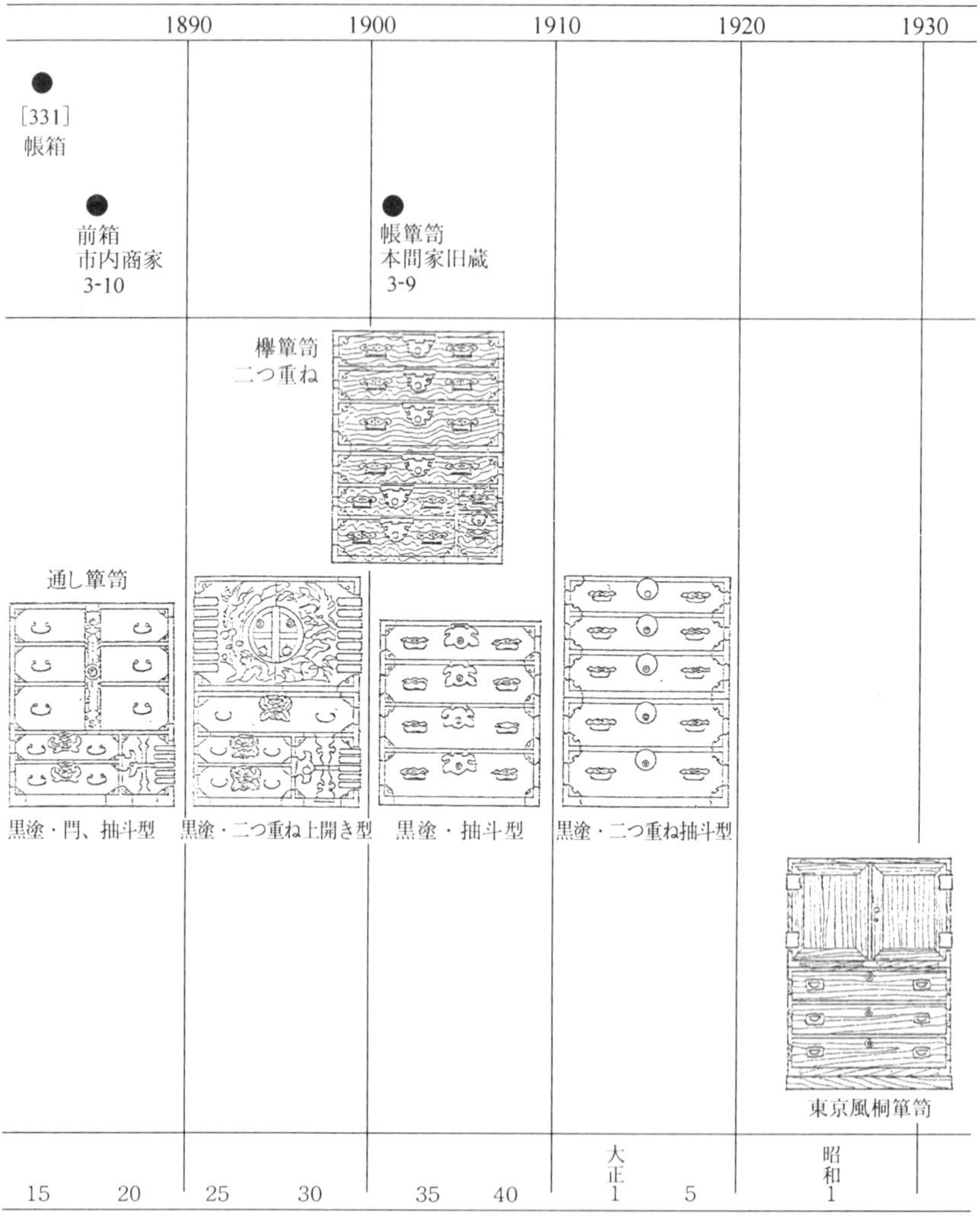
1890
1900
1910
1920
1930
[331]
帳箱
前箱
市内商家
3-10
帳箪笥
本間家旧蔵
3-9
欅箪笥
二つ重ね
通し箪笥
黒塗・門、抽斗型
黒塗・二つ重ね上開き型
黒塗・抽斗型
黒塗・二つ重ね抽斗型
東京風桐箪笥
15
20
25
30
35
40
大正
1
5
昭和
1

表３－９　酒田の船箪笥・帳箪笥・衣裳箪笥の変遷

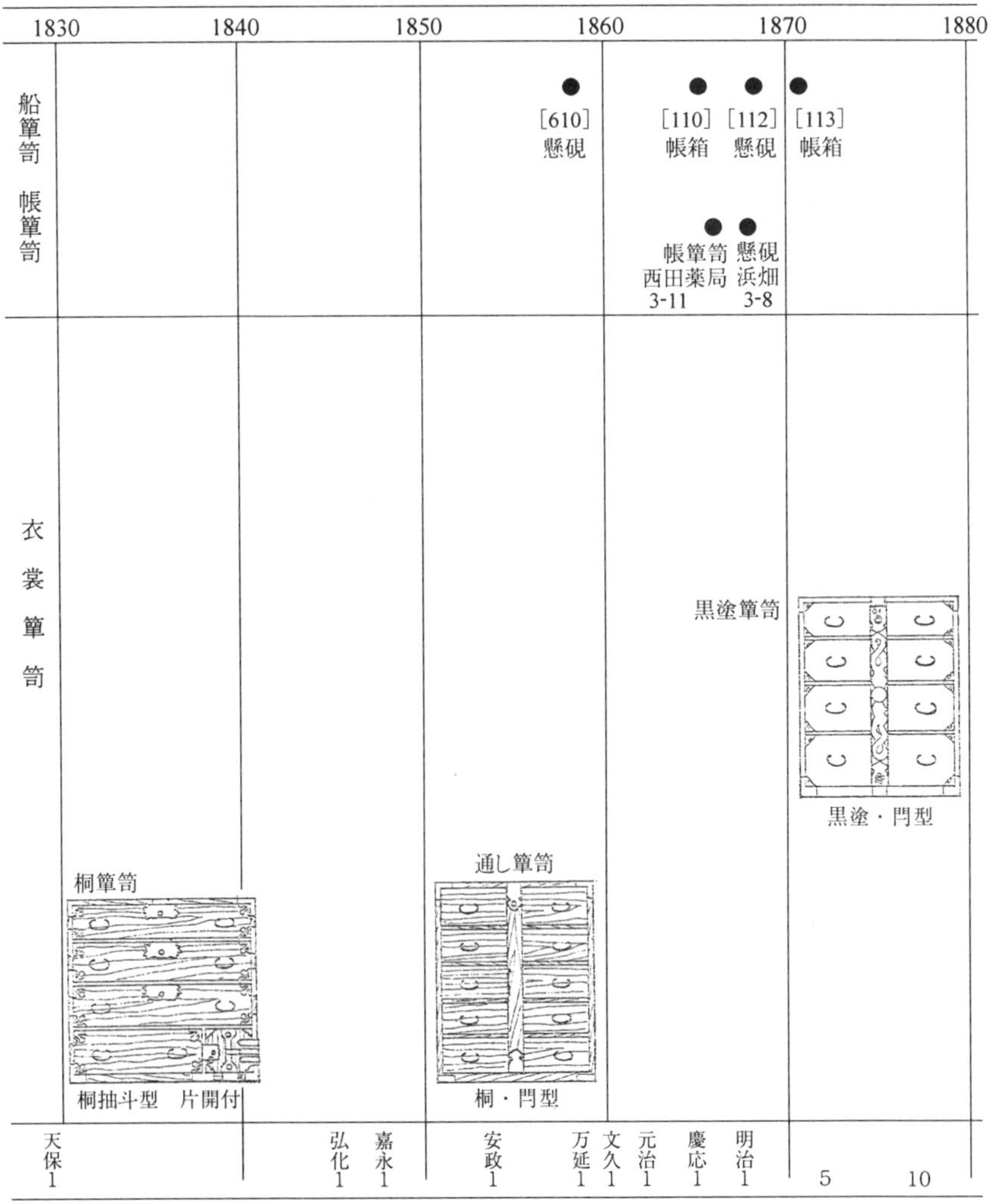

⑤一方、明治三〇年頃になると、高級品の場合、衣裳簞笥に欅簞笥がでてくる。これは二つ重ねで、上は大抽斗、下に中抽斗・小抽斗・片開きなどがつくもので、欅を拭漆仕上げにし、引手も角手で船簞笥と全く同じ金具をつけている。ただし衣裳簞笥の場合、欅簞笥はこれ以後無くなり、高級品は東京簞笥の影響で桐簞笥になる。

⑥明治四〇年代に入ると、塗簞笥は通し簞笥も重ね簞笥も閂が消え、全部抽斗だけになる。菊を図案化した鍵座金具が各抽斗につくが、これは大正になると丸形になる。

⑦昭和にはいると、高級品は東京風の桐簞笥となるが、並品は黒塗で鍵座がごく小さなものとなる。

以上が酒田の衣裳簞笥の変遷である。酒田の簞笥に酒田独自のデザインが出てくるのが幕末からで、明治に入ると黒塗簞笥という形ではっきりと確立する。その後、ますます発展し、明治二〇年代から三〇年代にかけてが庄内簞笥としての最盛期で、この時期には欅製の衣裳簞笥も出てくる。しかし四〇年代に入ると近代化の波が酒田にも押し寄せてきて地方色が消え、やがて東京式の桐簞笥にとって変わられてしまったというのが大きな流れである。

以上の簞笥調査の結果を総合すると表3―9「酒田の船簞笥・帳簞笥・衣裳簞笥の変遷」のようになる。帳簞笥と船簞笥が密接な関係にあった、というよりほとんど一緒だったこと、一九世紀半ばにはかなり高度に発達していたことがわかる。そしてこれと衣裳簞笥とは別系統の発展をしているが、明治三〇年代になると、衣裳簞笥にも船簞笥の影響がでてきているということがわかる。

また酒田の簞笥の特徴として帳簞笥・船簞笥・衣裳簞笥すべてに共通して概して仕事が手堅く緻密で、製品の質がきわめて高いこと、意匠的にも引き締まった美しいデザインであるということがある。木工法もほとんどの簞笥に天秤蟻を用いている。天秤蟻は高級な指物によく用いられ、細かいほど接合がしっかりするが、手間がかかり難しいので、一般には箪笥類にはあまり使わないものである。全体に木工技術が高いため狂いが少なく、上物になると抽斗なども裏返して入れてもぴたりとおさまるようなものがある。塗装も堅牢である。金具も概して厚いものを使っており、作りもいい。丁寧に角に面を取り、鎹《かすがい》などの附属金具を不必要なほどつけて頑丈の上にも頑丈にしてある。地味だが、質が高いものが多いのが酒田の箪笥類の特徴である。

3　職人調査からみた酒田湊の船箪笥製造

酒田の箪笥関係の職人のうち、現在調査ができたのは、箱屋では箱屋与惣右衛門（斉藤与惣右衛門）・箱屋津右衛門（斉藤津右衛門）・鶴屋・杉山権治郎・矢野伝九郎、家具商の円山卯吉、鍛冶屋では白崎孫八・佐々木清一・斉藤豊作、塗師では都倉杢之丞である。だが詳しい調査はできなかったが、名前や系譜などについてはかなり多数わかった。そこでわかる範囲で職人の分布を地図に記入したものが図3－3「酒田湊内の職人分布(12)」である。地図は江戸時代後期を復元したものであるが、明治になっても大筋では変わっていない。

箱屋が多いのが鷹町と天正寺町で、鷹町では斉藤与惣右衛門が、天正寺町では斉藤津右衛門が中心的な存在だった。鍛冶屋は十王堂町に多く、金具では白崎孫八が第一の名人であった。塗師は一カ所に固まっていることはなかった。また会社組織とし、北海道輸出にも力を入れて漆器全般にわたり手広く営業する一方、酒田木工業界の発展に多大の寄与をした円山卯吉のかわせ工場は今町にあった。

本町一丁目から七丁目の本町通りがメインストリートであるから、これらはいずれもはずれである。メインストリートには、後述するように三六人衆以来の有力商人が軒を連ねていた。このように町はずれに職人町があるのは近世の城下町の特徴であり、小木湊のように船箪笥業者が湊の近くに集中しているという形態との大きな違いである。

図3－3　酒田湊内の職人分布

箱 箱屋（簞笥屋）
指 指物師
塗 塗師
金 金具師

また酒田は簞笥以外の指物も盛んであった。近代指物三斎の一人とうたわれた鉄砲屋亀斎が十王堂町にいたし、名人の斉藤兼吉は鷹町にいた。このことも酒田の木工業の特徴である。

さらに重要なことに経営形態の問題がある。酒田でも簞笥屋を箱屋とよんでいたが、小木湊のように箱屋が木工・塗装・金具の職人に資金を提供して下職として使う問屋形態ではなかった。箱屋が最後にまとめることはしたが、木工・塗装・金具の三職がそれぞれ独立していた。

つぎにこうした酒田の主要な職人について個別に説明する。

(1)箱屋

箱屋与惣右衛門（系譜1参照）

箱屋与惣右衛門は、初代が豆腐屋から箱屋をはじめ、櫃作りの名人といわれた二代目（与惣治）も豆腐屋と箱屋を兼業で行い、三代目からはじめて箱屋専業になった。この三代目の時代が最盛期で、酒田木工界の中心的位置を占めるにいたった。常時、職人を七、八人置いていた。

三代目与惣右衛門（与助）は腕のよい職人であると同時に理想家肌の人であり、またなかなかの事業家であった。開かれた職人として多くの職人を育成する一方、北海道出し、鶴岡出しの道を開拓し、一九〇四（明治三七）年には有志と共に酒田漆器組合を結成して展示会を開き、木工に対する一般への啓蒙活動を行った。一九〇八（明治四一）年の東宮殿下来酒に際し、与惣右衛門が酒田を代表して惣玉杢茶棚・槐《えんじゅ》角火鉢・古桐簞笥・欅根木支那風机・古桐角火鉢・煤竹花台を製作献上している。この当時が酒田木工界としても全盛時代で、箱屋も五、六〇軒あったという。

系譜1　斉藤与惣右衛門（鷹町）＋上林重治郎（上小路）

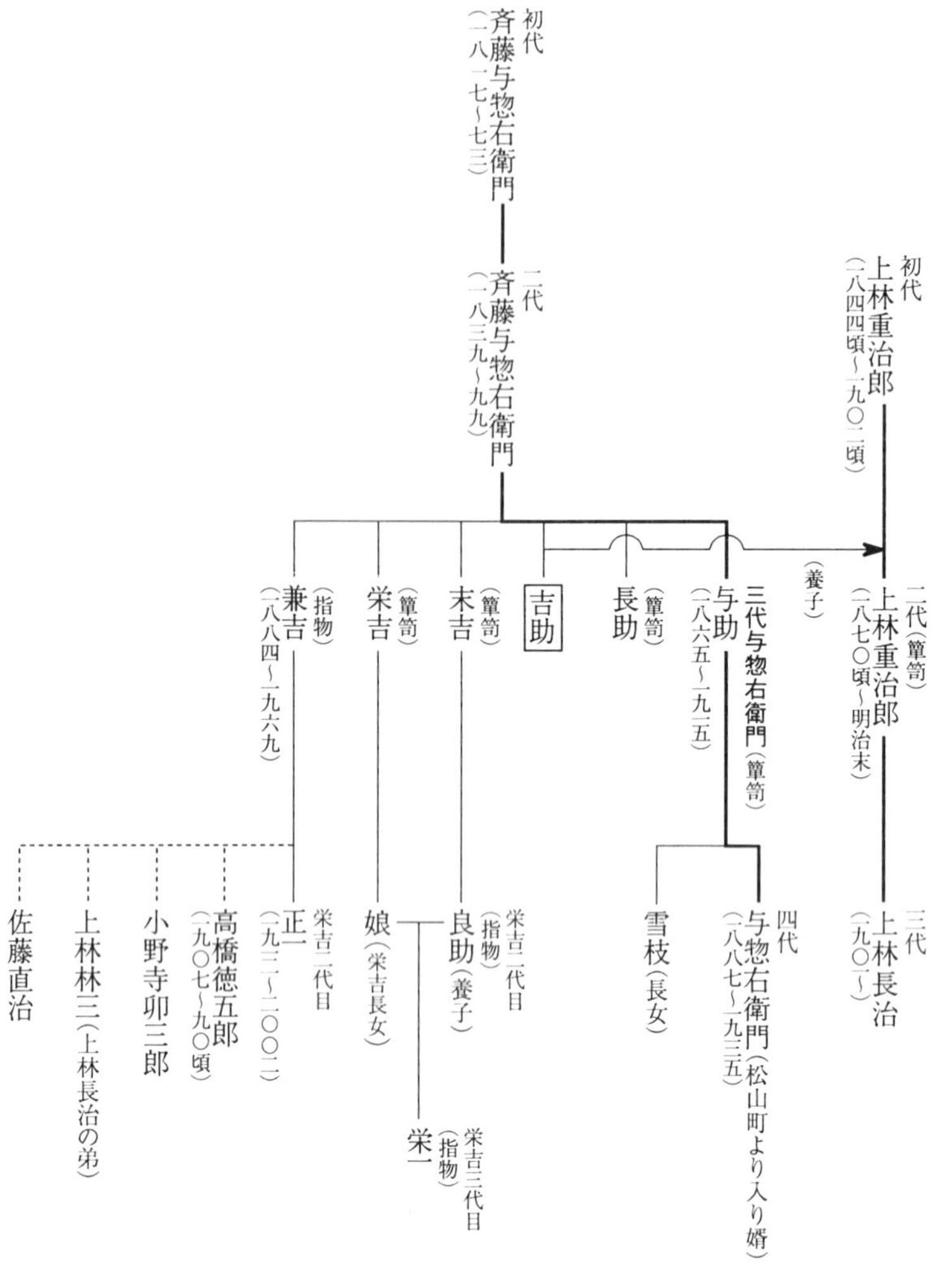

注：ゴシックは最盛期

長助・吉助・末吉・栄吉・兼吉と六人兄弟はすべて箱屋となり、吉助は上林重治郎家に養子に入り二代目を継ぎ、さらに与助の子が三代目をついでいる。また六男の兼吉は指物専業に進み、名人とうたわれ、高橋徳五郎をはじめ多くの弟子を育てた。与惣右衛門家では四代目まで箱屋を続けていた。

したがってこの斉藤与惣右衛門家の場合、軌道に乗ったのは明治に入ってからであり、仕事の質がとりわけ高くなったのも三代目が活躍した明治中期以降である。しかし船簞笥については初代から三代目時代に作っていたようである。

なおこの斉藤与惣右衛門家については柳宗悦『船簞笥』にも、酒田の代表的な工人であったこと、船簞笥が消滅した後も欅表の木地蠟塗の見事な衣裳簞笥や帳簞笥を製造していたということが書かれている。

箱屋津右衛門（斉藤津右衛門、系譜2参照）

箱屋津右衛門家は、初代がなかなかのやり手で、徒弟を一〇人以上も使い盛んであった。この時期、船簞笥を製造していたようである。二代目は五男の喜三郎がつぎ、三代目粂太郎まで箱屋を行っていた。津右衛門家では孫に当たる次男杣之助の息子茂兵衛は腕がよく、斉藤茂兵衛家（鶴屋）に養子にいき、二代目茂兵衛となった。

鶴屋

茂兵衛が養子に入った鶴屋こと斉藤茂兵衛家の初代は大工で、箱屋として盛んになるのは二代目からで、腕では酒田では一番といわれた。北海道貿易に力をいれ、簞笥・箱枕・箱膳・船簞笥などを製造したという。また娘の琴江を弟子の斉藤賢治と結婚させて分家した。賢治も徒弟を一〇人もおいて、北海道出しの簞笥・指物類を製造した。

系譜2　斉藤津右衛門（天王寺町）十鶴屋（檜物町）

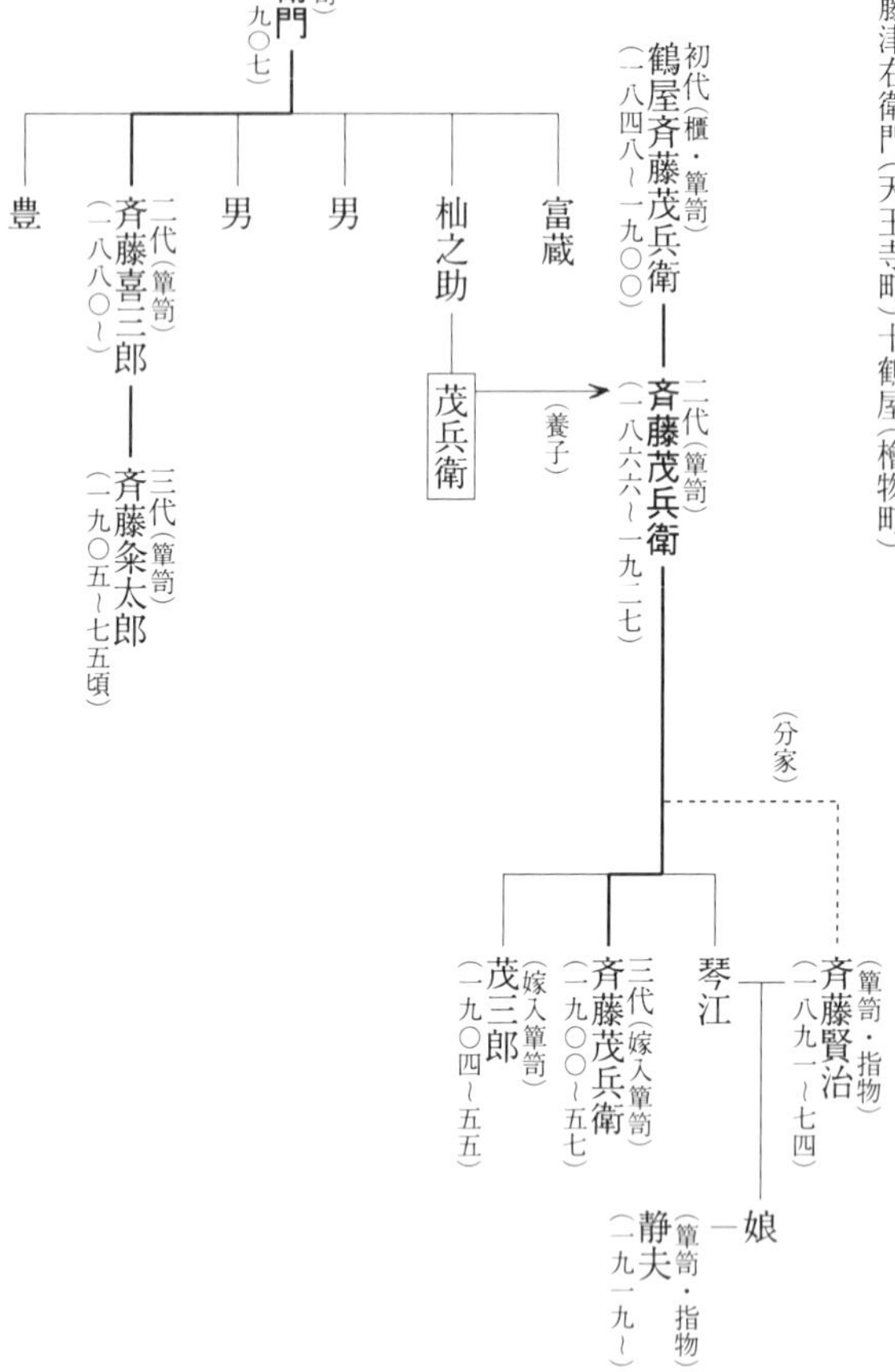

しかし北海道向けは明治末が最盛期で、一九一六（大正五）年に鉄道が開通してからは駄目になる。このため三代目茂兵衛と弟の茂三郎は庄内三郡向きの嫁入り簞笥に切りかえた。

円山卯吉（系譜3参照）

円山卯吉は金沢出身である。彼自身は職人ではなかったが、特産によって地域の発展をはかろうという考えのもとに木工品や漆工品の品質改良や意匠の改善を企て、自家工場（河瀬工場）と貧民子弟の教育のための済世学校（一八八八～九七）を建て、新潟や会津から腕のよい職人をよんで製作と徒弟の指導にあたらせた。これにより、それまではわずかに斎藤与惣右衛門や斎藤津右衛門らの箪笥が北海道へ出ているだけであったが、木工品全般を大量に北海道へ輸出できるようになった。一九〇三（明治三六）年には合資会社円山漆器木工所を設立し、販売所を中町に開いた。

系譜3　円山卯吉（今町）

（合資会社円山漆器木工所）
円山卯吉（一八六一～一九二四）
　（指物）
　土田龍八（一八七〇～一九四〇）
　　（指物・建具）池田全治
　　田中弥一
　　吉川正吉
　　草刈一郎
　　丸谷儀一

　この円山のもとで職人の指物・塗物全般にわたり指導に当たった名人級の職人に新潟出身の土田龍八がいる。龍八は十一歳で指物を学び、米沢・東京と諸国を歩いて修行し、一八九〇（明治二三）年に来酒して円山のところに入ったが、全身これ技能の人といわれるくらいの腕の立つ人で、龍八の指導が始まってから酒田木工の水準が飛躍的に上がったといわれる。厚掛塗という漆芸法を創始したのも彼であり、その技能の高さを立証する作品も市内に残っている。

　このほか大きい箱屋としては杉山権治郎・矢野伝九郎・後藤又助などがあるが、いずれも最盛期は明治中後期である。この後藤又助の弟子が前述の富樫徳三郎で、一九〇二（明治三五）年には本格的な船箪笥はすでに製造していなく、前箱だけであったという。

(2)鍛冶屋

白崎孫八（系譜4参照）

白崎孫八は初代は鶴岡の槍師から簞笥金具師になった。二代目も簞笥金具専門であった。柳宗悦の会ったのがこの人で、「船簞笥の最後の金具職人」とよんでいる。一九三六（昭和一一）年の時点で「六十才を越える老人」で、一八八七（明治二〇）年頃には簞笥金具（一般の簞笥）の仕事が盛んであったこと、彼の親の代、即ち幕末の頃が酒田においても最も盛んに船簞笥が作られた時期であったと考えられると記録していることから、初代が船簞笥の金具を作っていたことがわかる。白崎では斎藤茂兵衛家の仕事が多かったという。三代目については不明である。

系譜4　白崎孫八（十王堂町）

初代（槍師）**白崎孫八**（一八四〇年代頃～一九一〇頃）――二代（簞笥金具）白崎孫八（一八七六頃～一九三六以後）――三代 白崎信吉（一八九七頃～?）

佐々木清一（納豆屋、系譜5参照）

初代は鈴木勇吉で、船簞笥や簞笥の金具・船釘等を作っていて盛んだったという。二代目は弟子の佐々木清一がついだ。佐々木清一は鍛冶屋のかたわら納豆を売っていたため通称「なっとう屋」とよばれた。清一の兄で同じく弟子であった佐々木安治と清一の弟子の池田孫治郎などが簞笥金具を作っていたが、孫治郎は船簞笥金具は作っていない。三代目武も普通の簞笥金具や錠前鍛冶をしていた。

なおいずれの場合も金具職人は自分の家に徒弟を大勢置くということはなかったという。

系譜5　佐々木清一（十王堂町）

初代（箪笥金具・船釘等）鈴木勇吉（嘉永頃～昭和初）
　（箪笥金具）佐々木安治
　二代（箪笥金具・納豆）佐々木清一（一八九四～一九六五頃）
　　三代（箪笥金具・錠前）佐々木武（一九一六～）
　　（箪笥金具）池田孫治郎（一九〇五～？）

（3）塗師

石井百平

箪笥や家具類を主としていた塗師では石井百平がもっとも腕が良く、とくに木地蠟塗を得意としたが、石井の系譜については資料が非常に乏しい。一八八八年頃（明治二〇年頃）酒田に来たといい、彼の教えを受けた職人は多い。石井では専ら三代目与惣右衛門（与助）の仕事をしていたというが、木地蠟塗は船箪笥に用いられる塗りであることからみて船箪笥の塗りも行ったのであろう。

都倉杢之丞（系譜6参照）

都倉杢之丞は初代は京都から来た仏師で、二代目まで仏師をしていて、三代目から塗師になった。四代目杢之丞と弟の布川富二が箪笥類の塗師をしていた。四代目が徒弟時代を送った一八九七（明治三〇）年から一九〇七（明治四〇）年にかけては酒田の漆器が繁栄していて、廻船が入港するとこれに積み込む船箪笥・茶箪笥・膳・箱枕などの塗りの仕事に追われたという。ただし富樫徳三郎によると、この時期にはすでに本格的な船箪笥は作ってなかったという。

系譜6　都倉杢之丞（上小路）

初代（仏師）都倉杢之丞（一七七九〜一八三八）
―二代（仏師）都倉杢之丞（一八三三〜七四）
―三代（塗師）都倉杢之丞（一八六八〜一九〇〇）
―四代（塗師）都倉杢之丞（一八八七〜？）
―（塗師）布川富二（布川家へ養子）（一九〇〇〜）

以上の範囲でわかることは、船簞笥製造について確認できるのは斉藤与惣右衛門の初代から三代目、白崎孫八の初代、佐々木清一の初代である。しかし技術的には、塗りの木地蠟塗や金具の作りなど船簞笥と共通する技術は、帳簞笥や衣裳簞笥に引き継がれていることから、酒田で船簞笥が製造されたことは間違いない。全体の趨勢としては、箱屋でも鍛冶屋でも初代が一九世紀前期に始めており、一九世紀中期に盛んになり、さらに一九世紀後半から二〇世紀初頭にかけて飛躍的に発展していることがわかる。簞笥調査でも衣裳簞笥の特徴がでてくるのが一八七七（明治一〇）年あたりで、一九〇〇（明治三三）年あたりまでが酒田簞笥としては最盛期であった。

4　酒田湊における船簞笥製造の状況

酒田における船簞笥製造の開始時期については、小木湊のようにしぼり込むことはできないが、［一一〇］の帳箱などは一八六六（慶応二）年か、早ければ一八四五（弘化二）年で、あれだけ完成されたものとなっている。また一八六九年の［一一二］の懸硯や同じ頃の本間光敏旧蔵の懸硯なども非常に作りがよいことからみて、かなり早くから発展していた可能性がある。職人調査によると、一九世紀前期にはすでに船簞笥が製造されている。小木湊と同じく一八世紀後半には始まっていたのであろう。これが表3－1でみたように一九世紀中期にはもはや完全に高度に発達しているということは、一九世紀に入ると急速に発展し始めたものと考えられる。そして一九世紀中期から末にかけて最盛期を迎えたということである。

ただし酒田では小木湊のように船簞笥だけ専門にするというのではなく、帳簞笥や衣裳簞笥と一緒に作っていたと考えられる。

このことが、帳簞笥や衣裳簞笥にも影響を与え、酒田簞笥の水準をあげていったのであろう。さらに一九〇〇年前後に船簞笥が衰微すると、その技術はそのまま帳簞笥や衣裳簞笥に受けつがれていったのであろう。酒田の船簞笥に墨書のあるものが少ないのも、おそらく生産量の絶対数が小木湊に比べて少なかったということ、船簞笥専門の問屋がなかったこと、したがって酒田では小木湊のような既製品より注文生産が主となっていたためだと想像される。この点は小木湊のように湊の近くに集住しているのではなく、市内の各所に分散しているという職人の地域分布からみても言えることで、小木湊のように廻船の船乗りだけを相手にしていたという様子はない。

したがって酒田の場合は、いわば小木湊からはみ出した分の需要、つまり小木湊内で品切れになって買えなかったとか、あるいは特別に酒田の技術を見込んで注文する場合とか、または酒田の廻船問屋や商人と関係があって、酒田にしばしば滞在するとかといったことが主体となっていたのではなかろうか。酒田の船簞笥の作りが丁寧であること、意匠的に派手でなく、実質本意であるのもそのせいではないかと考えられる。

そこでこの点を確認するために、湊町としての酒田の性格を歴史的に考察してみよう。

5　酒田湊の歴史と船簞笥製造

(1)酒田湊の歴史

最上川河口に開けた出羽酒田湊は、江戸時代において庄内藩の城下町であった鶴岡とともに庄内地方の中心都市であるとともに、東北地方日本海側でも有数の湊であった。古くは「坂田」（語源は砂潟が有力）と記していたらしく、『義経記』にも「坂田の湊」と出ている。

その起源は最上川河口という交通流通の要所に成立した湊集落であり、平安時代の国府と考えられている城輪柵が東北約一〇キロの位置にあることなどからみても、鎌倉時代以前からかなりの都市的な場があったはずである。伝承による平泉の藤原氏が上方からの物資や人間を移入する際の中継基地として開発したという説もあながち否定はできない。ただし、最上川の流路はかなり不安定で河口湊の位置も大きく変わったようで、室町期までの酒田湊は現在の最上川北岸でなく、最上川南岸の宮野浦近辺であったとみられる。現在酒田市内に位置する寺院の記録や、江戸時代までの伝承によれば、一五二一（大永元）年頃から、一六世紀の後半の永禄・天正頃までにこの向酒田から、対岸である現在の当酒田に湊関係の商人達は移転したと考えられる。

戦国時代に政治・軍事上の要所であったこの最上川河口の酒田湊近辺では、さまざまな勢力が競いあい、特にその末期には東北地方において有力な戦国大名となった最上氏と上杉氏との対抗の場となった。その過程で、現在の酒田東郊の四興屋にあった中世城郭を、上杉景勝配下の志田修理が酒田湊に隣接した位置に移して拡大修復した東禅寺城が、湊とともに酒田という都市の重要な構成要素となる。一六〇一（慶長六）年には最上氏に攻められて東禅寺城もろとも酒田湊も焼失したようで、その後に町の割直しが行われたとみられる。

近世になってからの酒田湊は幕藩体制下における港湾都市として一層の発展をとげることになる。一六二七（天和八）年、庄内藩主として入部した酒井忠勝は、酒田ではなく鶴岡を城下とし、酒田東禅寺城（亀ケ崎城と呼ばれるようになる）の城としての機能は廃され、酒田全体が湊機能を中心に再編成された。したがって城として機能していたのは近世初頭のごく短期間であったが、規模や都市としても基本的な枠組みは城下町に匹敵するものが出来上がっていたといってよいだろう。

酒田湊は、江戸時代後期の状況に復元すると、図3－4「酒田湊復原地図」[13]のようになる。ここに見られるように、最上川河口近く新井田川が合流する地点にあり、城代屋敷があった亀ケ崎城を間において鵜渡川原の武家屋敷町が置かれており、城下町的な形態を残してはいたが、実質的には湊を中心とした都市であった。一六〇一（慶長六）年に行われた町割を基礎として都市構造が作られていったと考えられるが、上山王宮と下山王宮が市域の東と西の両端にあり、その間に本町通り、中町通り、匠町通りという三本の通りが並行に走って町の中心部を構成している。北側にはかなり大規模な寺院が敷地を並べる寺町があり、一方の新井田川沿いには湊の機能が集中していた。

町の中心は一丁目から七丁目までの本町通りで、三六人衆の屋敷もこの本町通り沿いに並び、その背後の新井田川沿いには幕府関係や、最上川流域に領地をもつ各藩の蔵が並び、また問屋商人などの蔵も並んでいた。酒田湊は米を中心とする流通の一大拠点であったことを、この湊の景観が示している。庄内藩の中心が鶴岡になってからは、代官が湊としての酒田を管理した。

庄内藩は藩として諸般の制度を整備して商業発展政策をとり、酒井湊を重要視し米・大豆・紅花・青苧・蠟などの移出港として発展し、特に最上川本支流沿いの各藩の米が酒田に集められ、酒田で売られることに

図3－4　酒田湊復原地図

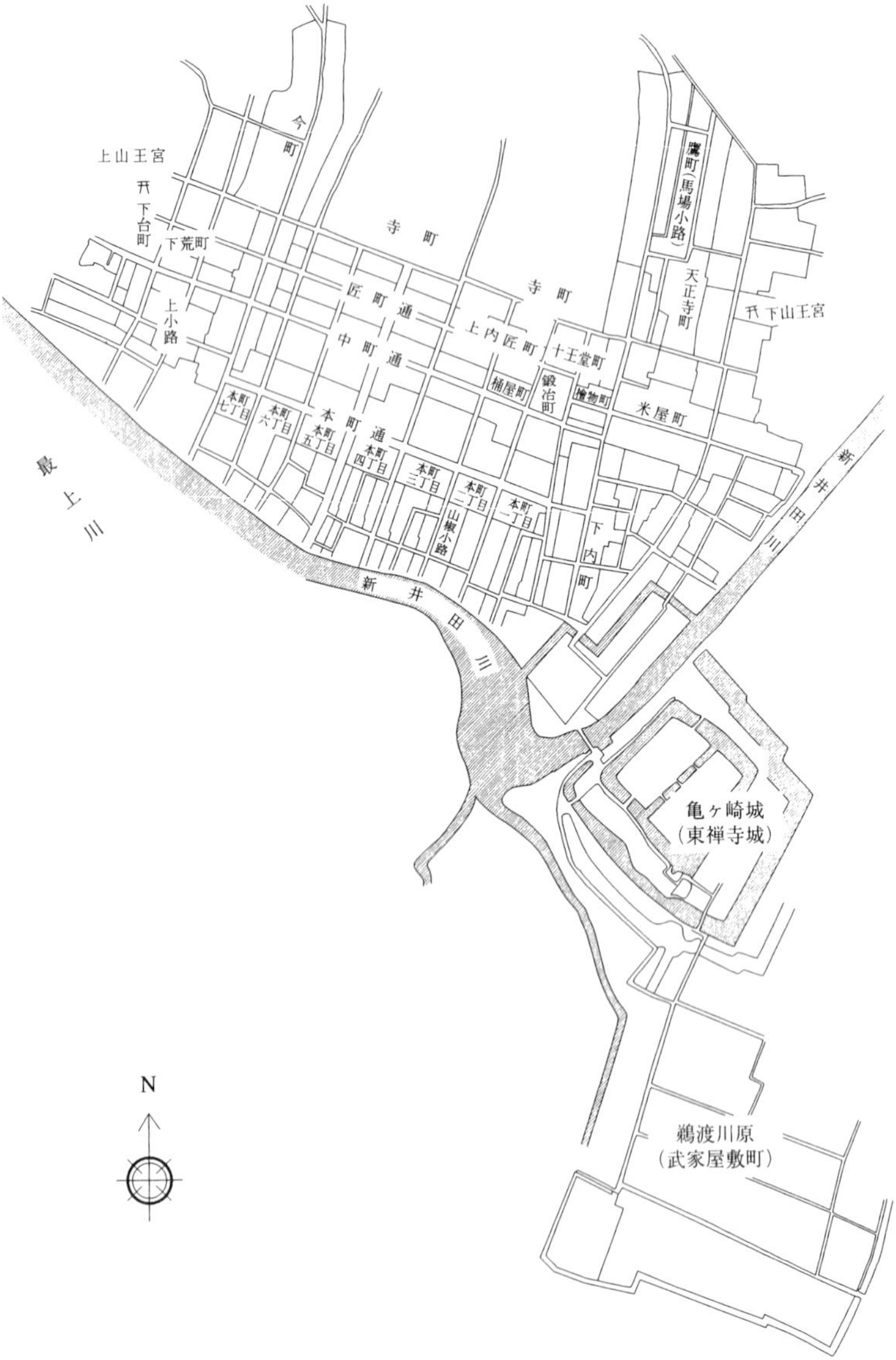
今町
上山王宮
下台町
下荒町
寺町
寺町
匠町通
上小路
中町通
上内匠町
十王堂町
桶屋町
鍛冶町
檜物町
米屋町
鷹町(馬場小路)
天正寺町
下山王宮
本町七丁目
本町六丁目
本町五丁目
本町通
本町四丁目
本町三丁目
本町二丁目
本町一丁目
山椒小路
下内町
最上川
新井田川
新井田川
亀ヶ崎城
(東禅寺城)
鵜渡川原
(武家屋敷町)
N

なった。
一六七二（寛文一二）年、幕府により天領米を江戸に輸送する調査が行われ、河村瑞賢による酒田湊を基地とする西廻り航路が開発されたことにより、酒田の湊機能は一層発展することになる。一六五六（明暦二）年の戸数一二七七から一六八三（天和三）年には倍の二二五一戸となっていることでも急成長ぶりがわかる。一六八八（元禄元）年、西鶴の『日本永代蔵』にも鐙屋による酒田の繁盛ぶりが紹介されている。翌年には芭蕉も来酒しており、酒田湊が当時、東北地方一帯の経済的・文化的中心都市として発展していたことがわかる。

なお、酒田の湊としての支配組織の大きな特徴は、中世段階の向酒田時代にすでに成立していた三六人衆による自治的な都市機構があったとされることである。これは西における堺湊の会合衆と対応するもので、実際に中世段階においては船が堺との間を往来していたらしく、直接的な影響関係も十分想定できる。いずれにしろに城下町に代表される政治支配の拠点としての都市建設が中心である日本の都市の中にあって、湊の商業を背景に自治的な都市の伝統があったことは注目してよく、こうした伝統は幕藩体制下に組み込まれた江戸時代の酒田の行政にもある程度は継承されていたようである。

一七九九（寛政一一）年、東蝦夷地が幕府の直轄領となってからは北前航路による海運が一層発展する。このことによって日本海海運自体が一段と活発化したことと同時に、酒田湊は青森・大畑（南部）・石巻と共に幕府の蝦夷開拓の拠点となった。酒田においては三六人衆に代表される近世初頭以来の商人に代わって、急速に勢力を伸ばしてきた新興商人であった本間家も蝦夷地の開拓に投資しており、庄内藩も農民を入植させ、開拓事業に着手している。

幕末から明治にかけての戊辰戦争では、庄内藩は幕府側にたったため酒田も三六人衆による町兵を出すなどしたが、町自体は戦乱に巻き込まれることはなかった。明治以降、維新政府の方針で酒田の統治機構は第一次酒田県、山形県、第二次酒田県など変転させられるが、基本的には港湾都市としての機能が継承されており、商人の力も大きく、明治中期までは都市構造や町並みも江戸時代以来のものを保っていた。

ところが一八九四（明治二七）年の庄内大震災において、酒田も大きな被害を受け、いろは四八蔵と呼ばれていた河岸の蔵が壊滅し、市街地の建築も大きな被害を受け、町並も大きく変わった。ただし江戸時代以来の海運による経済体制はこの段階でもまだ継承されていたようである。これが大きく変わったのは一九一九（大正八）年の羽越本線の酒田駅開業からである。

（2）酒田湊における船箪笥製造業の位置

このような酒田湊の都市的性格の中に船箪笥製造というものを置いて考えると、つぎのようなことがいえるのではないか。

まず酒田湊には早くから実質的には廻船が入津している。とくに一八世紀後半に北前船が盛んになると、廻船数が急激に増加していることから考えると、一貫して船箪笥の製造が行われていたであろう。ただし、酒田は小木湊と違って船箪笥が産業の重要な位置を占めることはなかったということである。

これはまず酒田が庄内藩の城下町であった鶴岡に匹敵する大規模な都市であったということからいえる。それだけでなく最初期の町割の段階では城下町として機能しており、城下町として町割がなされていたということである。すなわち表通りの商人町に対して町はずれには職人町が形成されていたということと同時に、この職人町が、その機能を維持して行くのにちょうどよい都市規模であったということである。

また港湾として大きな経済力をもっており、また三六人衆に代表されるように、商人が経済的だけでなく政治的にも力をもっていたため、文化的にも彼らが主導的な役割を果たすと同時に支えていた。そしてこうした城下町的な構造、江戸時代の職人町の構造や住居形態、経営形態、技術の伝承などがそのまま、鉄道の開通時期あたりまで続いていたということである。

このため市域内での簞笥・指物関係の需要が大きく、わざわざ廻船相手の需要を開拓する必要がなかったのであろう。したがって船簞笥も商品生産ではなく、注文生産が主となっていたのであろう。さきに墨書のない理由として船簞笥専門の問屋がなかったということをあげたが、まさにそうだったのである。注文の場合、職人と買い手が直接交渉するため、不特定多数を相手にする商品的生産に比べて丁寧で良い仕事をするようになる。意匠的にも技術的にも高度さが求められるし、とくに堅牢さが重視される。酒田の船簞笥がとくに堅牢に作られているのはこうした理由だったのであろう。

第四節　豪華形船簞笥の産地——その三・越前三国湊——

1　三国湊にみられる船簞笥

越前三国湊は近代に入ってからの大火がなかったことと、都市化が急速でなかったため町の変化が少ない。とくに船乗りの多かった町の中心からはずれた新保地区や北部の雄島（宿・米ケ脇・安島・崎・梶）地区は幕末から明治期の集落の景観をよく残している。そのせいか新保地区や雄島地区で船乗りをしていた家には今でも船簞笥が多数残っている。基礎資料2—1・2—2から持主が三国湊のものをとり出したのが表3—10「持主が三国湊の船簞笥リスト」である。全部で三九例ある。これを様式と製作地で分類したものが表3—11「様式と製作地による分類」である。

表３－10　持主が三国湊の船簞笥リスト

(1)年代判明(当初持主＋製作地判明)

基礎資料番号	種類	木部	技法	年代	製作地・販売者
101	懸硯	欅	透彫	1814	佐渡小木湊・湊屋利八郎
105	帳箱	欅	透彫	1834	佐渡小木
106	帳箱	欅	絵様	1840	佐渡小木湊・湊屋利八郎
120	＊帳箱	紫檀	他指	1879	大坂瓶橋・奈良屋彦兵衛
121	＊帳箱	桑	他指	1879	大坂・奈良屋藤兵衛
108	懸硯	欅	絵様	1861	三国
111	帳箱	欅	絵様	1868	佐渡小木湊
116	＊帳箱	欅	他指	1874	三国
118	帳箱	欅	絵様	1876	三国
119	半櫃	欅	絵様	1876	三国
122	半櫃	欅	絵様	1885	三国
123	＊半櫃	欅	他	1891	三国
124	＊帳箱	欅	他	1891	三国

(2)年代判明(当初持主判明)

基礎資料番号	種類	木部	技法	年代	製作地・販売者
306	半櫃	欅	絵様	1826	(三国)
325	半櫃	欅	絵様	1875	(三国)

(3)年代不明(当初持主＋製作地判明)

基礎資料番号	種類	木部	技法	年代	製作地・販売者
509	帳箱	欅	絵様		佐渡小木・みなとや
511	＊帳箱	桑	他指		三国・松下長四郎
518	半櫃	欅	絵様		三国
536	帳箱	欅	絵様		三国
537	知工	欅	絵様		三国
538	＊帳箱	欅	絵様		三国
539	＊帳箱	欅	絵様		三国
540	＊帳箱	欅	絵様		三国
541	帳箱	欅	絵様		三国
542	帳箱	欅	絵様		三国
543	帳箱	欅	絵様		三国

(4)年代不明(当初持主判明)

基礎資料番号	種類	木部	技法	年代	製作地・販売者
702	懸硯	欅	透彫		(三国)
703	懸硯	欅	透彫		(三国)
704	懸硯	桐	絵様		(三国)
714	半櫃	欅	絵様		(三国)
715	半櫃	欅	絵様		(三国)
748	帳箱	欅	絵様		(三国)
749	知工	欅	絵様		(三国)
750	帳箱	欅	絵様		(三国)
751	帳箱	栗	透彫		(三国)
759	半櫃	欅	絵様		(三国)
760	半櫃	桐	透彫		(三国)
761	半櫃	欅	他		(三国)
762	半櫃	欅	他		(三国)

注：(　)内は様式による推定、＊は指物風、他は一般様式。

大きく一般的な様式と指物風に分けられ、さらに製作地によって四つに分類される。

①は製作者側の墨書はないが、当初、持主が三国湊の船頭・廻船問屋であり、作りに三国製の特徴があり三国製と考えられるものである。この特徴とは、小木湊や酒田製と比べて全体的に華奢でやわらかいデザインだということである。金具も薄く、つけてある量も少なく、すべて絵様刳形である、また塗も紅色系統の赤みが強いものである。

表3－11　様式と製作地による分類

様式	製作地	船簞笥(基礎資料番号)
一般的な様式	①三国製	108 (1861)・118 (1876)・119 (1876)・122 (1885)・306 (1826)・325 (1875)・518・536・537・541・542・543・704・714・715・748・749・750・759・761・762
	②小木製	101 (1814)・105 (1834)・106 (1840)・111 (1868)・509・702・703・751・760
指物風	③三国製	116(1874)・123(1891)・124(1891)・511・538・539・540
	④大阪製	120(1879)・121(1879)

年代的に古いのは一八二六年の［三〇六］である。一八二〇年代には三国でも船簞笥が作られていたことになる。年代の記入はないが作りからみてこれと同時期だと考えられるものが［七〇四］［七一四］［七一五］［七五九］［七六一］［七六二］である。ついで一八六一年の［一〇八］以下一八八五年の［一二二］まで、一八六〇〜八〇年代に集中している。これと同時期と考えられるものが［五一八］［五三六］［五三七］［五四一］［五四二］［五四三］［七四八］［七四九］［七五〇］である。

このタイプの船簞笥は三国町内だけに集中し、小木製のように広域には分布していない。

②は墨書により小木製と確認できるものである。年代が判明しているものは一八一四年＝［一〇一］、一八三四年＝［一〇五］、一八四〇年＝［一〇六］であるが、［五〇九］から［七六〇］のいずれも様式からみてほぼ同じ時期のものである。

③と④、指物の技法で作られた船簞笥である。桑や黒柿・唐木などを用い、金具も真鍮や素銅《すあか》の蛭手《ひるで》や埋込引手などといった細やかな味わいのあるものを用いた独特の船簞笥で、知らずに見ると座敷用のようだが、これも船簞笥として使われたことは、外箱に書かれた墨書や付札に記された墨書、また中に納められていた文書、関係者の証言などによって確かめられる。

これには三国湊製③と大阪製④があるが、様式的にはよく似ている。三国製のうち［五一一］には外箱底裏に「松下長四郎作」と作者銘がある。三国の指物名人である。年代は、判明しているものが一八七四年から九一年であるが、他のものも同じ時期だと考えられる。一九世紀後期である。

大阪製にはつぎのような製作者の墨書がある。

［一二〇］（底裏）　明治十二年第一月　奈良屋彦兵衛

（焼印）大阪　〇〇かめばし

〈奈　萬仕入所　奈良彦

［一二一］（外箱底裏）明治十二年卯三月吉日　奈良屋藤兵衛

（焼印）大阪　〇〇通り

〈奈　萬仕入所　奈良屋

（慳貪蓋裏）明治拾弐年夏

越前国坂井郡新保村　新谷吉造新調

年代的にはどちらも一八七九（明治一二）年で、三国製と同様一九世紀後期である。

以上により、三国の船簞笥には一般の船簞笥タイプのものと指物風タイプがあり、さらに前者には小木湊製と三国湊製の二タイプが存在し、後者には大阪製と三国製の二タイプが存在することがわかる。そして前者の場合、小木湊製の方が古く、一九世紀前期で、三国製は一九世紀後期のものであるということ、後者の場合は大阪製も三国製もほぼ同時期で、一九世紀末期であるということがわかる。

こうしたことはどのような意味を持つのであろうか。まず四タイプが並存している理由はなにか、①がたしかに三国製であるのかどうか、指物風船簞笥がどうして存在するのか、そしてこうしたことを含めて三国湊における船簞笥製造の実体はどうであったか。三国でも船簞笥調査と平行して一般の簞笥の調査を行っているので、これによって得られた情報、および職人調査から検討してみたい。

2　箪笥調査からみた三国湊における船箪笥製造

三国町の箪笥調査は旧三国町および新保地区・雄島地区を対象として行った。その結果、江戸時代から明治・大正期までの三国の衣裳箪笥の変遷はほぼ表3－12「三国湊の衣裳箪笥の変遷」のようになる（墨書により年代が判明しているものは図中に記入してある）。

酒田の場合、帳箪笥と衣裳箪笥では作りがかなり違っていたが、三国では作りに違いはない。ただ衣裳箪笥に欅製と桐製があるが、これも用材の違いだけである。したがって帳箪笥と衣裳箪笥が基本的に違いがないことからここでは衣裳箪笥だけを取りあげる。

塗箪笥は用材は欅、漆で紅色系統の春慶塗にしたもので、これが三国箪笥の主流である。箱箪笥・枠箪笥・車箪笥の三種類がある。

箱箪笥は（写真3－15）、約間口三尺、奥行一尺五寸、高さ三尺で、抽斗が五、六杯ついている小型の一本物で縦形の箪笥である。古いものは閂がついている。側面は一枚の厚板になっている。材は杉だが、高級品の場合は桐を使う。

枠箪笥は（写真3－16）、約間口三尺、奥行一尺五寸、高さ三尺四、五寸で、前後の上下、左右にがっちりした枠がついている。この上下の枠が両方に耳のように少し飛び出ている点が特徴で、角箪笥《つのたんす》ともよばれている。枠箪笥は側面は比較的薄い板を使い、横桟を打っている。材は、杉・くさまき・欅である。

車箪笥（写真3－17）は、約間口四尺五寸、奥行二尺一寸、高さ四尺五寸と、非常に大きく、木製の車がついている。形は枠箪笥と同じで、がっちりした枠がつき、上下の枠の左右が角のように少しはみ出してい

表３－12　三国湊の衣裳箪笥の変遷

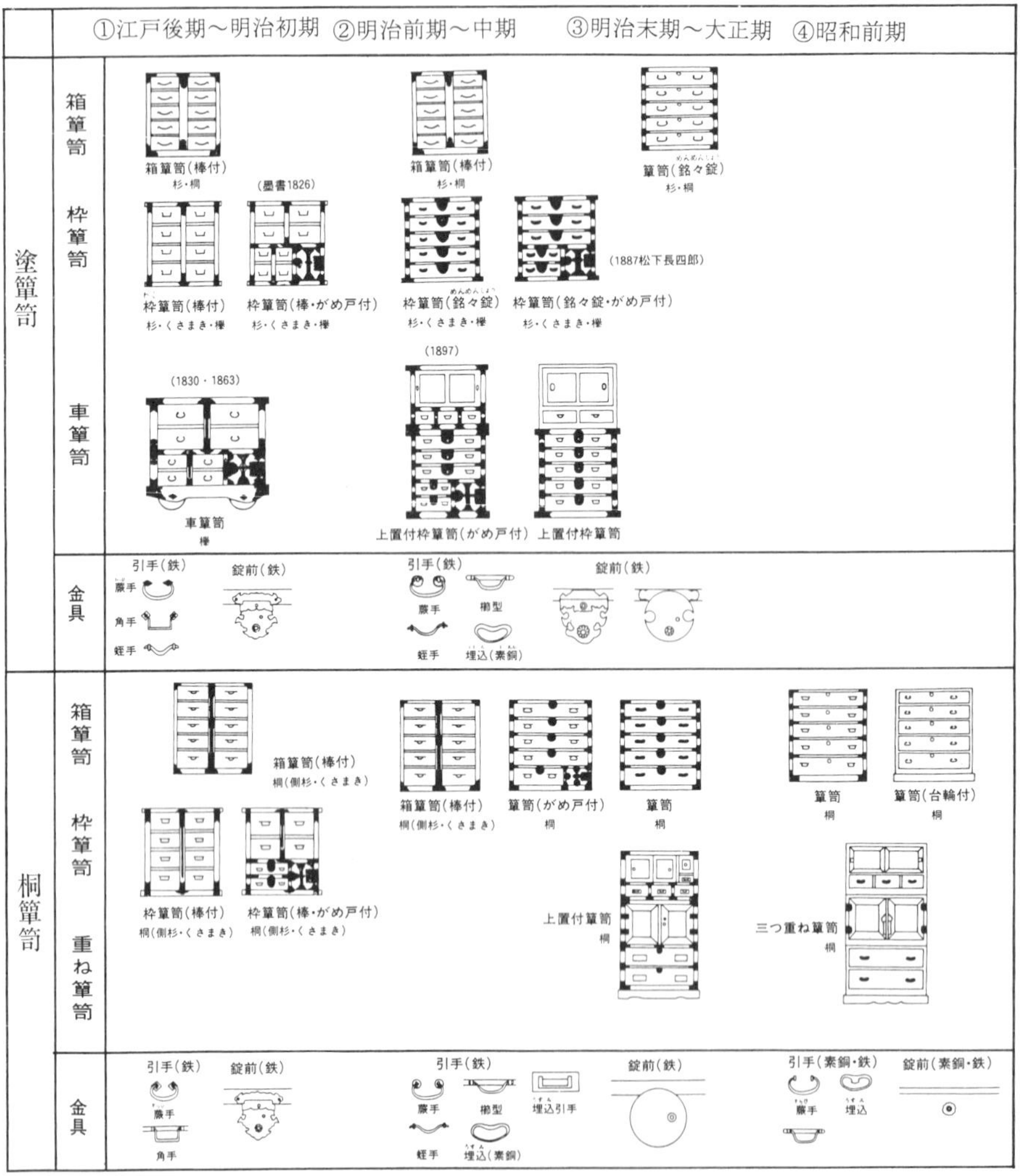

る。下の枠木は幅が広くなっており、ここに車の軸を取りつけてある。材は欅が多い。

桐簞笥は素木仕上げである。材料が桐であるだけで、形式は塗簞笥とほぼ同じである。ただし桐簞笥には車簞笥はない。また数が少なく、とくに大正期まではごく僅かである。

金具については塗簞笥・桐簞笥とも鉄が中心であるが銅も使われる。引手の種類は蕨手・蛙手・角手とあるが、作りは全体に細手である。鎖前は絵様刳形だが、大きさもさほど大きくなく、鉄も薄いし、飾り鋲やつかみなども少なくおとなしい作りである。このように華奢でやさしいのが三国簞笥の金具の特徴である。

①江戸後期（一九世紀初期）〜明治初期

塗簞笥　一八二六（文政九）年の枠簞笥、一八三〇（文政一三）年の車簞笥の作りからみると、この時期にはすでに箱簞笥・枠簞笥・車簞笥の各タイプが形成されており、用材、塗装、金具、意匠のすべてにおいて三国簞笥としての様式が出来上がっていることがわかる。特徴は閂が用いられていること、枠簞笥と車簞笥には右下に片開扉（三国ではがめ戸とよぶ）のついた小物入れがついていること、引手金具は蕨手・角手・

写真3－15　箱簞笥

写真3－16　枠簞笥

写真3－17　車簞笥

蝶手だが細くてひょろひょろした素朴な作りで通し座金もないこと、塗装も素朴な塗りだということである。こうした状況は明治初期まで続いて、車簞笥は一八七七（明治一〇）年前後に姿を消す。

桐簞笥　桐簞笥も塗簞笥と変わらないが車簞笥はない。

②明治前期〜中期

塗簞笥　閂がとれ、銘々鎖となる。枠簞笥には引違戸と小抽斗のついた上置付きの三つ重ねがでてくる。この時期になると技術も急速に向上し、木工技術が非常に緻密になる。また細部に黒柿をつかうなど指物風の意匠も出てくる。金具の作りも技術が上がり、引手の座金なども手の込んだものになる。意匠的にも華やかなものとなる。この時期のものとして指物名人とうたわれた松下長四郎の一八八七（明治二〇）年の墨書のある簞笥が見つかっている。

桐簞笥　枠簞笥が明治前期から中期の間になくなる。

③明治後期〜大正期

塗簞笥　がめ戸が消える。仕事は依然として良い。通し座金がある櫛形引手や赤銅の埋込引手というものが使われている。鎖前は円形とか小判形などの単純なものが多くなる。

桐簞笥　このころから桐簞笥が多くなってくる。箱簞笥は錠前は裏錠となり表は小さい丸になり、引手も作りがスマートになる。また東京簞笥の影響を受けた上置付きで中段が両開きの三つ重ねも出てくる。

④昭和初期

塗簞笥が消え、桐簞笥だけになる。角金具がとれ、台輪付きとなる。金具に素銅《すあか》がでてくる。

以上の衣裳簞笥の変遷と船簞笥の作りを対照すると、衣裳簞笥の①が三国製の一般的な様式の船簞笥［二〇六］（一八二六年）などまでと対応し、一八六〇〜八〇年代の［一〇八］などが衣裳簞笥②に対応する。

また三国製の指物風船簞笥も衣裳簞笥②に対応することがわかる。

このことにより一九世紀前期には三国においても船簞笥の製造が始まっていたことが確認できる。しかし本格的なものになるのは、一九世紀後期になってからだったのであろう。したがって一九世紀前期には、まだ小木製の船簞笥もかなりの比率で使われていたと考えられる。これが小木湊製のものが存在する理由だと思われる。だがそれだけでなく、三国湊には新保・雄島地区のように船乗りが多かったこともあるだろう。自分で船に乗っていれば、船簞笥産地の小木湊で買い求めてくるのも自然である。

一方、佐渡や酒田にはない指物風の船簞笥がなぜあるのかということについては、これだけではわからない。衣裳簞笥にも指物風の技法が使われていることから土地の好みということになるかもしれないが、この点について他の面からみてみよう。

3　職人調査からみた三国湊における船簞笥製造

三国は職人の多い町である。ちなみに『三国町史』から明治初年の職人数をみると、総戸数二、三三九戸のうち、職人が七一一人で三割強である。とくに工芸関係の諸職が発達していた。要因としては浄土真宗が盛んな土地柄だということがある。寺院建築や仏檀製造は指物・彫刻・漆芸・金工と多様な職種によって構成されているためであるが、とくに浄土真宗では家庭でも荘厳な仏檀を作るため真宗地帯では工芸技術が発達している。三国でも古くから発達してきているのは、いずれも寺院・仏檀に関する技術である。このため仏檀関係も含めて可能な範囲で職人の系譜をさかのぼってみるとつぎの通りになる。

①彫刻（系譜1）

最も古くからわかるのが彫刻である。江戸時代後期から明治初期にかけては志摩乗時系、嶋雪斎系、鬼頭鬼斎系、三輪石松系の彫刻職人の流派があり、さらに大正から昭和にかけて志村流張系が加わった。このほか弟子を持たない個人芸の職人達のグループもある。

このうち最大の流派は、志摩乗時系であるが、これは一八世紀の後期にはすでに仏師として確認されるが、おそらくもっとさかのぼるものと思われる。この流派の中心乗時吉右衛門は一七八九（寛政元）年生まれで、一八四九（嘉永二）年没である。彼の弟子からは塗師井田一洞斎や、唐木職人などもでている。彼の代表作としては三国神社本殿向拝の装飾彫刻がある。明治中期から後期にかけてが三国彫刻の最盛期であった。

②唐木細工（系譜2）

彫刻と関係が深いのが唐木細工（三国では紫檀細工という）である。最初は彫刻師がかねていたが、後には唐木専門の系統が出てくる。唐木専門で三国の唐木細工を発展させたのが林由松（松香）でこの系統から人間国宝の竹内碧外が出ている。由松は嘉永から安政の間あたりに生まれているので、活躍期は明治中期になる。この時期が三国の唐木細工においても最盛期であった。

③塗師（系譜3）

塗師の系統には、仏檀師（仏檀・美術工芸品）、福井藩お抱え塗師、その他の一般の家具什器の塗師の三つがある。主流は仏檀師でこれには井田一洞斎系、前田系、酒井文蔵系、札場系などがあった。このうち井田一洞斎は志摩乗時の長男で文政年間の生まれ、一八七七（明治一〇）年頃没、江戸で塗師の修業をしてきている。前田系はもとはお抱えの御塗師屋であるが、維新以来仏檀師になったものである。塗師の場合も最盛期は明治中期から後期にかけてであるが、井田などより前の文政期にはすでにかなり多くの塗師の名前があがっているから、それより早くから発達していたと考えられる。

系譜1　彫刻

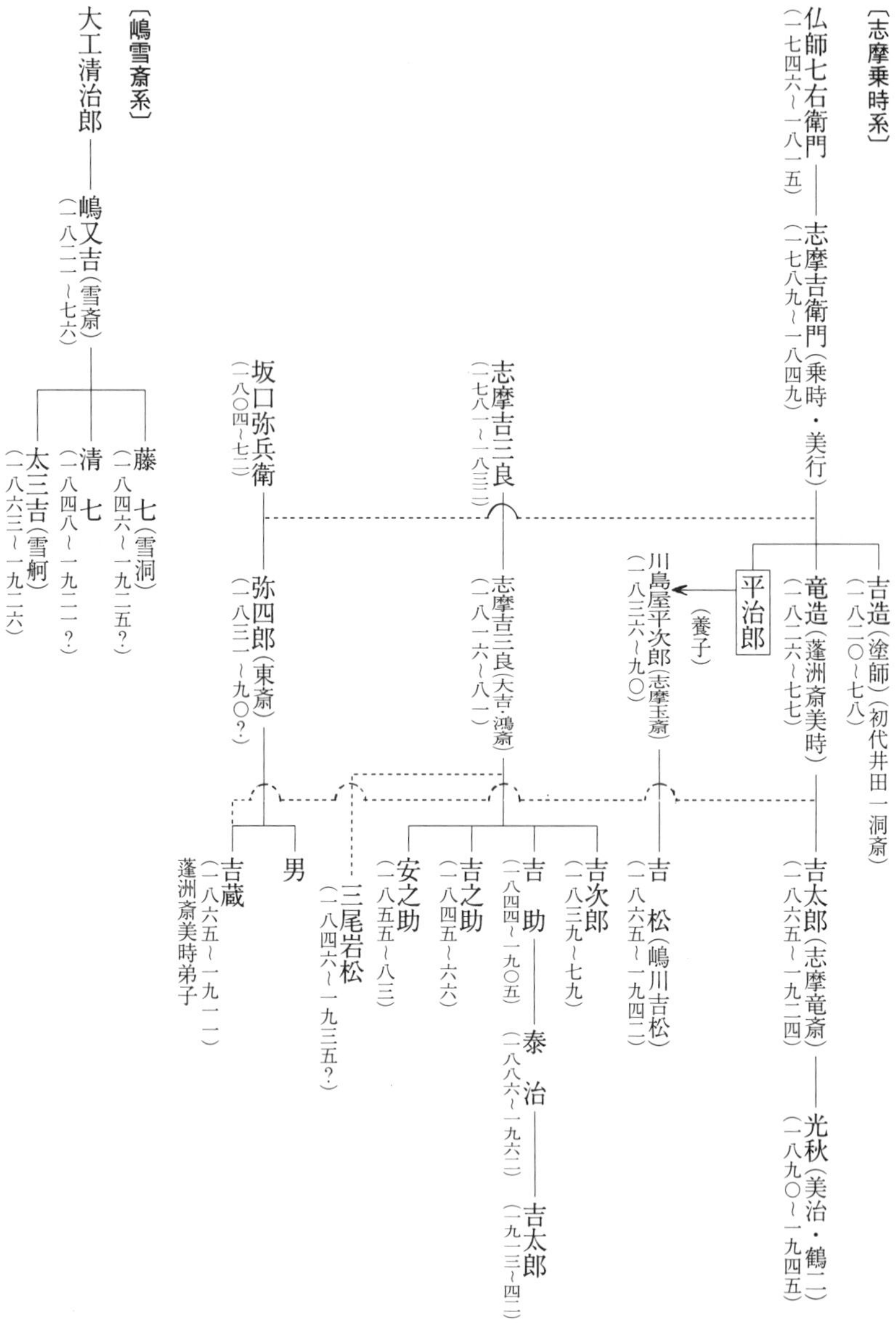
〔志摩乗時系〕
仏師七右衛門（一七四六～一八一五）
志摩吉衛門（乗時・美行）（一七八九～一八四九）
吉造（塗師）（初代井田一洞斎）（一八二〇～七八）
竜造（蓬洲斎美時）（一八二六～七七）
平治郎
（養子）
川島屋平次郎（志摩玉斎）（一八三六～九〇）
志摩吉三良（一七八一～一八三三）
志摩吉三良（大吉・鴻斎）（一八一六～八一）
坂口弥兵衛（一八〇四～七二）
弥四郎（東斎）（一八三一～九〇？）
吉太郎（志摩竜斎）（一八六五～一九二四）
光秋（美治・鶴二）（一八九〇～一九四五）
吉松（嶋川吉松）（一八六五～一九四二）
吉次郎（一八三九～七九）
吉助（一八四四～一九〇五）
泰治（一八八六～一九六二）
吉太郎（一九一三～四二）
吉之助（一八四五～六六）
安之助（一八五五～八三）
三尾岩松（一八四六～一九三五？）
男
吉蔵（一八六五～一九一二）
蓬洲斎美時弟子
〔嶋雪斎系〕
大工清治郎
嶋又吉（雪斎）（一八二二～七六）
藤七（雪洞）（一八四六～一九二五？）
清七（一八四八～一九二一？）
太三吉（雪舸）（一八六三～一九二六）

〔鬼頭鬼斎系〕

- 今市屋久平（?〜一八六五）
  - 久三郎（鬼頭鬼斎・鬼久）（一八二七〜七六）
    - 男
    - 常吉（山田鬼斎）（一八六四〜一九〇〇）
      - 偲（一八九八〜一九六五）

〔三輪石松系〕

- 三輪石松（煙草屋石松・三石）（一八三五〜一九〇四）
  - 石太郎（石斎）（一八八四〜一九三三）　弟子二人
    - 寺沢一斎（一八九六〜）
    - 信（二代目石斎）（一九一〇〜）
  - 大五郎（一八八六〜一九二〇）　唐木細工川田太郎吉に弟子入り

系譜2　唐木細工

〔林由松系〕

- 林由松（松香）
  - 多　治　郎（一八八四〜一九三〇）
  - 川田太郎吉（一八六六〜一九四〇）
    - 三輪大五郎
    - 長谷川正太郎
    - 湯　浅　春　峰
    - 徳田彦三郎
    - 佐野まこと
  - 岩間由之助（一八七八〜一九四〇?）
  - 田中仁吉（一八八〇〜一九三九）
    - 田端嘉太郎
    - 福　島　豊　志
  - 坂口弥吉（一八八二〜一九二〇）
  - 城崎猪之助（松峰）（一八八六〜一九四五）
    - 藤　村　清
    - 城　崎　忠
  - 竹内碧外（一八九五〜）人間国宝

系譜3　塗師

〔井田一洞斎系〕

（初代井田一洞斎）志摩吉造（一八二〇～七八）——（二代一洞斎）吉平（一八三八～一九二五）——（三代一洞斎）浅吉（吉平）（一八七二～一九四六）——（四代一洞斎）秀太郎（一九〇六～）

┆

平木弥三郎（一八三四～一九〇〇）——（二代弥太郎）安太郎（一八七六～一九五〇）——（三代弥太郎）広（一九〇五～六三）——（四代弥三郎）善三郎（一九二六～）

④指物（系譜４）

指物職人は仏檀木地師、箪笥・家具指物師、建具師に分かれる。仏檀木地師の系統には上檀屋平兵衛系、箪笥・家具指物師には番田屋松下善四郎系、建具師には佐々木左市系がある。上檀屋平兵衛は一七世紀末の生まれで一八二一（明治四）年没である。番田屋善四郎も同じ頃に生まれているが、文政期に没している。番田屋の場合は三代目の長四郎が名人とうたわれ、今でも三国の人々が賞賛している。長四郎は一八三八（天保九）年生まれ、一九〇四（明治三七）年没であるから、長四郎の活躍期は幕末最末期から明治二〇年代ということになる。長四郎は船箪笥も作っており、「松下長四郎」の銘のある指物風の船箪笥がある。またさきにあげた一八八七（明治二〇）年の墨書のある枠箪笥もそうで、これは三国箪笥であるから、このタイプの船箪笥も作ったと想像される。なおここでは箪笥も指物に入れているが、他は細かな技術の指物とは分けてある。

この他にも文化期から明治中期にかけては多数の指物職人の名前があるが省略する。

系譜4　指物

〔上檀屋平兵衛系〕

上檀屋平兵衛（?～一八二一）——兵助——喜兵衛（一八一六～八八?）志摩乗時弟子

〔番田屋系〕

番田屋松下善四郎（?～一八二二）――善四郎（一八〇七～七二）――長四郎（一八三八～一九〇四）――長太郎（一八六二～一九〇四）

⑥金具師（系譜5）

金具師も主に鉄・銅・真鍮などを使って簞笥や仏壇用の金具を作る金具師と、金銀を使って装身具や飾り金具を作る飾職人がいる。主流は前者で、これには鞍馬屋系、児玉屋系、田中善六、池田政次、林大二郎などがいる。ここでは船簞笥の金具も作っていたという。

鞍馬屋は三国で最も名人とうたわれた金具鍛冶屋である。二代目の源助が一八四〇（天保一一）年生まれ、一九〇〇（明治三三）年没、三代目の仁三吉（写真3－18）が、一八六四（元治元）年生まれ、一九二三（大正一二）年没で、簞笥金具専門として有名になったのは三代仁三吉からである。仁三吉が活躍したのは明治一五、六年から三〇年代あたりまでであるから、鞍馬屋の場合、最盛期は幕末最末期から明治三〇年代あたりまでだったことになる。

系譜5　金具師

〔鞍馬屋系〕

鞍馬（一八〇五～六九）――鞍馬屋源助（一八四〇～一九〇〇）――仁三吉（一八六四～一九二三）――保／男／嘉六（一九〇八～四四）

〔児玉屋系〕

児玉吉兵衛（一八二六～九〇）――太郎吉（一八四九～一九二三）――金太郎（一八八八～一九七四）――寿（一九一二～）

写真3－18　鞍馬仁三吉

児玉屋の場合も、箪笥金具の鍛冶屋として盛んだったのは初代の吉兵衛と二代目の太郎吉の代である。吉兵衛は一八二六（文政九）年生まれ、一八九〇（明治二三）年没、太郎吉は一八四九（嘉永二）年生まれ、一九二三（大正一二）年没である。明治二一年生まれの三代目の金太郎は船箪笥の金具を作ったことはないというから、船箪笥金具を作ったのは幕末から明治の二〇年頃までだったことになる。

以上によって三国ではすでに一七世紀後半にはかなりの手工芸技術が発達していたことがわかる。したがって船箪笥を製造する条件も整っていたということから、海運業の発展に対応して船箪笥の製造も始められたのであろう。だが職人の系譜からも最盛期は幕末最末期から明治二〇年頃までであったことがわかる。この点は船箪笥の示す年代ともあっている。

しかし生産高・規模についてはさほど大きなものではなく、小木のように専門の産地としては発達しなかったと考えられる。これは最初に述べたように三国以外に三国製らしい船箪笥があまり分布していないことがその一つの証拠であるが、職人の地域的分布からもこのことがうかがえる。図3－5「三国湊内の職人の分布」は調査の結果からわかる範囲で指物と塗師と鍛冶職人の地域的な分布図を作成したものである。時期的には幕末から明治中期頃までである。

三国町の町並については『三国町の民家と町並』（三国町教育委員会、一九八三）によると、下西から森町までの範囲が一六〇〇（慶長五）年にすでに成立しており（第一期）、ついで一六〇〇年から一六五〇年（慶安三）年にかけて川下の元新・今新・木場町がひろがり（第二期）、さらに一六五〇年から一七二〇（享保五）年にかけてさらに川下側と背後の丘陵地が拡大したという（第三期）。川に平行してメインストリートが続いているが、職人は大部分がこれから離れた周辺に位置している。鍛冶屋が第一期の町のはずれからこれに続く丘側に集中しているが、そのほかは三期、さらにその後の地区に分散している。おそらく古い時期には彫

片山(鍛)
児玉(鍛)
森田丸市(指)
三国神社
愛宕神社
御米蔵跡
御米蔵跡
平沢貞二郎(塗)
井田秀太郎(塗)
岩岡光一(指)
鈴木与三松(指)
酒井文蔵(塗)
田川
請地屋与助(指)
呉生屋与平(指)
油屋吉平(指)
里見伊太郎(指)
三国次郎吉(指)
里見吉平(指)
道実島
(汐見)
九頭竜川

図3－5　三国湊内の職人(指物・塗師・鍛冶屋)の分布

刻や塗師などは第一期の地区の周辺部にいたであろう。こうしてみると現在わかる範囲での職人は第三期、さらにその後に発展した地域に多いということである。

いずれにしても小木のように職人が港の近くにかたまっているということがない。また指物商というのが明治初期に一軒だけあるが、その他は全て職人である。小木の湊屋や浜屋のように下職を使ったり、自分のところでも何人もの職人を置いて箱物商として大規模に販売するところはなかったようであるから、基本的には三国湊内の船乗りの需要が主であったのであろう。三国の船簞笥が衣裳簞笥と同じくおとなしい意匠だというのも、宣伝が不要なローカルな存在だったということによるのではないかと考えられる。

そこでこうしたことの背景を見るために、湊町としての三国湊の状況を歴史的に考察してみよう。

4　三国湊の歴史と廻船業

現在は福井県坂井郡三国町となっている越前三国湊は日本海に面し、九頭竜川の河口に開けた湊町である。支流の竹田川がこの三国湊の位置で九頭竜川と合流するため、三国湊の川上側南半分は竹田川、川下側半分は九頭竜川に面している。九頭竜川をはさんだ対岸には、中世以来の新保という集落があり、その間の三国湊寄りに、かつて道実島（汐見）という島があったが明治時代に埋め立てられ、現在は金井方面と陸続きになっている。三国湊の川下側は、近代以後の発展により連続した市街となってしまっているが、滝谷出村・宿・米ケ脇という集落があった。

三国湊の歴史は古く、古代以来であるが、湊として発展するのは中世に入ってからである。この九頭竜川流域に興福寺領の坪江郷が成立し、この興福寺の重要な経済的基盤であった荘園年貢の積み出し港となってからである。中世の三国湊の様相は明らかではないが、南北朝から室町・戦国期にかけて、この三国湊の経済的・軍事的役割をめぐり、さまざまな勢力が争っていた。戦国時代の朝倉氏の支配下では三国湊の問丸が活躍しており、その朝倉氏を滅ぼした織田信長や北の庄に入った柴田勝家の書状が問丸であった三国の森田家に残っている。

近世になると、福井松平藩領となる。福井藩は湊としての機能を重視して、一六二六（寛永三）年、沖の口定目を定め、一六四四（正保元）年には隣接する丸岡藩領の滝谷出村との間に、口留番所を設けて、以後幕末にいたるまで湊の機能を独占した。

つまり、一七世紀の半ばに湊の機能がまず確立したわけである。

この時期に三国の都市としての基本的な形態が確立したと考えられる。ついで一七世紀の後半から一八世紀にかけて、都市として徐々に拡大していったが、湊の機能に大きな転機が訪れたのは、寛文期（一六六一〜七二）に西廻り航路が開発されてからである。

城米の積出港となったことが、湊の発展の上で大きな役割を果たした。一方、折しもこの時期は全国的に商品経済の発展期であった。竹田川により金津、九頭竜川により勝山、芦羽川で福井、日野川で鯖江と結ばれる内陸河川の結節点にあった三国湊は、物資の積み出し港として活発化しはじめ、小浜や敦賀との流通が盛んになり、廻船の出入りも多くなった。これに伴い、三国湊の中にも問屋商人や廻船問屋が多くなり、三国を起点として地回り廻船の活躍が盛んになっていったのである。

やがて一八世紀に入り、蝦夷地が開発されると、いわゆる北前交易が活発になって来て、三国湊もこの寄港地として発展する。一八世紀後半、安永から天明頃にかけて、前下屋《まえげや》とかかぐら建てといった三国特有の形式を持つ立派な家が多くなり、町並みが整ってくるが、この時期の三国湊の繁栄を物語っている。

その後、一八世紀の末から一九世紀にかけて北前船の活躍が一段と盛んになると、三国湊は大いに発展す

表3－13　明治初年の新保地区と旧三国町の海運関係者数

職種別	新保地区	旧三国町	汐見
川船持		22	
海船持	2	0	
船持	7	7	
渡海船頭	3	0	
導船頭	2	0	
船頭	31	0	
手船持	1	0	
渡守	4	0	
船荷扱	0	23	1
船賃荷物	0	5	
他国出商	1	0	
水主	145	53	
合計	196	110	1
総合計			307

る。

この間の一八一九（文政二）年、それまで中洲の低湿地にすぎなかった堂実島が、藩用地として開発整備され、汐見となる。一方、土砂の堆積により、都市の中心部が川下の方に移動し、一八世紀段階で成長してきた新興の商人達が住むようになる。北前船によって富を蓄積した新興商人達である。幕末から明治一〇年代頃までがこの北前貿易の最盛期であった。

一方、新保は、『三国鑑』(15)によると慶長段階では三国湊より船が多かったことがわかる。しかし近世にはいると三国湊の方が発展し、新保は取り残される。この理由は定かではないが、おそらく後背地との関係などの地形的な問題と、藩の政策的な問題によるものであろう。いずれにしろそうした状況に置かれていた新保は、一八世紀後半以降、北前船の活躍が盛んになると、北前船の船乗りになる者が多くなる。表3－13「明治初年の新保地区と旧三国町の海運関係者数」は、時期的にはかなり後になるが『三国町史』にある明治五年の三国町の戸籍から船主・船頭・水主の数を数え出したものである。

雄島地区については数字は出てないが、新保地区は船頭三一、水主一四五と圧倒的に船頭・水主が多かったことがわかる。三国町も水主が五三と多いが、これはほとんどは川船の水主だったと考えられる。(16)

新保や雄島に船簞笥が多く残っているというのも、ここはもともと船乗りが多かった地域であるためである。しかも船簞笥所持者の中の何軒かを調査した結果では、一八五〇年頃、つまり嘉永期頃に沖船頭から独立して船持ちになっている。この時期、急激に海運業が活況を呈するようになったことがわかる。盛期は大体明治一〇年代あたりまで続いていたようである。[17]

したがって三国の船簞笥製造は、北前船の活躍が活発化する一八世紀後半から一九世紀にかけてはじまったことは間違いないが、本格的に行われるようになるのはやはり雄島・新保地区の廻船業が活況を呈するようになってからだったのであろう。これはこれより以前には小木製の船簞笥が使われていたということとも対応していると考えられる。

ただし小木湊のような産地でなかったのは、三国湊が古くから都市として発展していたということ、また港の機能の中心が後述する小木湊のような避難港ではなく物資の集散地であったということであろう。古くからの都市で、一八世紀後半にはすでに都市として町並みも整い、工芸技術などの都市的文化も発展を見せていたということで、一面では船簞笥のようなものを作ることも十分可能であったが、同時に町内および周辺の簞笥や指物の需要が多かったことから、船簞笥製造にさほど頼る必要もなかったということだったのではないか。この点は酒田と同様である。

さて、最後に残ったのが指物風船簞笥の存在理由である。これまで職人の系譜や都市の歴史で見てきたように三国は工芸美術の盛んな土地柄であったことが背景として考えられるが、その点では酒田もさほど違わない。そうなると三国は東北の酒田と違い、京・大坂に近いということではないか。三国には関西文化の影響が強くみられる。というよりむしろ関西文化圏に入っているという方がよい。この点が庄内藩という固有の文化的風土の中にあった酒田との大きな違いであろう。そうした関西文化の一つが瀟洒な工芸趣味だったのではないかと思われる。それには浄土真宗とともに煎茶の盛んな土地柄だということも関係あると思われる。これは現在でも続いており、人々は仏檀の彫刻や漆芸とか紫檀細工の茶棚や卓《しょく》類、指物細工の家具類といった生活の中の工芸品に高い関心を示す。紫檀細工は煎茶趣味の一つである。そうした三国人の好みが大阪製の小簞笥を船簞笥に使うようになり、さらに同じものを三国で製作するようになったのではなかろうか。そうなると三国の船簞笥は酒田以上にローカルな存在だったということになる。

第五節　船簞笥の大産地としての小木湊

1　小木湊の地理的条件

第三章の第二～四節では豪華形船簞笥の産地として、佐渡小木湊、出羽酒田湊、越前三国湊とみてきたが、この中では小木湊が他の二つの湊に比較して圧倒的に産地としての規模が大きかったこと、しかも小木では船簞笥製造を専業として行っていたということがわかった。つまり小木湊は日本海側における最大の船簞笥専門産地だったということである。ではなぜ小木湊がそうなったのであろうか。

これには大きくいって二つの理由が考えられる。

第一はその地理的な位置、ないし地形的な条件である。石井謙治氏によると、小木湊は弁財船にとって最良の待避港・風待ち港であったという。すなわち弁財船という船は一本の帆柱と大きな横帆をあげて帆走するところにその特徴があり、横帆は追い風の時に最高の能率を発揮する。このため航海は順風を狙って行う。ところがしばしば途中で逆風に変わるため、この時は間切りといってじぐざぐのコースを取って風上に進む帆走法をとるが、それもあまり風が強くなるとできなくなる。そこでやむなく近くの湊や島影に避難して風待ちをする。この風待ち港として小木湊は最適だったというのである。とくに小木湊の場合、上り下りの両方ともによかったことが大きな特長で、普通は上りか下りの片方のコースの船にだけ都合がよい場合が多く、両方というのは少なかったという。その上、佐渡は海上に浮かぶ離島で、ちょうど航路にあたる位置にあった。このため沖を航行している船がすぐ小木湊に入津できる。これがたとえば新潟湊だと、わざわざコースを変えてかなり入ってこなければならない。このようにすぐ入津できる点も都合がよかった。

したがって小木湊で十分に時間をとって長期予報を立て、風をよく見定めてから、上りの場合は一気に下関まで航海し、下りは松前まで突っ走るというのが最善の方法であった。この風を見定めること、つまり日和を見るということはきわめて重要なことで、これは船頭の責任であった。もし天候や風の具合いを読み違えれば、最悪の場合は海難にいたる。海難は船乗りにとって命さえ落としかねない最大の危険である。このため順風で出港しても荒天になればすぐ元の湊へ引き返し、よい日和になるまで一〇日でも二〇日でも湊に留まって待っていた。浜屋の主人が、二百十日、二百二十日が近付くと、数百艘もの船が入ってきたといっているのはこのことである。台風の影響による時化《しけ》をさけるためだったのである。

小木湊が風待ち港としていかに良港だったかを示す史料がある。(18) 酒田から江戸へ御城米を輸送した一八三五(天保六)年・一八三八(天保九)年・一八四五(弘化二)年・一八四六(弘化三)年の四年分について一四艘の船の寄港地のすべてがわかっているが、最も多く寄港しているのは塩飽与島と小木湊である。それぞれ九回ずつで、そのほかはやはり風待ち港として有名な紀州・安乗が四回、飛島・福浦・下田があるが、これは二回か一回である。しかも塩飽与島ではほとんどが一日前後の汐待ちらしい寄港であるのに対し、小木湊はすべて風待ちで、停泊日数もずっと長くなっている。

こうして多くの船が入津して、しかも長期間停泊するということになれば、船乗り相手の商売が盛んになるのも当然であろう。

2　小木湊の歴史的条件

第二は佐渡、そして小木湊を成立させた歴史的条件である。

まず佐渡は、離島であったために人口も少なく、農業・漁業などの地域的産業が未発達であった。そこへ近世初頭になり金銀の産出が始まり、鉱山経営が行われるようになったのだが、当時の佐渡の金銀の産出量は、日本はもちろん世界的にみても規模が大きかった。このため豊臣氏・徳川氏という時の中央権力が目をつけて直轄領・天領とし、以後、幕末にいたるまで天領であり続けた。このように天領であったこと、いいかえれば地域の領主ないし一封建領主の領地でなかったということが、地域固有の産業・文化の形成というより、あえていえばインターナショナルなものへと向かわせることになったといえる。ある意味では最初から近世的な領域感覚をもっていなかったといえる。

さらに、都市形成における特殊性がある。金銀山の周辺には鉱山集落が、また鉱産物の移出と消費物資の移入のためには湊町という、いずれも高密度居住空間である都市が短期間にできあがった。これらは周辺部の農村の発展の必要に応じてできあがった都市とは異なり、急激な発展の度合いが桁はずれであったところに特徴があり、一つには、地域的な独自性が未発達な段階で、外から多くの人が入り込んだことにより文化の混交が行われたということがある。しかも一方では交易の拠点として位置づけられたため、その後、近世海運が発展する中で全国各地の他都市との交流が盛んになった。こうしたことからも佐渡は当時の日本ではめずらしく領域を超えた感覚を持つようになったと考えられる。

ところがそのように都市が拡大発展した後で、金銀山が急速に生産量が落ち、経営が成り立たなくなるという問題が出来した。拡大した都市を維持して行くためには新たな経済基盤が必要である。ところが周囲の農村経済に見合う形で発展した都市ではなかったため、自律的な産業の発展は困難であった。

金銀山に直結した鉱山集落はたちまち以前の山野にかえったが、鉱山以前からあった湊町の機能は残り、金銀が出なくなっても天領として幕府の統制下にあったことから各地の船が入ってきた。このため佐渡に残された唯一の活路は交易による経済発展だったのである。

当然、小木湊もその一環として都市的発展を遂げる以外に生きる道はなかった。幸いその地理的位置関係が適していたため、一七世紀後半以降には西廻り航路の開拓によって東北地方から大坂への城米輸送の寄港地になり、さらに一八世紀後半からはいわゆる北前航路最大の寄港地となった。とくに北前船という日本海航路のネットワークの拠点となったことで、日本海海運全体の発展に連動して大いに発展するようになったわけである。

そこで注目されたのが船簞笥製造だったのだろう。需要の可能性が見込めるのは寄港する船の船乗りしかないとなると船簞笥は恰好の産業である。佐渡でも近世にはすでに一定の工芸技術の蓄積ができていたが、これは他の城下町一般にみられるような城下町産業として発達していたわけでなかった。このため、島内での需要もさほど大きいわけではなく、技術的にも高くはなかったと考えられる。だが船簞笥なら美術工芸品ほど高度な技術も必要なく、木工技術としても一般の櫃や簞笥と変わらない。金具も鉄金具でいい。ところが値段の方は相対的に高価で売れる。小木湊にとってはきわめて有効な産業だったわけである。

それと小木湊の場合、その都市規模からみても島外からの需要をターゲットにせざるを得なかったと思われる。小木湊は、同じように船簞笥を生産した酒田湊・三国湊と比較すると、図3－1「小木湊復原地図」にも示したように、幕末から明治の最盛期においても内澗町の海岸にそって文字通り湾曲した長させいぜい五〇〇メートルほどの一本の道路が湊の中心であり、その両側に町家が並んでいただけである。それに対し

図３－６　小木湊・酒田湊・三国湊の都市規模比較図

て越前三国湊の場合は、中世末の段階ですでに九頭竜川河口にそった長さ一キロほどの「下町」という中心街が伸びており、一七世紀前半になると川下側に伸びるだけではなく、背後の丘陵上にも「上新町」として都市域が広がっている。

一方、近世初頭の一時期には城郭が置かれた城下町であった酒田の町は、一キロ余り離れて相対する上山王権現と下山王権現の間に、「本町」の通りをはじめとして平行に少なくとも三本の通りがあり、これらと直行する道路による碁盤目状の市街地が構成されていた。そしてさらに江戸時代中期以降には、湊部分のみならず周辺に伸びる街道沿いにまで都市域は拡大していた。この三ケ所の都市域の大きさが実際にどのくらい差があったかをみるために、比較図を作ってみると、図3－6「都市規模比較図」のようになる。大ざっぱにいって三国が小木湊の三倍で、酒田はさらにその三国の二倍ほどの規模である。つまり小木湊は三ケ所のうちもっとも規模が小さいわけで、小木湊が島外需要に頼らざるを得なかったのも当然である。

ただこうした規模の問題だけではなく、最初にあげた領域感覚ということもあったと考えられる。たとえば三国は大きくみれば関西文化圏に入っており、酒田は庄内藩による文化圏に規制されていたといえよう。これが船簞笥においても、似ているようでもよくみるとそれぞれの地域の特色を生み出しているわけであるが、逆にそれぞれの地域の枠を出るという発想自体も出てこなかったであろう。しかし、小木湊はそうした枠から解放されており、最初から日本海海運全体を相手の交易関係の需要を目標とすることができたのであろう。しかも酒田のような城下町規模のある程度大きな都市の中で、都市内の需要に対応した形での近世的職人仕事でなかった。そもそも小木湊のような狭い場所に密集していたという点に、すでに近代的商品生産に近い部分があったとも考えられる。

第六節　実用形船簞笥の産地――その一・泉州堺――

1　『毛吹草』にみる指物・櫃と懸硯

これまで豪華形船簞笥の産地についてみてきた。では一般形ないし実用形の船簞笥はどこで作られていたのであろうか。第一節でみたように実用形は全国的に分布している。そうなると当然のことながら江戸時代の海運の中心であった大坂ないしその近くの場所が候補として考えられるが、この点に関して重要な手がかりを与えてくれるものとして江戸時代初期の『毛吹草』がある。

『毛吹草』は貞徳門下の松江重頼の編纂した貞門俳諧の方式書で、一六三八（寛永一五）年成立、一六四五（正保二）年に刊行されている。俳諧書だが句作に用いる言葉や資料が多く集められており、当時の風俗資料としての価値も高い。その中で、巻四には本邦古今の名物（物産）を五畿七道の国別に列挙してあり、一種の地誌ともなっている。この中の「摂津」の項につぎのような注目すべき記載がある（一六九二＝元禄五年の『諸国名物重宝記』にも全く同じ内容の記載がある）。

阿波座指物《アハザノサシモノ》・櫃箱等ヲ切合　錐揉斗ニテ諸国へ商之
中浜懸硯《ナカハマニカケスズリ》

つまり摂津の阿波座は指物、特に櫃や箱の産地であり、中浜は懸硯の産地だったということである。そこで船簞笥にとってより関係が深いと考えられる懸硯の産地、中浜から検討していこう。

2　堺における中浜と指物屋

まず中浜とはいったいどこなのかであるが、「中浜」と呼ばれる場所は大坂の南に位置する中世以来の湊町である堺によく知られた地名があって、ここの可能性が高い[19]。堺という湊町は近世には摂津ではなく和泉に含まれるが、中世には後述するように、摂津と和泉の境界に位置しており、南北の庄に分かれていた堺の北半分は摂津に入っていた。したがって、「摂津の中浜」というのが堺の中浜であった蓋然性は非常に高い。この点を確かめるために近世の堺の都市構造に注目してみよう。

幸いなことに堺には近世初期の詳細な町割・屋敷割が描かれた貴重な都市絵図である一六八九（元禄二）年の「堺大絵図」[20]が残されており、近世はじめの都市内部の様相がかなりあきらかになる。これをもとに作成したのが図3−7「堺湊復原図」[21]である。近世初頭の堺は大坂湾岸の砂堆上に位置し、大坂湾岸を南北に通る紀州街道に沿った南北に細長い町で、西は海に面し、東・南・北の三方に環濠をめぐらしている。中央部を南北に大道《だいどう》とも呼ばれる紀州街道が通り、ほぼ中央部で東西に通る大小路《おおしょうじ》が交わっている。町割・屋敷割はこの大道、大小路を軸に整然と行われており、東の環濠に沿って寺町がこれも整然と配されている。

近世初頭の堺の都市支配組織は、大小路によって大きく北と南に分かれており、さらにそれぞれに本郷《もとごう》と端郷《はしごう》があって、全体として「四辻」と称する北本郷、北端郷、南本郷、南端郷それぞれから出された惣年寄が行政を担当していた[22]。北本郷・南本郷とも、大道に面した本町筋が中心であり、北は大道筋を軸に、南は大寺および宿院を中心に構成されていた。「堺大絵図」には、屋敷割までも詳細に記してあり、個々の屋敷内に間口・奥行の寸法記載とともに、地主ないしその住人と考えられる名前が記載されているが、注目されるのは、確認できるだけで「指物屋」として次の五名の名前が見られることである。

図３－７　堺湊復原図と指物屋の位置

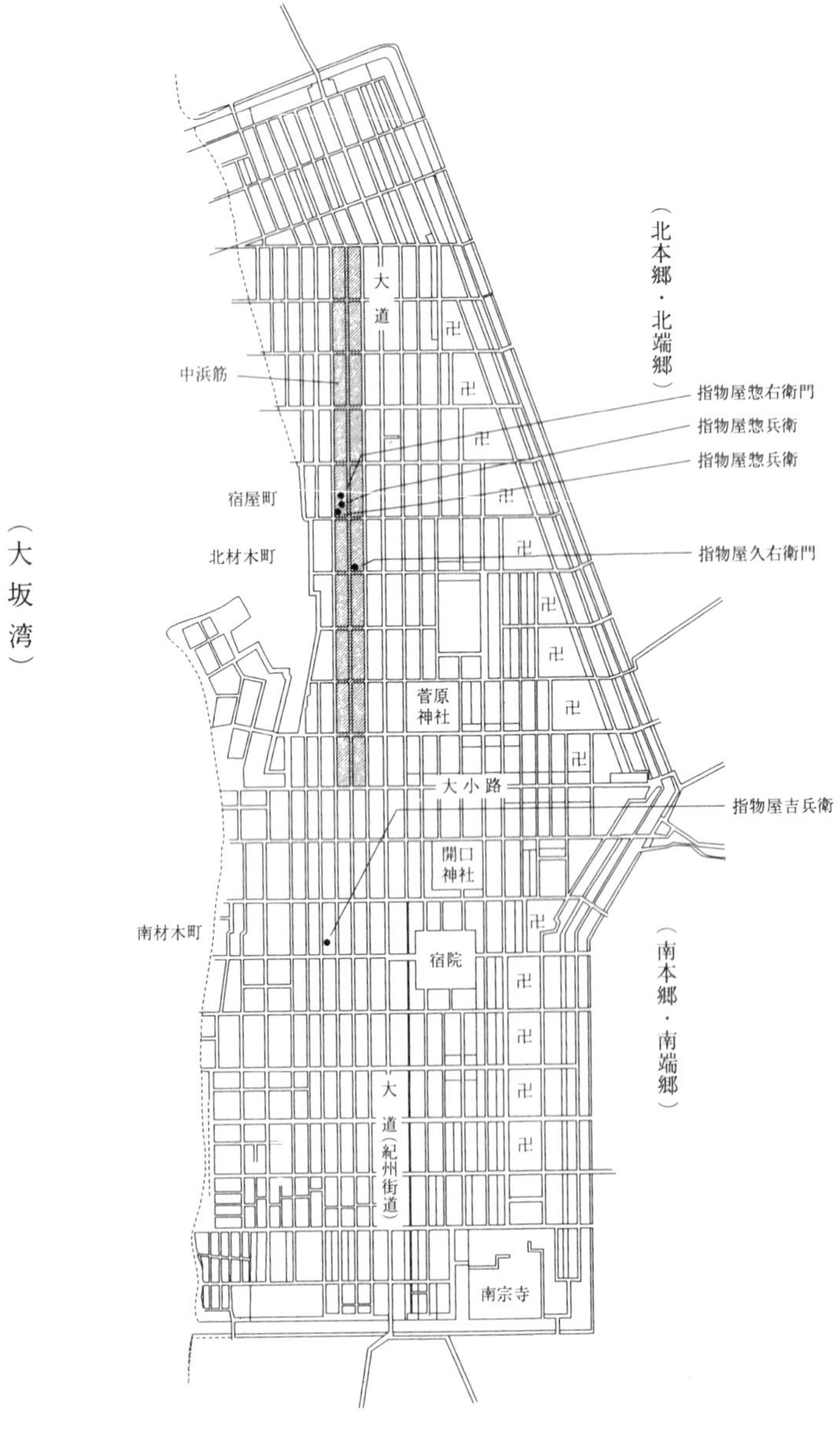

指物屋惣右衛門　二・五間×一〇間　（宿屋町中浜）
指物屋惣兵衛　三間×一〇間　（〃　）
指物屋惣兵衛　五・五間×六間　（〃　）
指物屋九右衛門　三間×一〇間　（北材木町中浜）
指物屋吉兵衛　二間×六間　（南材木町）

「指物屋」といっても単に屋号であって実際の職種を示しているとは限らない。そこでまずその屋敷規模に着目すると、いずれもこの絵図の中ではかなり小さな方で、少なくとも大規模な商人ではなさそうである。次に屋敷の位置であるが、同一人ないし同族である可能性が高い「惣右衛門」と「惣兵衛」が「宿屋町中浜」、そして「九右衛門」も隣町である「北材木町中浜」であることに注目したい。ここでいう地名の「中浜」とは先に述べた堺の北端郷に属し、本町から一つ西に平行して南北に走る中浜筋の通りに面した両側町の連なる南北に長い部分のことで、すぐ西には大坂湾に面した浜が続いていた。つまり、これら指物屋の位置はいずれもメインストリートである大道のすぐ裏手の海に接した場所である。このように中心部からややはずれたところは、他の土地の例からみてもよく指物師のような職人が住む場所となっているから、やはり実際の職人だったと見てよいだろう。しかも湊との密接な結びつきが想定できる場所でもある。当時、中浜の懸硯として世に知られていたとすると、当然、他国へ移出していたわけで、それにもまことに便利な場所ということになり、第二節でみた小木湊の箱屋の位置ともよく似ている。また一方の「南材木町」は大小路の南であるが、やはり大道の裏手の海に近い場所であり、しかも材木町という町名が共通していることは、相互になんらかの関係があったかもしれない。少なくとも地形条件が似通った場所であったことをうかがわせる。

こうしてみると『毛吹草』で懸硯を産出した所としている摂津中浜とは、大小路北の宿屋町中浜だったと見て間違いないであろう。では、なぜ中浜の懸硯が名産となったのであろうか。

3　堺湊の繁栄

堺は、江戸時代には全体が和泉国に編入されるようになるが、中世においては、摂津国に属した堺北庄と、和泉国に属した堺南庄から成っており、中央部で大道と交わる大小路が国の境であり、堺という名称もそこからおこっている。堺南庄は開口《あぐち》神社を鎮守とし、堺北庄は菅原神社が中核となっていた。中世堺の繁栄を実質的に担っていたのは南庄であったといわれ、開口神社には神宮寺が営まれていた。古くから人々の信仰を集めていた住吉大社の神幸所の宿院も南庄に置かれていた。

街路割ないし町割は江戸時代には幕府による新たな都市計画によって大きく変更され、街路が直角に交わる整然としたものになっているが、最近の発掘調査の成果によれば(23)、中世堺の街路割・町割は場所によって古代以来の条里と砂堆の自然地形に対応したものが混在していたと考えられる。

また、古くから堺は中央政権の大坂湾や瀬戸内海方面の外港としての役割も果たしていた。すでに鎌倉時代初頭から堺を拠点とする海運業はかなり発展していたが、戦国期に入ると遣明船発着の母港であった摂津兵庫津が戦乱の打撃を受けたため、堺がこれに変わった。これにより一段と発展し、戦国末には東南アジア貿易の重要な担い手として一六世紀東アジアにおける国際貿易ルートの最東北端に位置する国際港湾都市となっていた。

こうして当時の日本の中心であった畿内における商業の中心地として繁栄していくにともない、文化的にも重要な位置をしめるようになった。とくに戦国期に戦乱を逃れて京都の文化人が避難してきたことから、堺は当時の最も先進的な文化の拠点となった。例えば日本に渡来した最初のイエズス会士のフランシスコ・

ザビエルも一五五〇（天文一九）年に堺に来ており、ここを根拠地にして布教活動を展開しているし、同じくイエズス会士で『日本史』を残したルイス・フロイスも一五六五（永禄八）年に堺に来ている。

周知の通り、中近世を代表する文化としての茶湯も、この堺で盛んになったといってよい。とくに一休宗純の来遊を契機として大徳寺との関係が深まり、南宗寺が建立され、大徳寺禅が町衆の間に広まったことから、武野紹鷗・津田宗及・北向道陳らの茶人達も禅に大きな影響を受け、その中からやがて千利休による侘び茶の大成があったのである。

またこのような都市文化の背景として、堺は宣教師達の記録にもあるように、地下人から選ばれた町衆と老人衆から成る、会合衆と呼ばれる自治組織によって運営される都市だったということがある。一〇人衆や三六人衆ともいうこの会合衆の結合を中心として、戦国大名に対抗する自治的な都市を形成していた。

このため一五六九（永禄一二）年、畿内に進出した織田信長が、矢銭七万貫を堺に要求した際にも防備を固めて抵抗した。しかし堺と協力関係にあった三好三人衆が敗退したこともあって、最終的には要求に屈し、信長の後を継いだ秀吉によって自治都市の象徴であった環濠も一五八六（天正一四）年には埋めさせられ、自治都市としての堺の歴史も終わりをつげたのである。一六一五（慶長二〇）年の大坂夏の陣の前哨戦で堺は焦土と化したが、戦後には徳川幕府によって全く新たな町割が行われ、環濠を掘り直すなど、中世堺の都市構造は大きく変えられた。これが近世の堺の町割の基本となっている元和の町割で、先に述べたような整然とした町割である。

近世の堺でも伝統産業が隆盛であった。中世以来の伝統がある鉄炮・刃物、当時においては特殊産業である丹・朱・丁字油の製造、さらには酒や木綿の製造も活発であった。輸入生糸の糸割布も、初期は京都・長崎をしのいでいたほどである。鎖国により海外貿易が長崎に一本化されたため、貿易港としての繁栄は望めなくなったが、生糸に関しては堺船が伝統を誇っていた。

ただし堺は港湾としてはもともと海岸近くに暗礁が多く、良港とはいえなかった。そこへ一七〇四（宝永元）年の新大和川の氾濫によって大量の土砂が流れ込み、港としての機能を失った。その後何回もの工事を行うが、港の機能は回復せず、港としての繁栄は大坂に移って行ったのである。

4　堺と懸硯

こうした堺の歴史からいっても懸硯のような細工物が生まれる条件は備わっていたはずで、中浜で懸硯が生産され、各地に移出されていたということはまず間違いないであろう。そもそも懸硯という形式そのものが堺で創出されたのではないか。本来、懸硯というものは第二章第一節の前述通り、懸子がついたかぶせ蓋の硯箱であって、のちに懸硯とよばれるものとは形式が全く違っていた。したがってこれを手提金庫式に変えたのもほかならぬ堺だったのではないか。

実は船箪笥の懸硯のようなものはほかにもあって、それは第一章第四節に書いた戦国期に中国から入ってきた唐物の「たんす」がそうである。慳貪蓋か片開き扉がついて、中は抽斗になっているものと、棚になっているもの、あるいは何もないものなどいろいろあるが、大きさや全体の形などは、船箪笥の懸硯とよく似ている。『南方録』によると利休が最初に唐物のたんすを茶道具入れとして使ったというが（図３－８）、当時の茶会記にはしばしばでてくるところをみると、

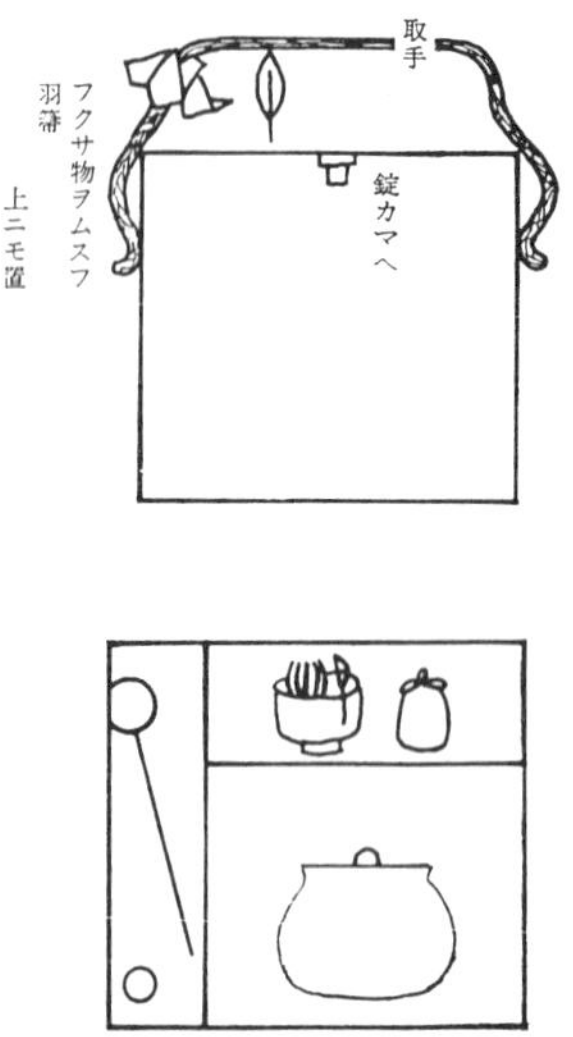

図３－８　南方録の茶箪笥

さかんに使われていたようである。おそらく当時としては斬新だったのであろう。

ともあれ「たんす」が輸入品だったとすると、唐物輸入の窓口になっていた堺は日本で最も早く「たんす」を知っていた場所だったということになる。とすると、あるいは堺の知恵者の指物師がこれにヒントを得て、硯箱や書き付けや小銭類などを入れるコンパクトで簡便な道具として実用向きに作りだし「懸硯」と名付けて売り出したのではないだろうか。折しもこの時期は商業活動が活発になりはじめ、一般にも書類というものが普及しはじめた時期にあたる。ちょうど商人は勿論、一般家庭でもなにか簡便な筆記用具入れが必要になってきていた。このためこの懸硯が受けて評判を呼び、「中浜の懸硯」として『毛吹草』にも載るような名産品になったのではないか。第一わざわざ「中浜に懸硯」といっているところも、懸硯というもの自体がまだ珍しかったことをうかがわせる。

もちろんこれは一つの推論にすぎないが、懸硯があのような形式になったのは戦国期から江戸時代初めにかけてであったことは確かである。たとえ堺でなかったとしても、近世の懸硯というものは「たんす」がもとになっていることは間違いない。もし堺が創出したとすると、当時の堺は時代の要求を敏感にキャッチする能力を備えた先端的な都市だったということになる。

いずれにしても当初の懸硯は必ずしも船用ではなかったであろうが、しかし堺が湊町であったということ、しかも中浜の場所からみると船に持ち込むのにも便利だったはずである。おそらく船簞笥としての需要も大きかったであろう。しかしその後、港としての繁栄が大坂に移っていくにしたがって、懸硯も大坂にお株を取られてしまったのではないだろうか。

なお「たんす」の方であるが、その後もこの系統の茶道具入れは使われていたし（写真3－19）、書物簞笥（写真3－20）にもつくられたが、江戸時代に入ると、小形、慳貪蓋、中が抽斗か棚というこの形式のもの入れは多少形を変えて本箱（写真3－21）や鉄砲の玉薬入れ（写真3－22）にも使われるようになった。

写真3－19　茶簞笥

写真3－20　書物簞笥

写真3－21　本　箱

写真3－22　玉薬簞笥

第七節　実用形船簞笥の産地——その二・大坂——

1　阿波座の指物

次に『毛吹草』に見られるもう一方の「阿波座指物」についてみよう。まず阿波座は大坂船場にある、よく知られた地名と考えて間違いないだろう。

大坂は図3－9「江戸時代の大坂復原図」(24)に示したように淀川をはじめとするいくつかの川が大坂湾に注ぎ込む河口部に建設された城下町である。琵琶湖を源とする淀川と、奈良方面からの大和川などは大坂城のある上町台地の北で合流して大きな流れとなって西の大坂湾に注いでいる。川の名前は大川・堂島川となり、さらに、河口部では安治川・尻無川・木津川などに分かれて大坂湾に注ぎ込んでいるが、この大川北岸の天満と、そして南岸の大坂城、上町、船場一帯を含む領域が大坂である。

近世において大坂城をとりまく武家地を含む上町《うえまち》は上町台地上にあり、この上町は間に寺町をはさんで南の四天王寺方面に伸びる平野町とつながっている。上町とは南北に伸びる東横堀川によって画された西側一帯には、下町である船場が広がり、さらに、東横堀川から西に分かれて流れる長堀川の南側には島之内、堀江があり、その南端をやはり西に流れる道頓堀川が大坂の南の境となっている。船場は、ほぼ中央を南北に流れる西横堀川によって東西に分けられ、東はだいたい東西に通る本町通りを境に北船場・南船場と呼ばれているが、この本町通り筋によって大川の南全体が、北組と南組に分けられている。天満組とともに「大坂三郷」を構成する北組・南組とはこのことである。

船場の中でも西横堀川の西側は西船場（下船場ともいう）と呼ばれ、東西に通じる土佐堀川・江戸堀川・

図３－９　江戸時代の大坂復原図

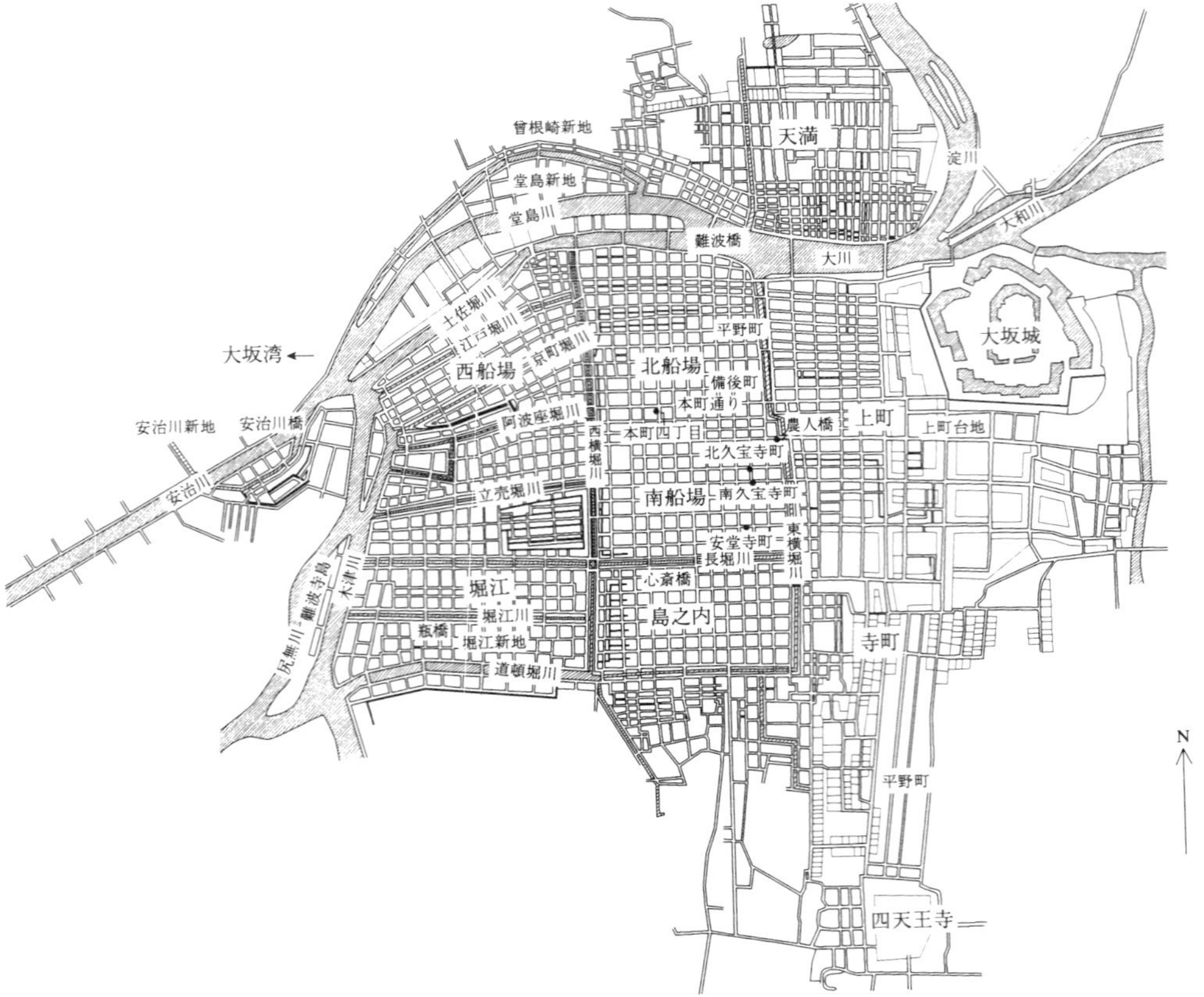

京町堀川・阿波堀川・立売堀川によって東西に細長い島に分断されている[25]（図3－10「江戸時代の阿波座周辺図」）。ここでとりあげる阿波座とは、阿波座堀南の一帯をいい、細かくは阿波堀通・阿波座北通・阿波座上通・阿波座中通・阿波座下通・立売堀北通周辺のことである。なお阿波座とは土佐座とともにそこに拠点を置いた町人の出身地にちなんでつけられた地名といわれ、阿波堀川も阿波座からつけられた名称であるという。

2　大坂の歴史と阿波座

大坂湾に注ぎ込む淀川に面した上町台地およびその周辺は、四天王寺、そして難波宮が置かれたことに示されるように、古代において、すでにさまざまな勢力の拠点のある要衝の地であり、中世にはかなりの集落が存在していたとみられる。一四九六（明応五）年に、本願寺八世の蓮如が、石山本願寺を上町台地上に建設して本願寺勢力の拠点としたのも、そのような条件を十分考慮に入れてのことであったろう。実際にこの石山本願寺は、戦国の世をほぼ統一しつつあった織田信長にとって最大の対抗拠点となり、一五七一（元亀二）年に始まる石山本願寺合戦（石山戦争）は、一五八〇（天正八）年に本願寺第一一世顕如が、和睦に応じて石山を最終的に明け渡すまで続いたのである。一五八三（天正一一）年、信長の後を継いだ豊臣秀吉が、全国支配の根拠地としてこの大坂を選んだのも、本願寺勢力制圧を誇示するとともに、古代以来の陸上交通の要であり、この大坂の地が淀川河口に位置し、大坂湾から瀬戸内に通じる水上交通の要衝でもあったことが最大の理由であろう。

秀吉はまず石山本願寺跡に、石垣による堅固な城郭を建設した。中でも本丸には黒漆と金で飾った八階建ての天守、そして豪華な殿舎を新築している。一方、城郭の西および南の上町台地上には、すでにあった町

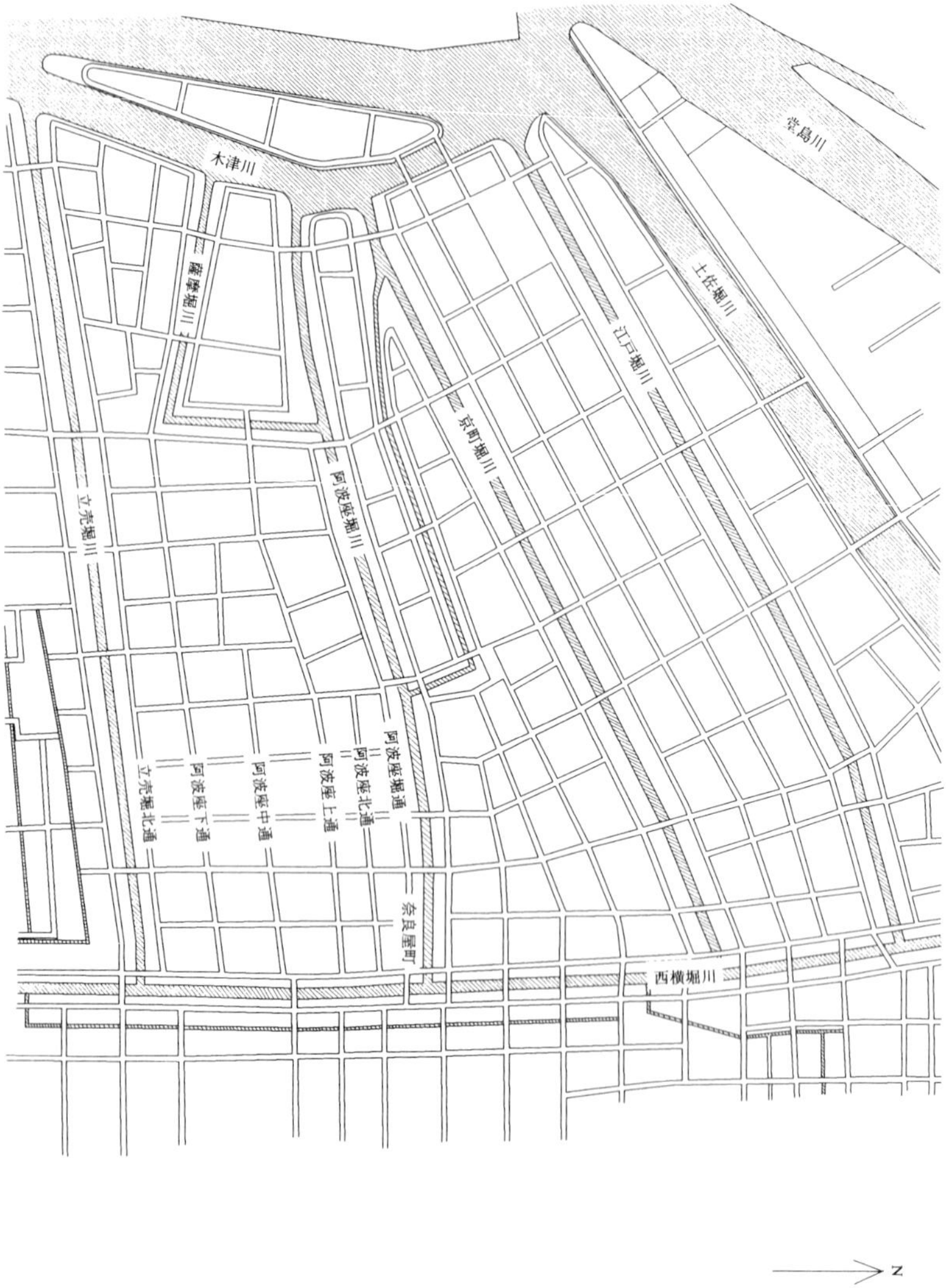

図３－10　江戸時代の阿波座周辺図

を拡大して商工業者を集めて住まわせた。一五八五（天正一三）年、東横堀川を開削し始めているので、のちの大坂町の中心となる船場一帯の開発もこの時に始まったと考えられるが、どの程度のものであったのかはわからない。実際に船場が城下の町としてはっきり姿をあらわすのは、秀吉晩年の一五九八（慶長三）年に、三の丸を設けて武家屋敷とする「町中屋敷替え」と呼ばれる大土木工事が敢行され、総構え内にあった町が、東横堀川の外の船場に出された際のことである。一六〇〇（慶長五）年には西横堀川・阿波堀川が開削されているが、その他の土佐堀川・京町堀川・立売掘川・長掘川・道頓堀川などは、一六一五（慶長二〇）年の大坂夏の陣後に開削されており、豊臣氏滅亡後の大坂に入った松平忠明の時代に、大坂城下の町としての船場の本格的町割整備に手がつけられたと考えられる。

東横堀川と西横堀川にはさまれた北船場・南船場は、碁盤目状の街路と四〇間四方の正方形街区による整然とした町割が施されており、豊臣氏の時代にある程度形を整えていたと考えられるのに対して、運河によって分断されている西船場の、運河開削をはじめとする開発は、大坂の陣の後に町人請負によって行われており、堀割りと宅地造成を一体化した町人主導による町割および運河のネットワークは、各種物資の運搬をはじめとする実際の商業活動に適した町割を目指したとみてよいだろう。

阿波座のある西船場の堀割りが開発されたのは一七世紀の前半であるが、さらに一七世紀の後半以降には、堂島新地・安治川新地・堀江新地・曾根崎新地などの新地開発が行われている。これらの動きは安治川開削に代表される河村瑞軒による大坂の都市改造の一環でもあり、当時の幕藩体制社会の全体的な海運の発展と密接な関係があるといってよいだろう。

江戸時代において、大坂湾に入った廻船は、安治川は安治川橋の手前まで入って止まり、木津川の場合は、難波寺島辺まで入って止まり、そこでそれぞれ上荷舟・茶舟という瀬取舟に積み荷を積み替えて市内の堀川に運んだ。このような舟運に実に有利な条件をこの西船場の町は持っていたということになる。阿波座は、このような西船場のほぼ中央部にあり、阿波座堀川の開削が早かったことにも示されているように、西船場の中でも中心的な場所であったとみてよいだろう。阿波座には有名な船磁石屋の「はりや九兵衛」(『毛吹草』)や船道具屋(『商人買物案内』)もあり、近くの薩摩堀一帯にも木綿帆屋・船道具屋(『商人買物案内』)など廻船関係の店が多いことから、廻船の船乗達が集まってきた場所であったこともわかる。

3　地誌類にみる大坂の指物業

では阿波座は大坂の中でどんな性格の場所だったのだろうか。地誌類から阿波座一帯の職種を拾ってみると、表3－14「大坂の地誌類にみる阿波座一帯の船板関係商売」にあるように、江戸時代を通じて解船や解船した船板を商う、またその船板で木工品を製造する商売が多かったことがわかる。

幕末のものになるが、『摂津名所図会大成』(一八五五＝安政二年)には「阿波座堀解船、奈良屋町ニあり俗に解船町といふ河海の古船を解ほどきて其板柱を商ひ或は井輪水走水溜石台其余種々の器物につくりて商ふ家軒をつらぬ是ハ他邦にハ少なき活業なりさる程に川岸にハ数多の古板を立ちつらね恰も高峰山嶽に髣髴たりわけて雪の朝にハ唐画の山水にひとしき勝景なれバ詩歌連俳の風流士好事の雅客画師なんどここに競ひて眺望を賞す」とある。解体した船の板で井戸側や流しまわりの木製品をはじめとして種々の木製品を製造販売する店が多く、古い船板が立て並べてある様子が高峰山嶽のようで風流だということである。阿波座一帯は解体した船板を使った木製品の一大産地になっていたことがわかる。船材には水に強い欅などが主として使われている上、材も厚いから、解体した板でも十分商品価値があったのである。

ただ「阿波座の指物」の場合、指物といっても嫁入道具のような櫃・箪笥・長持類とは別系統だったと思

表3－14　大坂の地誌類にみる阿波座一帯の船板関係商売

年代	書名	内容		
1679(延宝5)	難波鶴	舟板問屋	あはさほり	若狭屋佐兵衛
			〃	大津屋勘兵衛
			いたち堀	備前や九右衛門
			〃	中島や四郎左衛門
			京町ほり	備前や吉兵衛
			長ほり	淡路や吉左衛門
			〃	毛馬や七兵衛
			上博労町	柏屋与市郎
		船板屋	伏見堀	福島や九兵衛
			〃	〃太郎兵衛
			〃	〃長兵衛
			〃	さいかや八郎兵衛
			江之子島	播磨屋九兵衛
			あわさ堀	さいかや六郎右衛門
			江戸堀	兵庫や善兵衛
			立売堀	那須や善五郎
			〃	いつみや兵左衛門
			百間ほり	肥後や九郎兵衛
		とき船や	阿波座堀	
		船板や	伏見ほり	
			江の小嶋	
1680(延宝7)	懐中難波雀	舟板問屋	あはさほり	若狭屋佐兵衛
			〃	大津兵衛
			いたち堀	備前や九右衛門
			〃	中島や四郎左衛門
			京町ほり	備前や吉兵衛
			長ほり	淡路や吉左衛門
			〃	毛馬や七兵衛
		船板屋	伏見堀	福島や九兵衛
			〃	〃太郎兵衛
			〃	〃長兵衛
			〃	さいかや八郎右衛門
			江之子島	播磨屋九兵衛
			あわさ堀	さいかや六郎右衛門
			江戸堀	兵庫や善兵衛
			立売堀	那須や善五郎船板屋
1711～15 (正徳年間)	大坂商業史資料	大坂諸商仲売	船板帆柱仲買	四軒

1736～43 (元文・寛保)	大坂商業史資料	大坂の商業組織 奈良屋町　(阿波座堀南側浜筋) 同　太郎助橋迄　解船　古木店 神田町　(阿波座堀ヨリ三筋目)　戸障子職人多シ
1819(文政2) 1832(天保3)	商人買物独案内 浪華買物独案内	万解船船板并指物　解船町一丁目　瀬戸物屋甚兵衛 万船板指物細工所樋穴蔵并解船売買処 解船町花屋橋西南角　堺屋忠兵衛 万解船板并ニ指物類　解船町花屋橋東入　淡路屋吉兵衛 万解船板并はしり天まど 解船町花屋橋　淡路屋作兵衛 万解船板并はしり天まど 解船町東より入口　榎並屋庄左衛門 万解船指物細工樋穴蔵解船うりかい 阿波座解船町　堺屋籐兵衛
1855(安政2)	摂津名所図会大成 巻之9	阿波座堀解船 奈良屋町にあり俗に解船町といふ河海の古船を解ほどきて其板柱を商ひ或は井輪水走水溜石台其余種々の器物につくりて商ふ家軒をつらぬ是ハ他邦にハ少なき活業なりさる程に川岸にハ数多の古板を立つらね恰も高峰山嶽に髣髴たりわけて雪の朝にハ唐画の山水にひとしき勝景なれバ詩歌連俳の風流士好事の雅客画師なんどここに競ひて眺望を賞す
明治初期	浪華名所独案内	トキ舟丁　解舟ヤ多シ

われる。表3－15「大坂の地誌類にみる簞笥・指物・塗物屋」にあげてあるように、一般向きの道具、塗物（主として膳椀類）・簞笥・指物・嫁入道具の店は記載が別になっており地域的な分布も別である。たとえば『毛吹草』でも張箱麁相物は安堂寺町、文台・重箱麁相物は難波橋筋とあり、『難波鶴』では塗物類や挟箱は難波橋筋、簞笥屋は心斎橋筋と安堂寺町、指物屋は本町四丁目と平野町となっている。さらに時期が下がる『商人買物独案内』（一八一九＝文政二年）でも、塗物・簞笥・指物は心斎橋筋、備後町、南北久宝寺町など中心部に分布している。したがって阿波座の指物は一般向きの道具とは別だったことになる。ではいったいどういうものだったのか。

この点に関して、第六節でも紹介したが、『毛吹草』に注目すべき記述がある。すなわち「櫃箱等ヲ切合錐揉斗ニテ諸国へ商

表３－15　大坂の地誌類にみる箪笥・指物・塗物屋

年代	書名	内容		
1645	毛吹草	摂津	安堂寺町	張箱龕相物
			難波橋筋	文台重箱龕相物
1697	難波鶴	指物屋数付	合弐百拾四人	
		本町四丁目	年寄　庄左衛門	
		淡路町二丁目	〃　次郎左衛門	
		谷町三丁目西へ入丁	清兵衛	
		さし物や清兵衛	平野町権五郎殿前	
		たんす仕立根元	心斎橋あんどうし町　金や市左衛門	
		たんす	真斎はしす(ぢ)	
		唐木指物師	大手口　松村八郎兵衛	
		塗物類	難波はしすぢ	
		挟箱や	難波はしすぢ	
		〃	今橋はしすぢ	
		戸棚や	せんだんの木すぢ	
		〃	あい町より備後町まで	
1736～43	大阪商業史資料	淡路町二丁目(堺筋ヨリ中橋筋マデ)	箱屋・箪笥屋	
1819	商人買物独案内	**塗物**		
		限銀家具類萬塗物仕入所	越後屋助次郎	備後町難波橋
		万塗物仕入所	博労町心斎橋	河内屋善兵衛
		木地塗物諸色問屋	心斎橋筋北九宝寺町	木屋伊兵衛
		万塗物仕入所	心斎橋筋博労町	紀伊国屋紋右衛門
		紀州出店万塗物仕入所	心斎橋筋北九宝寺町	魚屋籐三郎
		新道具仕入紀州出店萬塗物仕入所		
			心斎橋筋北九宝寺町	名手屋次三郎
		新古婚礼手道具塗物道具仕入所	心斎橋筋安土町	藤屋五兵衛
		万塗物道具所	南久宝寺町三丁目	黒江屋加三郎
		万塗物仕入所	堺筋久宝寺町北入	備後屋七兵衛
		諸色塗物道具	高麗橋難波橋筋西入	塗師屋左兵衛
		万塗物并諸色積下問屋	備後町堺筋西入	漆屋治郎兵衛
		箪笥長持嫁入小道具万塗物道具所		
			安土町北御堂前東入	大和屋吉右衛門
		嫁入小道具万塗物所	心斎橋筋南本町	阿波屋治郎兵衛
		塗物類椀折敷	心斎橋筋南久宝寺町	黒江屋末三郎
		塗物道具仕入所	順慶町御堂筋角	難波屋新兵衛
		万塗物所嫁入道具	長堀心斎橋南詰	名田屋清兵衛
		卸小売嫁入小道具万塗物所	心斎橋八幡筋角	吉野屋与吉
		新古売買嫁入手道具	松屋町久宝寺町北入	笹嶋屋新兵衛
		嫁入手道具万塗物所	長堀三休橋南詰	山活屋清兵衛
		家道具諸色仕入塗物道	心斎橋北久宝寺町北入	吉野屋伊兵衛
		嫁入小道具家道具	塗物道具順慶町心斎橋筋北	吉野屋源助
		万塗物仕入	南久宝寺町四丁目	加賀屋与兵衛
		塗物道具諸色問屋	南久宝寺町心斎橋筋湯	浅屋季十朗
		塗物仕入所嫁入小道具	栴檀木筋南久宝寺町北入	柴屋欣助

1819	商人買物独案内	万塗物所	北九宝寺町三丁目	吉野屋善兵衛
		卸小売萬塗物道具	島之内心斎橋八幡筋北	難波屋利兵衛
		塗物道具木椀物類	心斎橋筋北九宝寺町	錫屋半兵衛
		諸色新古塗物道具類	御祓筋淡路町北入	多田屋与兵衛
		塗物指物堺重七入子御処	道修町西横堀東入	三田屋吉右衛門
		鏡家鏡建塗物所卸	北久宝寺町四丁目	河内屋久右衛門
		本堅地塗師細工所	塩町心斎橋半町西	吉野屋伊兵衛
		簞笥		
		簞笥長持所嫁入小道具	北久宝寺町心斎橋筋角	藤屋六兵衛
		簞笥長持所御嫁入小道具色々	心斎橋筋角安土町北入	壺屋得兵衛
		簞笥長持所御嫁入小道具色々	備後町心斎橋筋南	大和屋安兵衛
		簞笥長持所御嫁入小道具色々	御堂筋本町南入	伏見屋与左衛門
		簞笥長持所御嫁入小道具仕入所	備後町御堂筋東	播磨屋庄兵衛
		簞笥長持	安土町中橋筋角	いづみ屋兵六
		簞笥長持嫁入小道具挟箱	北御堂前	鯛屋歌兵衛
		京簞笥所御嫁入小道具色々上物御誂所	北堀江御池橋通大ろうし角	鍵屋庄助
		簞笥長持所嫁入小道具仏壇道具	八幡筋御堂筋角	河内屋太郎兵衛
		帳簞笥簞笥長持万指物所	瓦町井池東入	枡屋治兵衛
		指物		
		万指物所簞笥長持嫁入道具	本町心斎橋筋南	枡屋久兵衛
		万指物所簞笥長持嫁入道具	心斎橋筋備後町北入	津國屋治朗兵衛
		指物師塗物小道具	心斎橋筋本町北入	田辺屋卯兵衛
		万指物師	京町堀一丁目	加茂屋庄兵衛
		万指物師	心斎橋うなき谷西入	正井杢亭
		名家細工人万指物師	瓦町井池北入	松葉屋源兵衛
		諸木指物所	嶋之内大宝寺町佐野や橋東入	上杉弥兵衛
		曲尺細工所	南久宝寺町八百屋筋北入	極葉屋又四郎
		諸道具		
		塗り物金道具并婚礼諸色道具類	高麗橋一丁目	越後屋庄右衛門
		天井板敷鴨居長家物	常盤町御祓筋西南角	
		襖戸障子御嫁入道具并古道具売買仕諸道具所		布屋長兵衛
		新古長持簞笥嫁入道具類諸式道具	北久宝寺町梅檀木角	播磨屋政右衛門
		万立道具類	南久宝寺町どぶ池南西角	綿屋新助
		〃	博労町どぶ池角	金屋伊兵衛
		古道具建具類売買処	南久宝寺町どぶ池角	石川屋太兵衛
		諸国商人売諸式道具	〃　一丁目筋北へ入	津国屋利介
		新古嫁入手道具万道具類	九太郎町一丁目筋	大和屋十蔵
		たんす長持嫁入小道具	北九太郎町一丁目筋	八浜屋作兵衛
		万指物唐木道具并箱物類色々	南九宝寺町一丁目筋北入	河内屋木兵衛
		戸棚類卸并小道具類諸式	御祓筋農人橋南へ入	万屋意右衛門
		新古諸色道具嫁入道具一式	博労町一丁目筋角	大黒屋吉兵衛
		新古嫁入手道具一式	伏見両替町御祓筋西北角	銭屋茂兵衛
		新古諸色道具	心斎橋博労町北へ入	近江屋平兵衛
		新古諸式道具	鐙屋橋梶木町角	鱗形屋百助
		嫁入道具家具類卸万道具類	淀堀町淀屋橋	節屋休兵衛
		新古諸道具一式武家方出入	心斎橋南九宝寺町	亀屋四郎兵衛

之」ということである。これは櫃や箱を切り合わせ（木取りをして）、錐揉《きり》みまでして（釘穴を開けるところまで加工して）、諸国に商っていたということである。つまり組立てはせず、パーツで全国に移出していたわけである。箱物はかさばるために輸送効率が非常に悪い。現在ではノックダウン方式といってこの方法が取られることが多いが、すでに当時からこれが行われていたということであるから驚く。買い入れる方は組み立てて、塗装し、金具をつけるだけでいいのであるから便利である。金額的にもパーツで量産することにより安くなるし、組み立てる方も木地までの段階が省略されることで、手間も半分ですむ。さらに材木を置いて置く場所や加工場が要らない分安く販売できる。

となると買い入れたのは地方の箱物屋だったということになる。おそらくこれは船に積み込むことを目的として開発されたシステムだったのであろうが、いかにも大坂商人らしい合理的発想である。こうしたことからやがて阿波座では移出用の櫃・箱だけでなく、水主用の櫃や帳箱を作るようになっていったのではないか。これは一般の箪笥や櫃類は当時はほとんどが塗物だったのに対し、船箪笥は欅製で、しかも仕上げも塗物でなく木地を見せているというのも、船箪笥が一般用の道具とは別系統であったことを示している。

ただ『毛吹草』では中浜が懸硯の産地になっているので、まだこの時期は懸硯は堺が盛んだったのであろう。それに船箪笥も懸硯が主で、帳箱や半櫃はあまり多くなかったから、この時点では阿波座が船箪笥の産地だったとはいえないであろう。しかしやがて港湾機能が堺から大坂に移ってくるにつれて、しだいに懸硯も含めて阿波座が船箪笥の産地として発展していったのではなかろうか。

4　船箪笥産地としての大坂

大坂が船箪笥の産地であったことを示すもうひとつの証拠に「はんがい」という言葉がある。これは元来は近世の大坂地方で使われていた言葉らしい。寺島良安という大坂の人が書いた『和漢三才図会』(一七一三=正徳三年)にも「半櫃」が入っている。また先に述べた近松の『五十年忌歌念仏』にも「半櫃簞笥」が出てくるが、これも大坂が舞台である。さらに一八七四(明治七)年の『府県物産表』にも大坂の産物として「半蓋《はんがい》四八五〇本」とある。半櫃は「半分の櫃」という意味で主として奉公人が使っていた小形の衣裳櫃であるから、水主達がこれを使ったのはごく自然である。

しかも船簞笥の櫃は第一章第四節で見たように必ずしも全国的に「はんがい」と呼ばれていたわけではない。「はんがい」という呼称が定着したのは柳宗悦の『船簞笥』からであるが、おそらく柳はこの言葉を佐渡で聞いたのではないかと思われる。大坂以外で「はんがい」という言葉を使っていたのは佐渡だったようで、佐渡の史料にはしばしばでてくるし、一八八〇(明治一三)年の『東北諸港報告書』にも佐渡から北海道へ移出した品目中に「半がへ櫃」がある。おそらく船簞笥とともに「はんがい」という言葉が日本海を通じて佐渡へ入っていったのであろう。こうしたことからも半櫃については大坂が発祥地であった可能性が高い。

いずれにしても大坂は全国の船が集まったところである。しかも大坂へは太平洋側を主とする菱垣・樽廻船も日本海側の廻船もすべてが入津したのであるから、少なくとも佐渡が大産地になる一八世紀後期以前には、日本最大の船簞笥産地だったであろう。

なお前にみた三国湊に一八七九(明治一二)年の大坂かめばし奈良屋彦兵衛の墨書がある指物風の帳箱があった。かめばしは瓶橋だとすると、阿波座より南の堀江の堀江川にかかる橋である。堀江川は木津川と西横堀川をつなぐ堀川で、瓶橋は木津川に近い場所に位置しており、ここも海運に便利な場所である。指物風の帳箱であるから、これが一般的に船簞笥として使われたかどうかはわからないが、三国の水主達は使っていたのであるから、こういう場所で水主達が船簞笥を購入していたことは確かである。

第八節　実用形船簞笥の産地――その三・江戸――

1　京橋区南金六町と船簞笥

菱垣廻船や樽廻船で知られるように江戸も近世海運の中心地であり、当然のことながら船簞笥も作られていたと考えられる。江戸については、明治になってからの史料であるが、一九一二（明治四五）年に農商務省が出した『木材の工芸的利用』に次のような記述がある。

昔時千石船ノ行ナハレシ時ニアリテハ船長ハ桐製ノ金箱ヲ所有セリ、此箱ハ、一、二、三ノ三重トナリテ中ニ五ツノ抽斗ヲ有セリ、是レハ難船ノ時ト雖モ海水ニ浮ビテ無事ニ陸揚セラレンコトヲ期シタルニ由ル、此金箱ハ維新前ハ京橋区南金六町住吉屋ノ殆ンド独占事業ニシテ毎月数十本ノ売上高アリシトイフ

この中で「一、二、三ノ三重トナリテ」というのは意味不明だが、この「金箱」が船簞笥であることは間違いないだろうから、江戸でも船簞笥が作られていたのは確実である。

しかも、一例ではあるが江戸製の懸硯の実物も見つかっている。三重県尾鷲市の尾鷲市郷土資料館に所蔵されているもので（[五〇五]）、底裏に「京橋金六町有田屋製」の焼き印と「有田屋改　八十八」の墨書がある（写真3―23）。桐製で金具も装飾もないごく実用的なものである。元の持ち主は

写真3―23　江戸金六町有田屋製の懸硯

野地梅太郎という人物で、廻船で木材や木炭を江戸へ出していたという。(26)「南金六町」ではないが、これもやはり「京橋金六町」である。店の名は有田屋であるから「住吉屋ノ殆ンド独占事業ニシテ」というわけではなかったようであるが、むしろ住吉屋以外にもこの金六町一帯に船簞笥の製造業者があったことがわかる。

2　江戸京橋一帯の歴史と金六町

ではこの京橋区南金六町、あるいは京橋金六町とはいったいどのような場所であったのだろうか。少し歴史的にみてみよう。

一五九〇（天正一八）年、関八州の領主として江戸に入った徳川家康は、直ちに江戸城下町の造成を行った。神田・日本橋・京橋という、いわゆる江戸下町はこの近世初頭に成立し、以後江戸の生産・流通を実質的に担うことになる。日本橋を起点として南に伸びる日本橋通り（または単に通り）と呼ばれる東海道沿いの京橋と新橋の間、新両替町から尾張町一帯が、明治以降には日本を代表する繁華街となる銀座であり、ここが京橋地区の中心であるが、図3－11「江戸時代の江戸下町」に示したように、その南ないし東に広がる八丁堀・霊岸島から築地一帯も京橋地区ということになる。これらの地域は江戸初期以来の段階的な埋立によって徐々に形成されていた場所で、多くの入堀が入り込み、その堀沿いに形成された材木町・木挽町・八丁堀本湊町などの水運と結びついた町がその中心であった。つまり京橋地区は、入堀に囲まれた銀座も含めて、本来、舟運なくしては成り立たない地域であったということになる。

江戸時代の早い時期には本町・大伝馬町・通町など有力商人の大店が並んでいた日本橋地区が江戸町の中心で、京橋地区はどちらかというと場末になり、さほど栄えた様子はないが、一七世紀後半以降、徐々に日本橋・京橋地区の入堀が埋め立てられたことから、むしろ京橋の築地一帯が水運の実質的中心になっていっ

図３－11　江戸時代の江戸下町

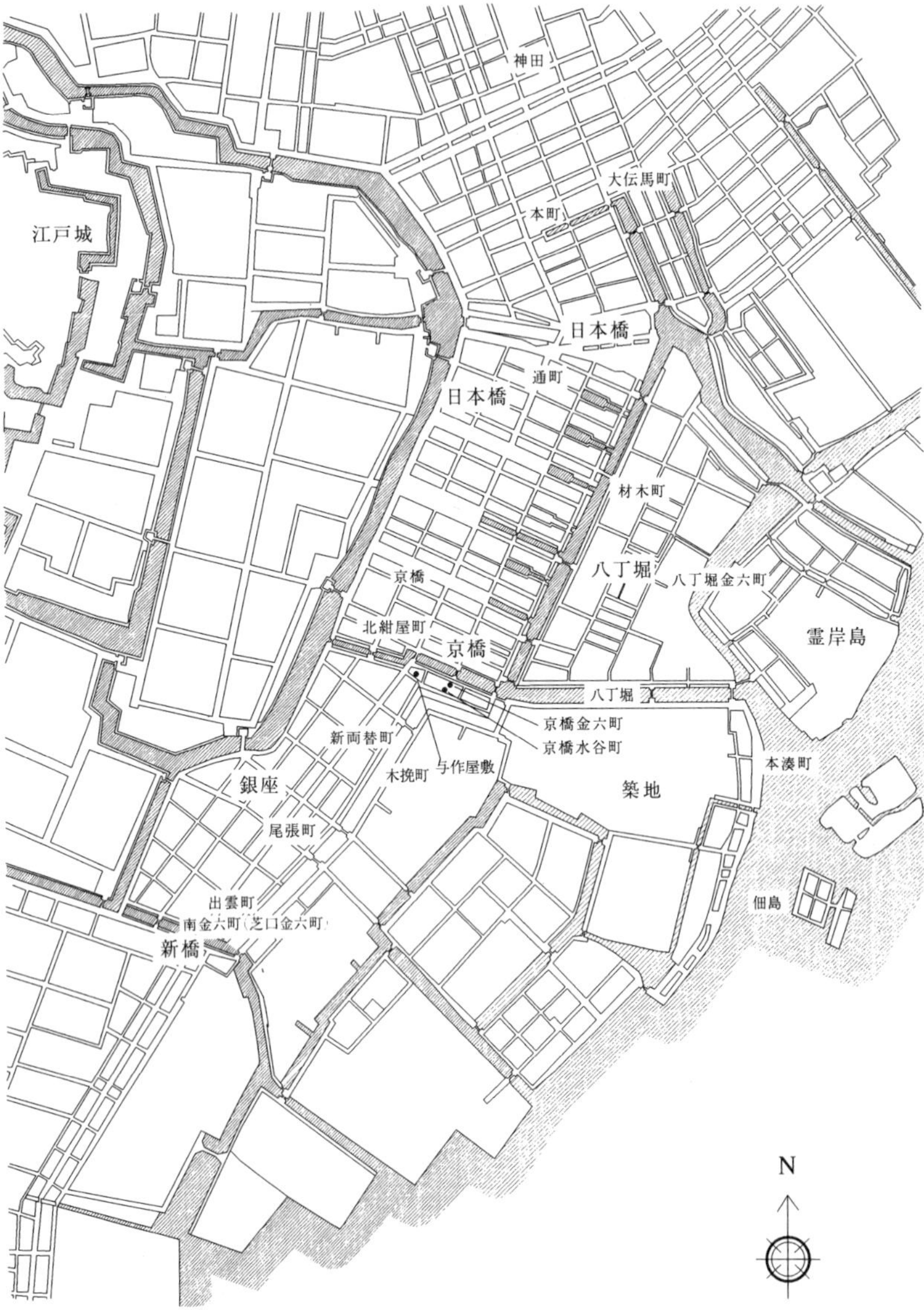

たと考えられる。つまり、京橋金六町および芝口金六町は、いずれも水運という観点からみれば江戸における要地であり、水運によって生計を立てていた町ということになる。

『木材の工芸的利用』に記された一九一二（明治四五）年当時の京橋区南金六町（芝口金六町とも）は、図3－12の「明治期の京橋銀座地区」[27]に示したように新橋すぐ北の銀座通りに面した位置にある。北側には出雲町があり、現在はこの出雲町とともに銀座八丁目となっている。つまり、この南金六町は銀座地区南端に位置して三拾間堀川と新橋川（汐留川）という入堀に面した位置にある町である。ところが、同じ明治の地図によれば、南のつかない金六町という町も同じ銀座地区北端の京橋の東側にあり、京橋水谷町と並んで京橋川に面している。明治末の時点ではすでに埋め立てられているが、江戸時代においては三拾間堀川に二方向が面していたので、この金六町は入堀に三方向を囲まれていたことになる。ともかく、これら南金六町・金六町は、いずれも堀ないし川に近い水運に便利な場所であったという共通点がある。

このように金六町が二個所にあるのは、江戸時代以来の歴史的経緯があって、図3－11「江戸時代の江戸下町」をみると、金六町と名の付いた町はこの二個所だけではない。八丁堀地区の霊岸島側の入堀に面した場所に、ごく小さい町が集まった中にも金六町がある。つまり、大きくみれば金六町という町が三個所に分かれていることになる。これらの町が相互に無関係ではないことはもちろんで、このように分かれた経緯を簡単にまとめると以下のようになる。

信頼できる最も古い江戸図と考えられる一七世紀中期の「新版江戸大絵図（寛文五枚図）」によれば、金六町は京橋東の、京橋川と南の三拾間堀との間に挟まれた場所の京橋川に面した位置にあり、三拾間堀に面した水谷町とはちょうど背中合わせであった（なお水谷町と隣り合わせであることは明治期と同じであるが、位置関係は異なっている）。この京橋の東の金六町が本来の金六町で、金六町とはここだけであった。ところが、

図3－12　明治期の京橋銀座地区

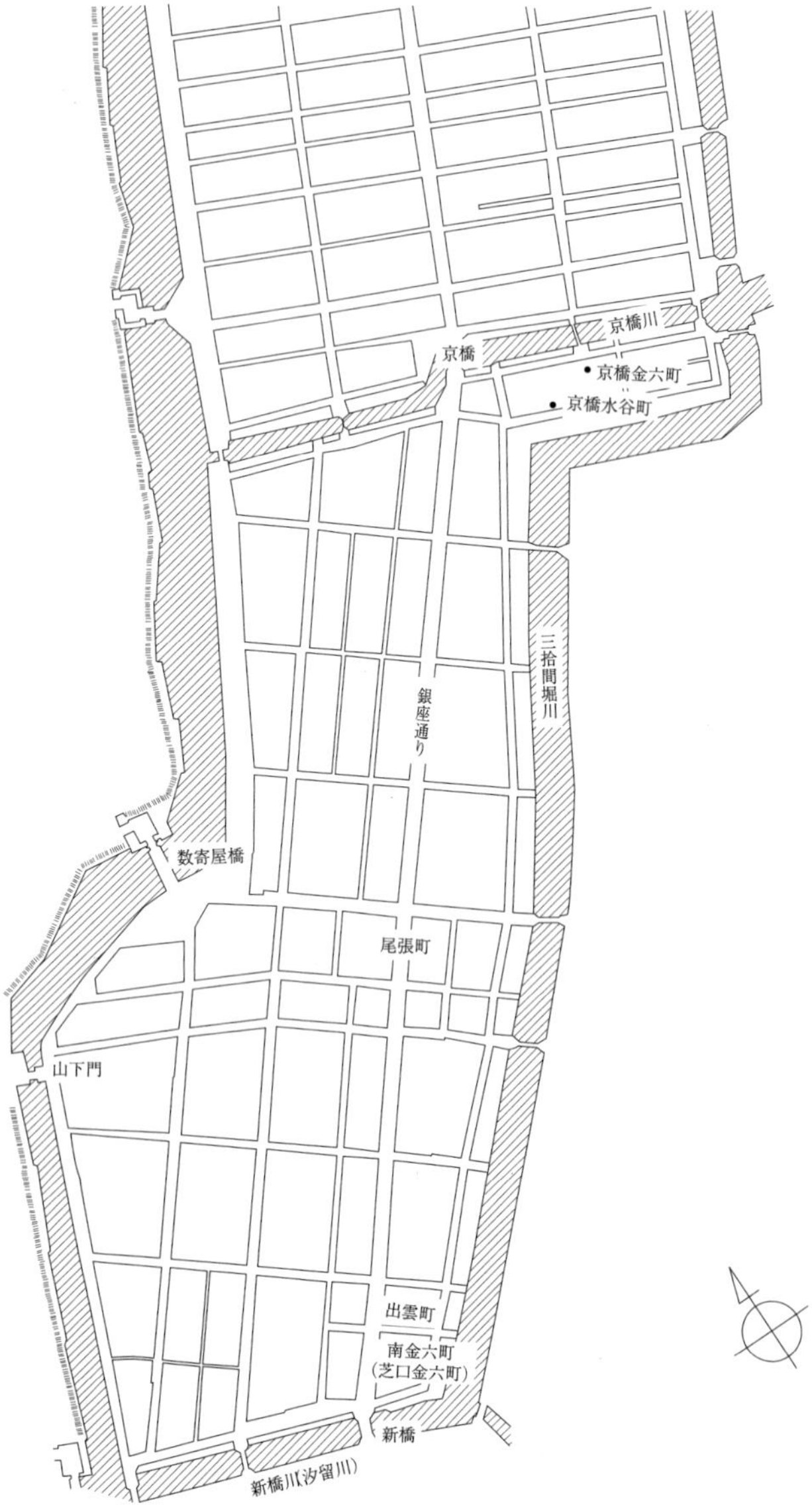

一七一八（享保三）年に火災によって一帯が類焼した際に、幕府の方針で、京橋の東から西に連なる防火帯としての火除空き地が設けられることになり、金六町・水谷町・与作屋敷・北紺屋町の町々は、いったん築地に移され、さらに八丁堀に移転させられた。その後、一七二四（享保九）年に、一七一〇（宝永一〇）年建設の芝口御門が焼失したために、その跡地にふたたび金六町および紺屋町の一部が移って、芝口金六町および芝口北紺屋町ができた。ところが、一七二八（享保一三）年、火除空き地ができてから一〇年も経っていないのに、京橋東西の防火帯は廃止され、町が復活することになり、北紺屋町・与作屋敷・金六町・水谷町が元地にもどることになった。ただし、新たに白魚屋敷が町として付け加わったために、移った町のすべてが元地にもどれたわけではなく、八丁堀に残らざるをえなかった部分もあった。その結果として、金六町は銀座の北（金六町）と南（南金六町ないし芝口金六町）、そして八丁堀（八丁堀金六町）の三個所に分散することになり、水谷町・北紺屋町も同様な結果となった。ただし明治になってから小さな町は併合されて町名としては消えてしまったため、銀座の南北の金六町が目立つかたちで残ったのである。

ではなぜこのような町配置がおこなわれたのかというと、幕府による火除地政策の結果であることはもちろんであるが、この間、移転させられた地主達による元地帰還願いが再三幕府に出されたことも大きい。八丁堀では「場所悪敷く、地代店賃も無御座……」[28]と商売ができないことを訴えている。確かに新たな埋め立て地であり、堀に面しているとはいえ、八丁堀は新開地で京橋すぐ東に比べれば、商売に差し支えがあったのであろう。その願いが一部実現するかたちで、火除地をつぶして町が復活し、元地にもどることができたと考えられる。いずれにしろ江戸時代三個所に分散した金六町はいずれも水運に便のよい立地である。これは金六町の本来の住人が水運と密接に結びついた生業をもっていて、実際に盛んに商売を行っていたということを物語っている。

3　京橋金六町の住吉屋と紀州

あらためて『木材の工芸的利用』にみられる京橋金六町の住吉屋について検討してみよう。まず京橋金六町が江戸における商売の場としてはどのような町であったかをみると、一八二五（文政七）年の『江戸買物独案内』につぎのような記載がある。

地下リ塗物品々・簞笥長持所　京橋金六町　井上茂兵衛
地下リ塗物品々・簞笥長持所　京橋金六町　松阪屋市右衛門
御婚礼御道具類・簞笥長持挟箱小箱・万塗物所　京橋金六町　紀州御用住吉屋利助

これにより京橋金六町には下り物の道具類、海運を利用して上方から運んでくる塗物や簞笥長持類を売る店が存在していたことがわかる。とくにこのなかに紀州藩御用達住吉屋という屋号の店があることに注目したい。住吉屋という屋号は、住吉神社が海の守り神であることからもわかるように廻船と縁が深く、菱垣廻船仲間と住吉神は強い結びつきを持っており「住吉講」をつくっていた。佃島の住吉神社も菱垣廻船仲間で建てたものである。その菱垣廻船と紀州とは非常に関係が深かったのである。

菱垣廻船は、一七世紀はじめの元和年中に堺の商人が紀州の廻船をチャーターして、大坂より木綿・綿・油・酒・酢・醬油などの物資を江戸に廻送したのがはじまりで、上方から江戸方面への輸送に従事したが、その背後には広範な紀州の廻船・船持層の輩出と活躍があったといわれる。その後、一六二四（寛永元）年には大坂で和泉屋平右衛門が江戸積問屋業を開いたのに続いて、一七世紀後半には続々と上方で廻船問屋が開業し、これをうけて江戸でも廻船問屋が開業した。一六九四（元禄七）年には海難に際しての船頭・廻船問屋とのトラブルを一掃するため江戸と大坂にそれぞれ十組問屋が結成されたが、江戸十組の中の塗物店組について「元十組取極写」[29]にはつぎのように記載されている。

塗物店　日本橋辺通町筋室町辺にて紀州より出候塗物膳椀類渡世仕候もの共にて御座候

紀州からは早くから塗物類が江戸に輸出されていたということがわかる。

その後、一七三〇（享保一五）年になると江戸の酒店組が十組から脱退、専用の樽廻船として分離独立する。酒荷は樽廻船、その他の全ての積み荷は菱垣廻船と積荷協定をするが、菱垣廻船に比べて樽廻船の方が仕建てるまでの日数が少ないため運賃が低廉であった。このためその後も積荷をめぐる紛争が繰り返されながら次第に菱垣廻船は衰退していった。

一八〇八（文化五）年には、菱垣廻船は杉本茂十郎を中心に江戸十組仲間の再編強化と組織の充実を計るが、この際も幕府権力による紀州藩への働きかけによって菱垣廻船へのテコ入れが実現している[30]。こうしたことからわかるように、菱垣廻船と紀州とは当初から一貫して関係が深かった。したがって『木材の工芸的利用』にある住吉屋も菱垣廻船仲間と関係が深い店だったのではないかと思われる。有田屋についてはわからないが、江戸に入津する菱垣廻船・樽廻船の数は膨大であったから、船簞笥の需要も大きかったはずで、舟運に便利な金六町・南金六町のあったこの付近には水主相手の船簞笥屋が何軒かあったのであろう。

ところで『江戸買物独案内』には、小伝馬町にも簞笥類を扱う店の名がでている。

御婚礼御道具類・簞笥長持挟箱小箱・万塗物所　小伝馬町一丁目　伊勢屋清兵衛
御婚礼御道具類・簞笥長持挟箱小箱・万塗物所　小伝馬町一丁目　上総屋喜　八
御婚礼御道具類・簞笥長持挟箱小箱・万塗物所　小伝馬町一丁目　上総屋庄兵衛
簞笥長持小箱挟箱・塗物所　小伝馬町一丁目　伊勢屋徳兵衛
簞笥長持小箱挟箱・塗物所　小伝馬町一丁目　長嶋屋治兵衛

これでみると小伝馬町の場合、箪笥長持類といっても必ずしも下りものではなく、また婚礼用を主としていたことがわかる。実はこの小伝馬町一丁目は、江戸における箪笥の発祥地ともいえる場所であって、一七五一（寛延四）年の『再板増補江戸惣鹿子名所大全』に「箪笥長持小袖櫃類・小伝馬町一丁目・此品家々にあり。中にも横丁成田屋甚兵衛尤細工勝ぐるよし。此家の元祖久五郎後に甚兵衛と云しは根元の細工人也。今其子孫相続して繁昌せり」とある。してみると小伝馬町の方は江戸で製造した箪笥類を扱い、金六町の方は下りものを扱っていたということになるのではないか。そうだとすると、金六町で売られていた船箪笥の中には、紀州あたりで製造したものを運んで来ていた可能性も考えられる。

いずれにしても江戸も全国の廻船が集まる所であったから、船箪笥の産地であったことは間違いない。しかし規模の点ではやはり大坂よりは小さかったと考えられる。

4 豪華形船箪笥産地と実用形船箪笥産地の関係

以上、第六節から第八節でみてきたように、実用形の船箪笥は堺・大坂・江戸で主として作られていたと考えてよいだろう。ここであらためて第二節から第五節まででみた豪華形船箪笥の産地との関係を考えてみよう。

まず船箪笥の最初は実用形だったはずであるから産地も実用形の産地から始まったのであろう。おそらく近世海運としての第一期にあたる公用荷物の時代からすでに始まっていたと考えられる。ただこの時期はまだ陸上用と兼用されていた時期であったから、当時は堺の懸硯が使われていた可能性が高い。

これがやがて海運業の発展にともなって、海運業のメッカとなった大坂で船箪笥専用の形式として成立していった。この時期が「船箪笥の様式形成期」ということになる。

やがて一八世紀中期から末にかけて日本海側、とくに佐渡を中心として船簞笥は独自の展開をとげていく。そこで生まれたのが豪華形船簞笥である。その影響によって大坂・江戸においても若干の変化はあったと思われる。しかし大坂・江戸では豪華な船簞笥の需要というものがなかったため、大勢においては実用的な船簞笥を作りつづけていた。それが近世海運の終焉とともに豪華形も実用形もともに終息したということである。

（1）『二宮村史』（昭和一三年）によると、慶長八（一六〇三）年、佐渡奉行大久保長安に従って来た中村清助が一国鍛冶頭職を命じられ、ここに住居して以降であるという。鑿・たがねなど鉱山用の需要に応じるためだったことは、延宝五（一六七七）年九月、国中鍛冶法度を定められ、鍛冶頭中村清助に下された次の条目によってわかる。

一、銀山御入用鑽タガネ御定の鈍目《ニブメ》無相違打立指上可申候少も粉敷筋無之様可仕候事（以下略）

以後、鍛冶職が増え町の半数以上が鍛冶職で、大鍛冶（農具）、打鍛冶、刀鍛冶、金具鍛冶、鍵鍛冶、煙管鍛冶、銅鍛冶、銀屋と、鍛冶関係はすべてであったという。正徳四（一七一四）年一一月の古証文にすでに「石田鍛冶町」の名があり、文化・文政頃には七〇戸ほどのうちの三四、五戸が鍛冶職だったと推定されている。『佐渡四民風俗』にも「鍛冶町にては鉄刃物細工等仕レ」（本文）、「家大工の道具、鋸、鉋等の類都て他国より買入候処、十四五年前より此所に仕出し候、鍛冶出来、国用を弁じ」（追加）とある。

昭和一三年頃には中村貞蔵一戸になってしまっているが、そのすこし前までは斉藤庄左衛門・本間吉三郎らが「八幡村簞笥は勿論、他村より注文を受けて」簞笥などの金具を製造していたという。

（2）小木湊の現状の実測地図（1／5000）、地籍図（1／600）を基礎図にして、文化年間の「小木湊絵図」（佐渡離島センター所蔵の模写本）（写真3―1）の情報を照合することによって作成した。

（3）宝暦元（一七五一）年の佐渡産品島外輸出解禁については、その原因となった寛延三年の一揆に関する記録「寛延三年　寛延一揆御吟味一件記録」の中に次のようにある（『新潟県史』資料編9・近世四）。

同弐拾八ヶ条目

一、百姓共農業之間ニ渡世之助成ニ致候藁細工・篠細工・竹細工等其他茶・多葉粉類他国出難成、難渋之由相認申候、此儀吟味仕候処、右諸細工類并畑物等他国出留候儀いつ頃日之儀ニ候哉、留書等無御座候故相知不申候

先年当国金銀山繁昌致候節、他国之者も大勢相川町江入込、人別も多候故、右之類捌方も宣候間、他国出為致候而者売買高直ニも可相成と存、差留候儀ニ奉存候、

近年之金銀山不景気ニ而相川町中も衰微致し、余情之品を調候も無御座、近在より作出し候畑物等にて差支候儀無御座候ニ付、右之類他国出之儀先達而奉伺候処、伺之通被仰渡候ニ付、他国出差免申候

（4）『佐渡年代記』巻八・宝暦元年の項に次のようにある。

一、二月向後竹木藁細工等他国出を差免す

（中略）

一、他国出物吟味之儀其他松平帯刀存寄伺之上御下知之趣左の如し

一大豆　小豆　一竹木　一薪　一茶　多葉粉　一塩　一莚　一草履　草鞋　一下駄　足駄（下略）

右品々唯今迄他国出差留処近年金銀山出方も薄く諸売買も減少余分も有之候之間土地潤ひの為他国出差免す

（5）「漆植元付上ヶ帳之覚　享保六年寅ノ二月吉日　上組　屋敷　甚太良」（佐渡郡畑野町小倉区所蔵文書、『新潟県史』資料編9・近世四）

（6）小木町の久松屋桃井久資家所蔵の帳箪笥に「嘉永三庚戌年出来和泉屋」の墨書がある。和泉屋は久松屋の親戚で、小木の大きな廻船問屋であった。この帳箪笥は桐製で金具は透彫である。時期からみて小木製と考えられる。

（7）新潟県文化財年報第二『南佐渡――南佐渡学術調査報告書――』（新潟県教育委員会、一九五六年）所載の「近世の小木半島」（小村弌）。

（8）一九八〇年に発展した論文「船箪笥に関する研究」（『海事史研究』35、日本海事史学会、一九八〇年）では中に入っている往来箱の蓋裏に「佐州小木湊宿いづみや清兵衛」の墨書があることから佐渡製としていたが、その後の資料の検討によって様式および作りなどから佐渡製ではなく酒田製であると判断した。

（9）酒田県と称していた時期は明治二年七月二〇日から三年九月二八日までである。ただし出町通という町名は酒田市内だが川ぎわではない場所であるから、船簞笥として使われていたのではなかったようである。
（10）小泉和子「酒田の家具指物」（『酒田市史』史料編七、一九七七年、酒田市）および小泉和子『簞笥』（法政大学出版局、一九八二年）。
（11）山岸龍太郎『庄内の民具民謡』（みちのく豆本、一九七三年）。
（12）昭和二六年印刷発行の「酒田市都市計画図」（1／3000）に元禄期および幕末期の酒田絵図の記載内容を重ね合わせ、現地調査による計測を行って作成したものの一部である。
（13）酒田湊の復原全体図である。
（14）この図の基になっている復原地図は『三国町の民家と町並』（三国町教育委員会、一九八三年）所載の玉井哲雄作成の三国町復原地図である。
（15）元治元（一八六四）年、郡奉行松原孫七郎の命により問丸津田吉右衛門が集録し提出したもので、三国湊の石高・人口・町名・地子・米蔵・会所・橋梁・船舶・町役・寺社等が列記されており、三国湊の発達・構造を示す好史料である。
（16）これは三国町のものは昔から渡海船に乗る習慣はなかったといわれているのと、当時、県内各河川を往来した川船数が非常に多かったことによるもので、たとえば『三国鑑』によると、幕末頃の川船の数は八二艘となっている。この表でも川船持ちが二二世帯になっており、船頭がゼロである。
（17）渡島地区と新保地区で聞き取りにより、船頭をしていた家について判明したことは次の通りである。
〈雄島地区〉
・小坂家
この地区で古いのは小坂家である。初代は大坂泉州から来たという。初代から船関係の仕事をしている。わかるのは六代目からで、この時期にはすでに何杯もの船を持つ廻船業者になっている。神力丸・金剛丸・小栄丸・幸丸などが確認できる。ついで七代目の時期には金比羅丸・幸貴丸が確認できるが、廻船業はこの時代まで終わったため、のちに三国町内に移転した。
・山岸家
小坂家の沖船頭をしていたのが山岸家である。二代目の七治郎は金剛丸・小栄丸の沖船頭であった。三代目も最初は小栄丸の沖船頭をしていたが、やがて小栄丸を小坂家から買い取り、独立し、直乗り船頭になる。四代目までが船頭であったが途中でやめている。

・高山家

初代については不明である。二代目の六兵衛は福井藩の廻船の船頭であったが、独立して船持ちになる。大長丸・順祥丸の二杯を持っていた。三代目の時代に明治維新となり、この時、船を辞め金融業に変わる。

・中空家

確認できるのは清三郎（市右衛門）からで、彼は沖船頭をしていた。次の勘三も沖船頭で、次の佐太郎は洋式船の船員になった。

・中奥家

初代の六兵衛から沖船頭である。二代目の時期には自分の船を一杯持っていたという。しかし三代目は洋式船の船員になった。

〈新保地区〉

・上野家（浜屋）

五代目までは没年しかわからないが、五代目は船関係の仕事だったという。六代目は神輝丸の沖船頭だったようだ。七代目は甚栄丸の沖船頭と、久吉丸という御城米船（船主は三国湊の戸口屋久四郎）の沖船頭もしていたが、やがて船持ちになり金剛丸・久吉丸を新造している。この時期が最盛期だったようだ。久吉丸は明治三八年海難にあっている。八代目は明治一〇年頃まで廻船業をしていたが、一一年から酒屋に変わった。

・梅谷謙治郎家

船頭であったことが確認できるのは三代目からである。千歳丸の直乗り船頭をしていた。四代目も同様だが、この他に明治一三年頃に光徳丸を買い沖船頭を雇っている。五代目からは船関係でない。

・梅谷与三郎家

初代が沖船頭から独立して直乗り船頭になったという。二代目は勢徳丸・宝徳丸・龍光丸の三杯の船を持ち、勢徳丸には自分が乗り、他の二杯は沖船頭を雇っていたが、明治初年に二杯とも難船してしまったので、勢徳丸を売って損害を埋めた。

・新谷家

初代は沖船頭だったが、明治七年に妻が死ぬと、酒田へ行ってしまったため、娘が養子をとって二代目を継ぐ。この時期、雲征丸・雲閑丸の二杯の持ち船があって最盛期だった。三代目時代は雲征丸一杯で、直乗り船頭をしていたが、大正四年で辞めて、味噌醸造に変わった。船を持っていたのは三国湊で最後だったという。

・宮前家

九代目までのことは不明だが、一〇代目が廻船業をしていて最盛期だった。春日丸・神喜丸・栄保丸があった。一一代目は台湾に行ったので、栄保丸の船頭を養子にして一二代目とした。最初は旧三国町内の内田惣右衛門の持ち船、安祥丸の沖船頭だったが、のちに独立し船持ちとなり、同じく安祥丸と名付ける。このほか春日丸があった。その後、安祥丸を二度買い替えている。しかし船が儲からなくなったため明治三八年に辞めた。

なお宮前家には一二代目時代の文書が多数残っており、これによって持ち船の変遷がわかる。すなわち、同じ安祥丸でも内田家の船は六五〇石積みである。明治一六年に自分が買い入れた安祥丸は、五八〇石積みだが、二五年に一六〇〇石積みに買い替えている。ところが二九年に再び、今度は一〇九四石積みに買い替えたが、三四年にこれを一一四三石積みに申請しなおしている。そして三八年には解船をしている。

(18) 石井謙治所蔵史料。

(19) この「中浜」については「船箪笥に関する研究」(『海事史研究』三五、一九八〇、日本海事史学会)では、大坂の東成郡中浜村(現在の城東区中浜町)としていたが、谷直樹氏(大阪市立大)から『毛吹草』の摂津の項の記述順などからみて堺の中浜ではないかとの御指摘をうけた。そこで調べた結果、やはり堺の方が蓋然性が高いと考えたので現在は堺にしている。

(20) 国立歴史民俗博物館蔵(前田書店による復刻版『元禄二己巳歳　堺大絵図』(一九七七年)による)。

(21) 堺の現状地図を基に「元禄二年堺大絵図」の情報を重ね合わせて作成した。

(22) 朝尾直弘「堺から長崎へ」(『都市と近世社会を考える』、朝日新聞社、一九九五年)。

(23) 續伸一郎「『中世都市堺』の空間構成その考古学的復元」(『法哈局』第二号、博多研究会、一九九三年)。

(24) 現在の実測地図および「浪花の繁栄大坂三郷の商工」(『まちに住まう大阪都市住宅史』所収付録、大阪都市住宅史編集委員会、一九八九年)を基に作成。

(25) 同右参照。

(26) 尾鷲市・伊藤良氏談。

(27)『明治四十年一月調査東京市京橋区全図』(東京郵便局発行)による。
(28)江戸幕府普請方編『御府内沿革図書』による。
(29)中井信彦「江戸十組問屋に関する一資料——江戸油仲買加藤家文書の紹介——」(『史学』四三巻一・二号、一九七〇年)。
(30)柚木学『近世海運史の研究』第二章第六節「天保四年の両積規定と菱垣廻船の強化」(法政大学出版局、一九七九年)。

第四章　豪華形船簞笥と北前船

第四章では船簞笥を特徴づけている豪華形船簞笥が生まれた背景を探る。第三章において船簞笥には地域的差異が大きいこと、豪華形船簞笥は日本海側に集中していること、とりわけ佐渡小木湊が大きな産地であったことをみてきた。ではそうした違いは何に基因しているかである。これについては、日本海側に集中しているということから、いきおい日本海海運というものに焦点がしぼられてくる。

日本海海運を特徴づけるものは北前船に代表されるような買積という経営形態である。一方、太平洋側の中心は菱垣廻船や樽廻船であるが、これらは運賃積という経営形態である。そうなると差異をもたらした要因として海運業の経営形態の違いということが浮かび上がってくる。

そこで本章では、第一節で海運業の経営形態について、すなわち運賃積船と買積船について、それぞれの利潤の差および乗組員の給料の差をあきらかにし、それと船簞笥の価格との関係をみた上でさらに、買積船においては船簞笥がどのような意味を持っていたかをみていく。そして終章となる第二節で豪華形船簞笥の発展と買積船の活発化との相関関係について再検討し、船簞笥の本質について考察する。

第一節　運賃積船と買積船

菱垣廻船や樽廻船のような運賃積船と、北前船に代表される買積船とでは、経営的にはどのように違っていたか。運賃積船から見ていこう。

1　利潤の大きな買積船

運賃積船は基本的に積荷は他人荷物であるが、経営面からみると菱垣廻船と樽廻船では若干違っていた。ここでは柚木学『近世海運史の研究』によって樽廻船その経営について紹介する。(1)

樽廻船は船主、荷主、積問屋、荷受問屋の四者から成り立っていた。船主は船の持主、荷主は積荷の依頼者である酒造家である。積問屋は廻船を付船して積荷を集め、仕建て業務を行うと同時に荷主から運賃を徴収する。荷受問屋は江戸へ入津した後、江戸の下り酒問屋の倉庫に納めるまでの業務を行う。積問屋が樽廻船問屋だが、荷受問屋も樽廻船問屋と呼ばれた。このように船主、荷主、樽廻船問屋がそれぞれ機能分化していたのである。荷主が船主を兼ねる場合もあったが、それでも勝手に自分の酒荷を積み込んで出帆することはできず、必ず樽廻船問屋へ付船して、問屋の支配のもとに行うことになっていた。この点が後述の買積船と大きく異なるところである。したがって樽廻船の経営主体は船主にあるものの、廻船の運営については積問屋に一切を任せ、問屋は荷主から徴収した運賃の中から、問屋口銭、すなわち手数料と小廻し賃などの費用を差し引いた残額を船主に渡すという仕組みである。問屋口銭は一七七四（安永五）年には酒荷一〇駄につき銀二匁と規定されていたが、のち銀三匁八分に引き上げられた。仮に樽廻船一艘の積荷高を一五〇〇駄とすれば、問屋口銭は五七〇匁となり、これが廻船問屋の収入となる。

船主は、積問屋から提出される一年間の収支決裁である「仕切目録」と沖船頭からの「道中諸遣賃銀諸入用帳」、つまり乗組員の賃銀と食費や寄港地での宿賃などと、江戸の荷受問屋が出す「船荷物積手板」とによって、一仕建てごとに勘定帳を作成して徳用銀（利益）を算出する。「船荷物積手板」は積問屋が酒の銘柄や荷主名、駄数、送り先（江戸酒問屋）などを明記した積手板（一種の船積証券）である。沖船頭に渡して荷受問屋に渡され、荷受問屋はそれを点検した上で、積荷を酒問屋へ納めて、下り銀を受け取って樽代や問屋口銭などの諸費用にあてる。諸費用が下り銀より多い場合もあり、このときは沖船頭が建て替えておいて、帰国後に船主から受け取った。こうして一年ないしは数年分の徳用銀を集計した総徳用銀から、船の修繕費や諸入用などの雑用を差し引いた残りが正味徳用銀で、これが船主の純利益である。

具体的な例として幕末期の摂津国武庫郡鳴尾村の江戸積酒造家辰与左衛門の持船、辰栄丸の場合を見てみよう。辰栄丸は一八三八（天保九）年に銀八六貫余で新造された一六〇〇石積の廻船で、新造に関しては浦賀の酒問屋と江戸の酒問屋と今津の酒造家から合計八貫六八三匁の出資を得ている。そして一八三八年から四〇（天保一一）年までは大坂樽廻船問屋小西新六に付船し、一八四七（弘化四）年より一八五二（嘉永五）年までは西宮樽廻船問屋藤田伊兵衛へ付船している。積荷は酒のほか御城米・廻米積、さらには塩や菱垣積などの商品荷物の輸送も行っていた。酒荷の江戸廻送は五月から一一月までが稼働期で、冬期は比較的少ないことから、この期間を利用して幕府の御城米や各藩の廻米仕建てのために樽廻船が徴収されることになったためである。しかも収益は樽仕建ては一仕建てあたり二～三貫目で、御城米や廻米仕建ては一仕建てあたり四貫目前後で、樽仕建ての方が安い。これは樽廻船経営の場合は運賃より積荷である酒の儲けの方が主であったからである。

ともあれこの間の徳用銀をみると、小西分の一八三九（天保一〇）年一一月から同一一年一〇月までの一年間の正味徳用銀が一一貫一三四匁七五歩（六建）、藤田分の一八四七（弘化四）年一二月から一八五二（嘉永五）年一〇月までの五年間が八三貫〇七一匁六七歩（三六建）であるから、合計すると六年間で約九四貫二〇六匁四二歩になる。一年あたり約一五貫七〇〇匁である。これを『両替年代記』により金に換算すると、この頃大体一両が六三匁ほどであるから、一カ年分が約二五〇両になる。また収益率は、船の建造費八六貫余を投下資本とすると、小西分が一一貫一三四匁七五歩であるから一二・九％、藤田分が八三貫〇七一匁であるから年平均一九・三％となり、六カ年を平均すると一八・三％になる。

一カ年の稼動仕建て回数が江戸・上方間、四～五仕建てで、一仕建て当たりの徳用銀が二～三貫目、そのほか御城米仕建て・廻米仕建て・塩仕建てなどをあわせて一カ年の純益が一三貫目前後、年平均収益率一五・一％となっているが、これが当時の樽廻船経営の典型的な例であったという。

一方、買積船はどうであったか。買積船の経営は船主が自己資金で積荷を買い取り、自分の船で運送し、販売し、地域差による商品の価格差を利用して利益を得るという形態である。つまり船主・商人・海運業者の三つの機能を船主一人で行うもので、船主＝船頭という場合も多い。買積船の典型的な例が北前船である。

北前船は一般に新春に陸路大坂へ向かい、前年に船囲いしておいた船をおろし、積荷を仕入れる。積荷は酒・紙・煙草・米・木綿・砂糖・塩・筵などで、これらは大坂だけでなく途中の寄港地でも買い込んで行く。早春に瀬戸内海を経由して下関から日本海に出て北上して函館に向かう。蝦夷地へは五月下旬に到着し、積荷を売りさばき、鯡《にしん》・数の子・昆布・鯡〆粕などの海産物を仕入れて南下する。南下の途中も適宜売りさばきながら、九月には瀬戸内海に入り、一一月に大坂にもどる。荷さばきをして、船を囲い、ふたたび陸路故郷へもどる。ここで大坂から蝦夷地へ向かうのが「下り」、蝦夷地から大坂へ向かうのが「上り」である。

したがって下りの収益と上りの収益を足したものから船中雑用を引いたものが収益になる。船中雑用とは乗組員の給金、船宿への祝儀、茶代、入港税などの雑費、船中での食料費、帆や梶など航海に必要な用具の購入費や修繕費、藁・縄などの費用と船の修理費である。

加賀国江沼郡橋立浦の北前船主、酒谷家の幸長丸（沖船頭幸四郎）の例を見てみよう。一八六三（文久三）年・一八六七（慶応三）年・一八七一（明治四）年についてわかるが、一八六三年は下りの収益金が一一九両一歩三朱（一両は四歩、一歩は四朱）、上りが九三二両三歩で上り荷の方が利益が大きい。このほか木綿仕切の収益が八両三歩三朱、合計一〇六一両二朱、ここから船中雑用の二一七両を差し引くと純益金は八四四両二朱になる。一八六七年は二〇両三朱の損益になっているが、一八七一年はふたたび一三一一両一歩の利潤をあげている。

北前船は基本的には一年一往復だが、利潤があがれば一千両前後になるということである。当時七〇〇～八〇〇石積の船の建造費が一千両であったというから、それに相当するわけである。北前船の収益率については、一八世紀中期以降は、第一年度の利潤で造船費を償却することができ、第二年度で積荷の資金を獲得し、第三年度からはすべて利益になったという。それほど収益率が高かったのである。

幸長丸の場合の収益率も、船の建造費がわからないが、同じ北前船主の久保家が一八六二（文久二）年に建造した七三〇石積の船が一四二二両であったというから、これに積荷を買い入れる資金が千両として、二四二二両を投下資本とすると一八六三年の年収益率は三四・九％になる。建造費だけで考えると五九・四％となり、二年で建造費が完全に償却できる。これと前の運賃積を比較すると、一八六三年の八四四両は銀で四〇貫目以上になるから、樽廻船の年収一三貫前後、年収益率の約一五％に対し、はるかに利潤も収益率もよかったことがわかる。これは買積船というものの主たる利潤が商業利潤にあり、運賃収入を主とする樽・菱垣廻船とは性格を異にしていたためである。だが、それだけに投機的な側面も強く、幸長丸の場合も一八六七年には二〇両の損金を出している。そのほか幸長丸の場合はなかったようだが、海難に対しても自分荷物だと船主は損害をまるごと負うことになるため、その意味でも投機的側面が大きかった。海難が廻船業においていかに大きな位置を占めていたかということは、天保改革の問屋組合解散令の失敗によってもわかる。幕府は物価高の要因を問屋が流通を独占しているためとして自由輸送により江戸への商品移入の促進をもくろんだのだが、逆に物資が入ってこなくなってしまった。これは問屋組織がなくなり海難に対する保証がなくなったためである。このためふたたび一八五一（嘉永四）年には復活された。この点については運賃積船の方は一般に荷主と船主の共同海損であったため船主の損害は少なかったが、それだけに船主の利益も大きくはなかったのである。

2　乗組員の給料

さて乗組員の給料はどうであったか。当然これも運賃積と買積では違う。乗組員の給料についての資料は少ないが、運賃積船の方は一八四四（天保一五）年の「廻船ニ関スル名主書上」（『東京市史稿』港湾編）という当時の廻船運営全般に関する実態調査報告書によると、たとえば一五〇〇石積の廻船の賃金は次の通りである。(2)

沖船頭　五両ほど
三　役　二両二分（計七両二分）
平水主　二両　（計一八両）

したがって仮に年六往復したとすると、年間収入は、船頭が三〇両、三役が一五両、平水主は一二両になる。これをたとえば職人の中では収入の多かった大工の年間約二五両（飯米を引くと二〇両）と比較してみると、普通の手間職人は一〇両前後であるから、平水主は普通の職人よりはやや上、大工よりは下ということになる。船頭の場合はかなり上だが三役はキャリアの割によくないし、命の危険を考えると安すぎるようだ。ただ乗船中の食費が船主持ちだったのが魅力だったという。

なおこの他にも、平水主の江戸までの片道がわかるデータがあげてあるので、その中からいくつかをあげると次の通りである。

伊豆一分二朱　伊勢・尾張三分　大坂一両　水戸一両二分
石巻二両二分　南部三両　津軽三両一分　庄内五両

この一往復の日程は、石巻七〇日、南部・津軽一五〇日という見積りであるから、津軽を年に二往復すれば一三両で、前述の平水主とほぼ同じになる。

また樽廻船の辰栄丸も、一八四一（天保一二）年の「道中諸遣賃銀諸入用」の中に水主の賃金の記入があるが、やはり水主一人あたりは年一二両程になっている。[3] こうしてみると賃積船の乗組員の給料というものは、大体こんなところだったと見てよいであろう。

一方、買積船であるが、船主が自ら船頭の場合は、当然、船頭の収入は、利潤とイコールであるが、沖船頭の場合と船頭以外の乗組員は別である。しかしこれには「廻船ニ関スル名主書上」のような良い史料がないことと、船主と乗組員との間に「帆待」とか「切出」といった独特の契約関係があって、固定給プラス不定給から成り立っていたため一律の賃金ではなかったことから、個別にみるほかない。そこでたとえば、宮下庄司「西廻り海運と江差商人の北前船経営について」[4]の中にあげられている江差と加州橋立の廻船問屋の廻船五艘の一八四三（天保一四）年から一八六六（慶応四）年までの船員給料をみると次の通りである。

船頭　三両

三役（親仁・知工・表）　二両～三両
若衆　一両～一両一分
炊　　二～三分

これは一年間の固定給である。このほか旅費として春秋二回、二分二朱程度が支給されたが、一年に何回航海しても変わらなかったから、固定給だけみれば賃積船の約一〇分の一になる。そのかわり今いったように買積船には「帆待」や「切出」があり、これが大きかった。

「帆待」は本来は船頭が船主に内緒で荷物を積み、運賃をとるか、売って稼ぐことであるが、これをやられると積載規定以上の荷物を積むので、危険であるため厳禁されていた。ところが買積船では船主と船頭との間の契約によって、積載量の一部が船頭の帆待分として公然と認められていたのである。この割合は一定したものではなかったが、俗に「儲け一割」といわれていたように、大体一割前後であった。しかし二割くらいまであったようである。一割としても仮に一航海で一〇〇〇両の利益をあげるとすれば、船頭は一〇〇両前後の収入になる。これは一カ年の決算期に船主から船頭に渡された。「帆待」は船頭だけでなく三役にも許されることがあった。

「切出」は、これも本来は積荷の出目《でめ》、つまり積込み時と荷揚げ時との荷物の量目の差を船乗りの収入とすることである。しかしこれでは荷物を積入れてから水を打って目方を増やすなど、意図的に出目を多くすることになりがちなため、歩合制がとられていた。積荷の種類と航海距離によって大体五％が売上代金の中から水主一同に支払われた。

一八六六（慶応二）年の江差の廻船問屋関川家の利宝丸（二二反帆七人乗）でみると、[5]主人売荷物として三品、代価一万五〇一八貫九一文（約二三三〇両）積込んだのに対し、船頭荷物つまり「帆待」を二品、一六二〇貫八〇二文（約二四四両）積込んでいるからほぼ一〇・八％になる。この帆待荷物がいくらに売れたかについては不明であるが、主人荷物の方が約八割高で売られていることからみて、同一相場で売れたとすると金約四三九両になり、利潤は約一九五両になる。

この年代になると年二往復も行われたから、そうなると帆待の買積は年四回となり、年間七八〇両の利益になる。実際にはこの通りにはいかなかったであろうが、それにしても大変な収入である。

つぎにもう一例、『近世海運史の研究』から能登の北前船主西村家の史料による住吉丸の場合をみてみよう。これは一八八七（明治二〇）年のものであるが、総水揚げ徳用が二八二〇円余、船員給与も含む諸入用が五一三円余となっている。純利益は二三〇七円余で、この二五％にあたる五七六円余を船頭に支払っている。

このようなことが行われたのは、買積船の場合、利潤の多寡が船頭の商才に左右されるところが非常に大きかったためである。船頭の主要な業務は商取引であり、原価・経費・利潤を迅速に算出するのは必須で、そのためには常に各地の相場の情報を仕入れていなければならなかった。船頭が船主の家運も左右したのである。このため船主と船頭の間柄は相互信頼によるもので、「帆待」は利潤を船主と船頭で配分するというかたちの一種の配当金のようなものだったのである。それだけに投機的な側面も強く、損金を出す場合もあり、そうなると船頭の収入もゼロになってしまうわけである。しかし一般的には船頭の収入は極めてよかったため、俗に「船主船持ち、船頭金持ち」などといわれていた。このため買積船の場合は自分も船を買って直乗り船頭になり、さらに二艘以上の船を買い、船主として沖船頭を雇うようになるケースが大変に多かった。

北前船の乗組員は多くが北陸沿岸出身の農家・漁家の次・三男だったが、一四～五歳で炊になり、航海中の労働の中で、船頭はじめ三役から航海術の実地訓練を受け、読み・書き・算盤の指導を受けながら、船乗りとして、また商人としての才覚を身につけていったのである。

能登の西村家の場合などはその典型的な例である。初代西村屋忠兵衛は、一八三四（天保五）年に一六歳で大坂の綿屋喜兵衛に奉公し、その持船大栄丸の沖船頭として出発した。やがて一八四八～五四（嘉永年間）年には手船福寿丸を所有し、直乗船頭へと成長し、一八六二（文久二）年に四四歳で、大坂西道頓堀に北海産物荷受問屋「西忠」を開業した。その後、幕末から明治初年にかけての経済変動期に、鯡〆粕などの投機で巨利を得、さらに明治一〇年代の北前交易の好景気に乗じて順調に発展し、政徳丸・政吉丸・寅一丸・国宝丸・妙光丸・住吉丸などの和船の他、西洋型帆船の第一・第二常平丸の二艘を所有するまでになっている。

つまり豪華形船箪笥というものは、買積船におけるこのような船乗り達の高収入が生みだしたものだったのである。莫大な金を動かしていた船乗り達であるから、おそらく金に糸目をつけずに、人より豪華なものをと競って注文したことであろうし、また作る箱屋の方もそれを見込んで値のはるものを作って売りつけたのであろう。特に佐渡の小木湊のように廻船の船乗り相手の商売が主たる産業で、箱屋も多かったところではなおさら、次々と競争して豪華なものを作っていったことが想像される。しかも狭い船内で使用するものであるから大きさも限られる。数もそう幾つもいるものではない。となるといきおい装飾を増やしていくか、からくりを巧妙にしていって、購買意欲をそそるほかない。その結果があの豪華な船箪笥だったのであろう。

3　船箪笥の価格

ところで船箪笥の値段は一体どのくらいだったのであろうか。これは重要な点であるが、値段が判明している例が非常に少なく、いまのところ次の五例しかみつかっていない（括弧内は基礎史料番号）。

(1)　懸硯［三一五］　一八六二（文久　二）年　二分（写真4―1）

(2)　帳箱［一〇九］　一八六六（慶応　二）年　一一両三分（同―2）

写真４－１　２分の懸硯

(3)　帳箱［三二八］　一八七六（明治　九）年　二五円（同—3）
(4)　帳箱［三二九］　一八七七（明治一〇）年　四円八〇銭（同—4）
(5)　帳箱［三三二］　一八八三（明治一六）年　一三円五〇銭（同—5）

(1)は十字型・透彫・桐製で、懸硯としてはスタンダードタイプの実用的なもので、程度はCである。つぎのような三種のそれぞれ別の筆による墨書がある。

(イ)天神丸　勘七　天保十四年　売仕切夫買目　戸賀村　勘七
(ロ)永徳丸
(ハ)(張紙)　覚
一、右此掛硯箱壱つ代金弐歩也

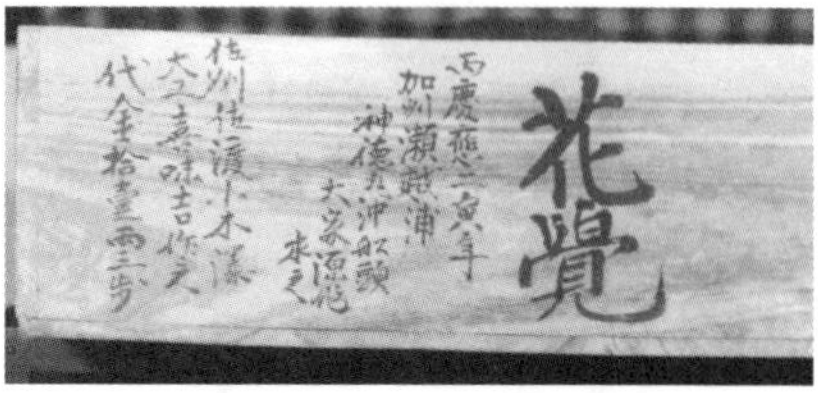

写真4－2　11両3分の帳箱

写真4－3　25円の帳箱

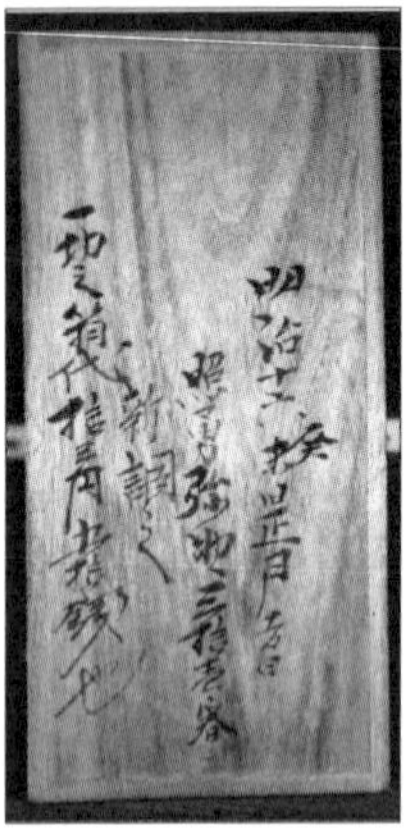

写真４－５　13円50銭の帳箱

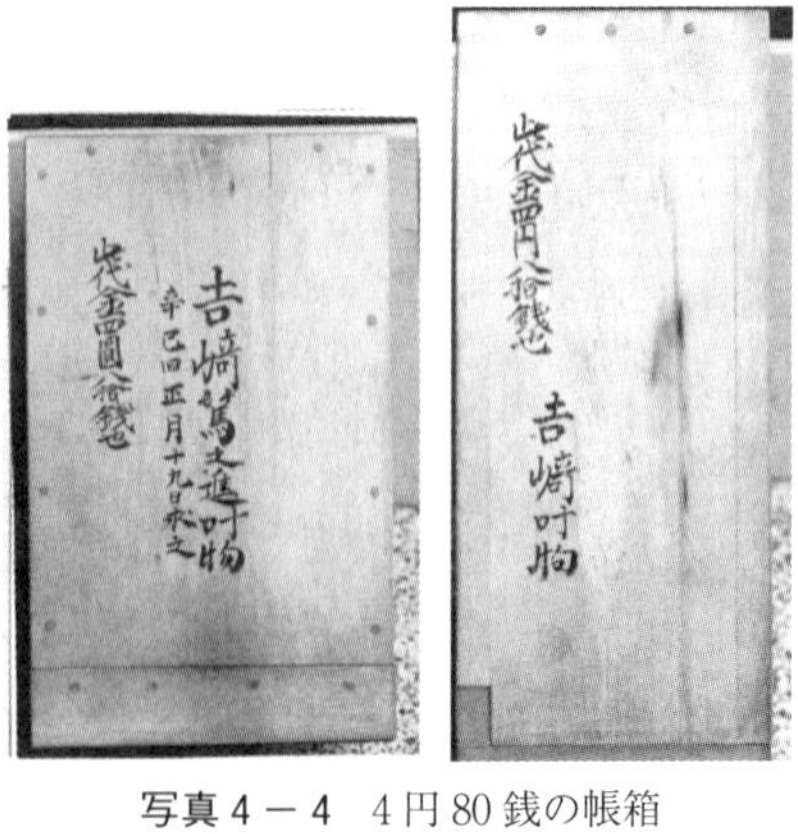

写真４－４　４円80銭の帳箱

右之通代金受取譲渡申候処相違無之御座候、已上

文久二戌年十二月十三日

秋田渡鹿郡　勘治郎

現所蔵者は秋田県由利市象潟町に在住するが、(ハ)は売手の受取書であるから、墨書だけでも少なくとも所蔵者としては四人目ということになる。作られたのは天保一四年だが、二分という値段は一八六二（文久二）年に勘治郎が売ったものである。すでにかなりの中古品になっていたはずであるから、当時の新品の価格よりは安かったと考えられる。

(2)は帳箱である。程度はAであるから豪華形にはいるが特級品ではない。これには次のような墨書がある。

花覚

丙慶応二寅年

加州瀬越浦　神徳丸沖船頭大家源作求之

佐州佐渡小木湊　大工喜味吉作之　代金拾壱両三歩

一八六六（慶応二）年に加州瀬越浦の神徳丸の沖船頭、大家源作が、佐渡小木湊で一一両三分で買ったものであることがわかる。現在は三国町郷土資料館所蔵になっている。

(3)は帳箱である。欅の玉杢で飾り金具は絵様刳形、作りからみて佐渡小木製であろう。程度はBである。これには次のような墨書がある。

明治九年第八月一七　　金廿五円　　国領源兵衛

明治九年頃の作として作りは妥当と考えられる。現所蔵者は骨董商である。

(4)は帳箱である。慳貪形で、欅製であるが、金具の作りなども実用本位である。程度はCである。墨書は

次の通りで二種ある。

(イ)明治拾年辰三月吉日　尾根作太郎（以上を墨線で抹消）

(ロ)明治拾四歳正月十九日買〇〇〇〇（四字不明）吉崎叶物ニ相也

辛巳（明治一四年）正月十九日求之　此代金四円八拾銭也

吉崎篤之進叶物

現所蔵者は瀬戸内海歴史民俗資料館で、西条市の秋山家から入手したという。秋山家はかつては船頭であったから、船箪笥として使われたものであろう。墨書によると、最初は明治一〇年に尾根作太郎が持っていたものを、一四年に吉崎篤之進が買い取ったことになる。最初が新品だったかどうかわからないが、ともかくこの値段がこの時点では妥当なものだったのであろう。作りからみて瀬戸内海周辺で作られたものと考えられる。

(5)は帳箱である。程度はBである。つぎのような墨書がある。

明治十六癸未旧正月吉日　照勇弥助　三拾壱番　新調之

一切之箱代拾三円五拾銭也

一八八三（明治一六）年に照勇弥助という人が一三円五〇銭で買っているが、場所は不明である。

以上を程度で分類すると、Aは(2)、Bは(3)(5)、Cは(1)(4)である。地域では(5)を除いて(2)(3)が佐渡小木湊、(1)(4)は太平洋側である。日本海側が程度も価格も高く、太平洋側にCが集中し、値段も安い。

ではこの値段が当時どのくらいの価値を持っていたであろうか。江戸時代の方からみていくと、一八六六（慶応二）年の一一両三分は、現在の物価にしてどのくらいに相当するか。難しい問題だが、一応米価に基準をとって換算してみる。仮に天保期くらいまでの標準とされている一両一石とする。現在の標準米価一キロを約三六〇円とすると、米一升は一・四キロであるから、一両は五万四〇〇円になる。よって一一両三分では約六〇万円である。しかし幕末は物価上昇が激しく、米価も地域差はあったが、二〜三倍から四〜五倍に上がっている。そうなると二倍にして一二〇万円、五倍だと三〇〇万円である。中をとると大体二〇〇万円前後になる。

また水主の給料と比較すると、「名主書上」はこれより二〇年ほど前になるが船頭の年収の半分弱、平水主の年収とほぼ同じになる。かなり高かったことがわかる。

一方、懸硯の方の二分は、一八六二年頃だから、米価が天保期の約二倍として、前と同じ換算率で計算すると大体二万五〇〇〇円前後になる。ただしこれは中古品であるから、新品だとすると三〜四万円くらいだろうか。これも「名主書上」でみると平水主の月収の半分にもならない。これなら比較的楽に手に入れることができるだろう。

明治に入ってからの方は、『値段の風俗史』『続値段の風俗史』(6)によると、ほぼ一〇年前後の物価が、明治一二年の大工手間が五〇銭、一五年の桐簞笥が六円、一九年の総理大臣の年俸が九六〇〇円(月八〇〇円)、小学校教員の初任給が月五円である。したがってたとえば(4)の四円八〇銭の帳箱を大工の日当で買うとすると一〇日分だが、(3)の二五円の方だと五〇日分となる。四円八〇銭なら運賃積船の乗組員でも充分買える金額だが二五円となると難しいかもしれない。しかし買積船なら問題にならなかったであろう。

4　買積船と船簞笥

豪華形船簞笥が買積船で発達した理由には経済的なことのほかにもあった。当時、廻船問屋はたいてい番所の業務の補助を負担させられており、その代わり見返りとして、港に出入りする商品に関しての独占権を与えられていた。つまり荷揚げされた商品は買積船の場合でも、すべて問屋の手を経て売買されることになっていて、直接取引をすることはできなかったのである。このため不文律ではあったが、どこの船はどの問屋と定まっており、船頭は必らず取引先の問屋に泊まることになっていた。また商談を行うのも問屋であったから、問屋が船宿を兼ねる例も多かった。

一方、前にも述べたように、船頭が陸へ上がる時には懸硯を持って上がることは、半ば法的に義務付けられていた。それだけでなく商談の際にも、諸帳簿類を入れた船簞笥は必要である。このため船頭が船宿に入るときは必らず船簞笥も一緒に運んで行き、常に船頭の手元に置いていた。その際、船頭以下水主達が乗る小船に船簞笥も積んで、陸に上がるときは、水主が船簞笥を担いで船頭の後にしたがって問屋に入ったという。この時の光景について橘正隆『佐越航海史要』[7]がつぎのように書いている。

(前略)入港船は港口の適所に錨を下すと、船頭から順番に髪を結ひ直し顔剃り清め、偖て船中勧請の船玉様や仏様に献灯供香宜敷くあって船員一同礼拝し、それから伝馬船に乗り移る。船頭は衣裳を着け一刀帯して艫に立ち、「ちく」は往来箱や懸硯を護って之に続き、他の者達は一斉に褌一つの素裸となって櫂を取り、中の一人が「ホーラホー、サアーノサー、インヤラホー、エンヤ」と取る音頭に応じ、一同声張り揚げて右に唱和し乍ら櫂を掻き、エンヤ〳〵の掛声勇ましく伝馬船が波止場に着くと、船頭は真先に上陸してちく等が運ぶ往来箱と懸硯とを問屋の浜手代に渡す(明治四五年頃から、浜手代が船中で鑑札を写し取って来る事に簡略された)、船員達も此で着物を着、各自櫂を肩にして上陸し、櫂は我が宿の軒先へ立て掛けたまま、其の足で直ぐ、船頭を先に立て、町の鎮守様や、名ある宮寺へ参詣済ませ、それから夫々の定宿へ落ち着く、浜手代は往来箱等を問屋の主人に渡して、入船帳を形の如く記入したりし、其の夜は舟宿で入船祝を催したものであった。(以下略)

入港が一種のデモンストレーションだったことがわかる。そうなれば、商取引の上でも船簞笥の良否が意味を持つことになる。担保物件とまではいかなくても、立派な船簞笥はそれだけで、信用保証の上で一定の役割を果たすことになったであろう。つまり船簞笥は船頭にとってはステータスシンボルだったわけである。

それとからくりである。たしかにからくり仕掛けというものは商品の付加価値として発達していったものであろうが、基本的には船中での盗難防止対策であったと考えられる。なにしろ狭い船内に多勢の乗組員が一緒に暮らしているわけであるから、盗難も起きてくる。とくに買積船の船頭は手持ち資金や売買利益金の大金を持っていて、これを船簞笥の中に入れていくわけであるから、簡単に他人に開けられては困る。その意味でも北前船では同じ村の出身者が雇われたのだという。

たとえば船中の盗難事件としては次のような例が紹介されている(8)。

尾州知多郡内海の米屋小兵次船が一八〇四(文化元)年三月二一日から二六日にかけて紀州二木島浦に滞船中に、金子六四両が紛失した。乗組員は沖船頭市右衛門、梶取り林蔵、水主の捨吉・金兵衛・吉五郎の五人で、船頭の市右衛門が船宿に止宿して船にもどってみると、金箱の鎖が切れており、金子が紛失していた。このため早速、船宿の万兵に伴われて、市右衛門は二木島浦の庄屋に届け出た。庄屋が代官所に報告すると、代官の指示によって淵上弥兵衛・土井徳蔵がやってきて事件の糾明に当たった。ところがなかなかわからなかったため、水主達を拷問にかけた結果、梶取りの林蔵が自分が盗取したと白状した。金子は金箱ごと三日間、船内に隠しておき、その後向かいの磯の恵比寿宮に隠したが、気になってすぐ宮から取り出し、金箱を割って財布を出し、金箱の破片と共に船へ持ち帰ったが、盗難の吟味が厳しくなったため、夜間海中に投じたという。

盗難事件のその後の経過については省略するが、この時の金箱の状況について、市右衛門は次のように記している。
一、金箱之事
長サ壱尺壱寸程　横六寸程厚サ六寸程　木ハ檜ニテ厚サ一寸程
但金箱之底ニ内海市右衛門船と印有之候、此箱之上ハ細引四ツ取くくりスミ
一、金六拾四両也
判金四拾六両　壱包　是ハ国元より持参金
同判金拾四両　壱包　是ハ尾鷲浜中屋藤七方ニ而受取候筋
南鐐　四両　壱包　財布ニ入御座候
一、うちかひ之事（著者注・筒状の長い袋）
木綿ニ而染色こん　岩の下ニ而但ひとへ
一、錠の事　但常躰之平錠ニ御座候
右之通相違無御座候、以上、
子五月四日
内海米屋小平次船
沖船頭　市右衛門
これによると、この金箱は懸硯ではなさそうだが、ともあれ皆の手の届くところに大金を置くのであるから、簡単に開けられるのでは確かに困る。基本的にはこういう切実な必要性からもからくりというものは生まれていったのであろう。

第二節　豪華形船簞笥の展開と買積船の活発化

1　北前船の発展

第一節で豪華形船簞笥発展の背景にあったものは買積船の高利潤だったことをみてきたが、買積船がもっぱら活躍したのは日本海航路であった。あらためて日本海海運の発達と豪華形船簞笥の展開との相関関係を整理しておこう。

第二章でみたように、船簞笥は一七八〇年代から一八三〇年代が様式的な発展期であり、一八三〇年代から一八八〇年代に最盛期をむかえ、一九〇〇年前後に急速に終息するが、豪華形船簞笥はこのうち最盛期にあたる一八三〇年代から一八八〇年代に作られたものである。

そこでまず船簞笥の発展段階を近世社会全体の中においてみると、一八世紀後半の船簞笥発展期は、いわゆる宝暦・天明期と呼ばれ、全国的な農民的商品生産の発展と在方商人の活動による商品流通が活発化する時期にあたる。この時期は幕藩制的市場構造が動揺しはじめることから、近世から近代への移行期の出発点とされている。蝦夷地との交易が多くを占めていた日本海海運においても、一八世紀後半になると大きく構造転換がおこり、一九世紀に入り隆盛をむかえるのである。そうした一八世紀後半以降の日本海海運については中西聰の「場所請負商人と北前船」(9)に詳細な分析があるので、これによってみていきたい。

松前藩はアイヌ居住地である蝦夷地を「場所」に区分してその場所におけるアイヌとの独占的交易権と独占的漁業権を場所請負人に与え、代わりに請負人から運上金を徴収した。これを「場所請負制」と呼んでいるが、一八世紀前半に本格的に行われるようになったこの場所請負の担い手は、両浜組を構成していた近江商人を中心とする藩と結んだ特権商人であり、この場所請負商人と契約した問屋を敦賀に置く荷所船仲間の船による松前と敦賀を結ぶ運賃積が日本海海運の中心であった。

ところが一八世紀後半になると、松前地の鯡漁不振などによって両浜組が衰退した結果、荷所船主は両浜組との間の運賃積だけではなく徐々に買積をも行うようになった。さらに、田沼時代の幕府による蝦夷地開発計画に触発された、多くは江戸に拠点を持つ新興商人が蝦夷地に進出し、従来の両浜組商人との競争がはじまる。松前藩にしてみれば、一部の両浜組商人に限られていた場所請負人の裾野を広げ、互いに競争させることでより大きな利益を得ようとしたのであろう。結果として両浜組および新興の商人グループはいずれも手船を所有するようになり、自分荷物積輸送形態をとることになる。つまり一八世紀後半以降は買積船と、場所請負人手船による自分荷物輸送が日本海海運の中心となっていくので、これがいわゆる北前船である。

このような自分荷物輸送の一般化にともなう結果として、蝦夷地、東北地方の諸港、北陸・瀬戸内・上方の諸港という寄港地の増加、および取扱い品目の多様化という、買積船に適合的な航路が形成され、さらに地回り交易と遠隔地間交易が渾然一体となって日本海海運が発展することになった。中でも取扱い品目の主力であった魚肥は不安定な漁業という生産体制に依存しているため地域間価格差が大きかった。その一方、一八世紀後半以降は各地で商品作物生産が展開し、畿内だけではなく、北陸や瀬戸内でも利用されるようになった。このため必ずしも畿内まで運ぶ必要はなくなり、途中で販売しながら利益をあげることができるようになった。これは自分荷物ないし買積にとって実に有利な条件であり、その結果、各地の地回り船問屋や雇船頭から多くの北前船主が登場するようになったのである。

このようにして一八世紀後半に成立した北前船は、一九世紀に入ると全国的な商品流通の展開はもとより、日本海沿岸地域での農民的商品生産の発展による魚肥需要増大もあって大いに隆盛を迎えることになる。さらに一八五四（安政元）年、蝦夷地を再直轄地化した幕府は、蝦夷地への和人漁民の出稼ぎを奨励し、場所請負人の交易独占を制限して交易量の増大を計る一方、開港場となった箱館湊に産物会所を設置して箱館を中心とする流通網の整備を計った。これらの政策の結果、北前船商人は箱館・福山・江差の三湊のみではなく、アイヌ居住地であった蝦夷地へも進出できるようになり、より大きな市場間価格差による利益を得ることができるようになった。前節であげた加賀国酒谷家の幸長丸の例もちょうどこの時期にあたる。このような北前船による日本海海運は一八六九（明治二）年の場所請負制廃止後の一八八〇（明治一三）年前後まで続く最盛期を迎えることになるのであるが、ちょうどこの時期がまさに船簞笥の最盛期、豪華形船簞笥の時代だったのである。

ところが、このような北前船の高利潤は、一八八〇年代に入ると次第に衰退することになる。この背景としては、汽船の登場という技術革新によって大量輸送と時間短縮が可能となったため、運賃積でも高利潤が可能となり、一八七五（明治八）年以降の三菱の北海道進出、さらには日本郵船による日本海航路の開設によって輸送力、安全性において北前船は次第に対抗できなくなっていったこと、一方では一八八〇年代に入ると松方デフレ政策による魚肥価格の下落により、遠隔地間価格差が縮小したことがある。北前船主の中にも北洋漁業など他業種に転換するもの、衰退するものが多くなった。

それでも旧場所請負商人や北前船主は自分荷物積という性格を維持していたため、近代海運業の運賃積に対抗し、一時的には日本海海運の主流にもなるが、最終的には一八九〇年代から一九〇〇年頃にかけての鉄道網の整備による陸上交通路が普及したことによって、衰微していった。これにともない船簞笥も北前船と運命をともにして一九世紀末には終焉を迎えたのである。

2　船箪笥とは何だったのか——まとめにかえて——

このように北前船と一体となっていた豪華形船箪笥というものは、当然ながらまた北前船というものに完全に規定されていた。すなわち北前船のような遠隔地間の価格差を利用する商業形態は、一般的に商品市場が全国的に展開していく過程で情報網・交通網の発達によって一時的に有利になる段階があるが、それはあくまでも過渡期の現象であって、より一層の情報網・交通網の発達による近代への移行にともない縮小してしまうのはやむを得ない。したがってこうした過渡的段階に依存する北前船には限界があり、ここから近代への展開を望むことはできなかったように、船箪笥もまた北前船の衰退とともに消滅せざるをえなかったのである。

ではそうした歴史を持つ豪華形船箪笥にはどのような意味、価値があったのだろうか。ここであらためて船箪笥というものを考えてみたい。

重要なことはたしかに船箪笥は近世海運を母胎としてはいたが、決して領主的需要が生みだした文化ではなかったということである。あくまでも民間荷物の発展によって発達したということで、いいかえれば農民的商品生産の成長に支えられていたものだったということである。とはいえ、もし運賃積だけだったらあのような豪華な船箪笥は生まれなかったことは運賃積の船箪笥がはっきり証明している。単に必要道具の一つ、廻船で使われた金庫だというだけでしかなく、算盤や銭箱と同様の商業資料の中の一つで終わっていたであろう。それが後世に残るような芸術的な船箪笥文化となりえたのは、まさに買積船、とりわけ北前船だったからこそである。ここに豪華形船箪笥の本質を考える鍵があると考える。

まず幕藩体制下での買積船としての北前船というものの質的な問題である。日本の近世海運は市場が国内に限られているといった大きな前提があったが、その中で蝦夷地交易というのは幕藩体制に組み込まれていない境界区域、あるいは周辺地域である蝦夷地というものを対象としながら、一方では幕藩体制下での諸条件を最大限に利用したものであった。これが高利潤の源泉だったわけである。結果的には蝦夷地に出ていくこと自体が幕藩体制をつき崩すこととなったのだが、北前船の段階ではまさにその枠組みを利用していたことになる。

しかし枠組みの中とはいえ買積船はあくまでも商業である。したがって商業としての合理性の上に成り立っていた。このため前述した通り船頭には航海に関する知識、航海技術はもとより、取引活動に必要な政治状勢や商業についての情報収集能力から的確な判断力、投機的な部分の大きな商売にたいしての決断力など、多岐にわたる能力が求められた。それだけに個人の能力が最大限に発揮できたわけで、運賃積の船頭が一種のサラリーマンであったのとは違う。その巨大な利潤は、自らの能力と、文字通り命をかけた労働によって獲得したものだったということである。とくにこの自ら命にかけて労働したという点が陸上一般の成金商人達とは異なる。その点ではまさに『船簞笥』のいうように彼らの莫大な稼ぎは「荒々しい北の海を乗り切って」の厳しく激しい労働の成果だったのである。

つまり豪華形船簞笥は、こうした船頭達の生活と思想の精華だったということである。装飾的ではあるが、決して実用から離れてはいない。使われているのは欅に鉄であり、塗装も拭漆である。蒔絵螺鈿や金銀金具《かながい》などといった奢侈的なものでもないし、ましてや禁制品でもない。この点は富裕商人たちが大名や公家の文化を真似て、禁令に触れてまで高蒔絵などの豪華な調度類を作ったのとは違う。材料も技術もすべて民衆に許されているものばかり、民家や民具に使われる土着的なものばかりである。民家や民具とデザインに共通点があるのも当然である。

そうなると一方ではそうした材料を使っていかにして魅力ある船簞笥を作り出すかが職人達の勝負どころだったわけである。どんなデザインにするか、材木をどう使うか、塗装はどうするか、どんな金具をどこにつけるか、どうしたら船乗り達の心をつかむことができるか。おそらく職人達は必死になって工夫を重ねていったのであろう。そして自分の腕一本を頼りに、どんな荒海にも耐えられるように、頑丈に、丁寧に、しかも船乗り達を納得させるようにと心血を注いで作りあげていった、その結果があの豪華形船簞笥だったのである。それは船乗り達と同様、年若いときから親方のもとできびしい修練を繰り返して技術を腕にたたき込んできたからこそ可能だったのであって、その意味では豪華形船簞笥というのは職人達にとっても生活と思想の精華だったということである。

そうなるとあの重苦しさというものもまた船乗り達や職人達の生活と思想が生み出したものだということになる。しかしこれは決して船乗り、職人個人の問題ではない。北前船というものが置かれた状況、幕藩体制下でのさまざまな束縛によって、自由に羽ばたくことが許されなかった民間海運の限界がもたらしたものというほかない。逆にいえば船簞笥が持つ閉塞感こそが江戸時代の社会、ないしはその空気というものを、具象化した形で表現しているといった方がよいかもしれない。この一種屈《かが》まったような感じは一般の民具や民家にも共通しているが、これはそのためであろう。ただ豪華形船簞笥の場合は過剰なまでに豪華にしたことが一層強烈に、きわだたせてしまったのではないか。

しかしそれにもかかわらず船簞笥がいまなおわれわれを惹きつけてやまないのは時代の限界の中にありながらも、可能性を求めて自力で力一杯生きぬいた船乗りや職人達の命と暮らしがここに結集しているからであろう。そしてこの点こそが真の民衆の工芸であり、豪華形船簞笥の本質もそこにあったといえるのではないだろうか。

（1）柚木学『近世海運史の研究』（法政大学出版局、一九七九年）。

（2）これは町名主から町奉行に提出されたものであるが、石井謙治氏によると、ここにあげられている弁財船の建造費に誤りがないことから内容的な信頼性は高いという（『江戸海運と弁才船』、財団法人日本海事広報協会、一九八八年）。

（3）前掲注（1）『近世海運史の研究』第46表「辰栄丸道中諸遣賃銀諸入用」（天保一二年一二月）の中に「銀九二四匁が水主一六人八分の分、二二二匁が一四人八分の分の帆待料」と記されている。柚木氏によると、ここで「八分」とあるのは炊のことであるという。銀九二四匁は給料。また「帆待料」とあるが、菱垣廻船や樽廻船では帆待ちは厳禁されていたから、これは割増金のことであろうという。炊の給料を仮に水主の八割とすると、給料が五五匁、帆待料が一五匁となるので、両方合わせると一人当たり約七〇匁になる。これは約一両で、片道だから往復で二両、年に六回往復したとすると一二両になる。

（4）柚木学編『日本水上交通史論集第一巻・日本海上交通史』（文献出版、一九八六年）。

（5）同右所収の宮下論文。

（6）朝日新聞社、一九八〇・八一年。

（7）一九四七年に佐渡汽船株式会社が限定五〇〇部で発行したものである。郷土史研究者橘正隆が野沢卯市の収集資料および卯市からの聞き書きを中心にまとめたものである。野沢卯市は明治元年佐渡に生まれ、東京専門学校（後の早稲田大学）を卒業後、佐渡商船株式会社相談役、取締役、佐渡水電株式会社取締役、新潟新聞社取締役、新潟貯蓄銀行監査役、中之口電鉄株式会社相談役など実業界で活躍する一方で県会議員や衆議院議員もつとめた。

（8）伊藤良「船中の盗難事件」（『海事史研究』第一七号）。

（9）吉田伸之・高村直助編『商人と流通』所収（山川出版社、一九九二年）。

◎収録図表一覧（掲載順）◎

〈第１章〉

〈第２章〉

〈第３章〉

〈第４章〉

あとがき

船箪笥を調べて始めたのは三〇年以上も前である。最初、船箪笥については柳宗悦の『船箪笥』(一九六一年)というしっかりした本が出ているので、あらためて調べる必要はないと思っていた。それより当時は普通の箪笥を調べていて、全国各地を歩いていた。ただ船箪笥も箪笥の一つとして関心があったので、関係のあるところへいったときには気をつけてみていた。ところがそうして注意してみていると、まったく船箪笥がないところがある。廻船の船頭をしていたというような家でも、聞いたこともないという。またたまにあってもごく粗末なものである。そういう土地では古道具屋にいっても『船箪笥』に載っているようなものはまったくみかけないし、だいいち船箪笥なぞ知らないという。なぜだろうと気になりはじめた。

そうこうしているうちに、やがてそうしたところは千葉とか那珂湊、尾鷲・吉良・野間、宮古など、すべて太平洋側だということがわかってきた。これに対し日本海側の新潟とか佐渡、酒田などにいくと、古道具屋にも結構いい船箪笥が並んでいるし、船頭をしていた家の中には立派な船箪笥が残っていることがある。また今はないが「ひいじいさんのものがあったが、骨董屋が売ってくれくれってうるさいんで売ってしまった」などという。どうやら船箪笥には地域差があるらしいということに気づいた。しかも立派な船箪笥があるところは普通の箪笥もいいものが作られている。船箪笥と普通の箪笥とは決して無関係ではないのだとわかったので、それからは積極的に船箪笥を調べはじめた。その間にさいわいにも日本造船史の石井謙治先生や安達裕之先生、松木哲先生、故南波松太郎先生、経済史の故柚木学先生など、日本の海運史に関係の深い先生方の知己を得て、いろいろとご教示いただけるようになった。その結果、的をしぼった調査をすることが可能になり、史資料についても多くの情報がいただけた。調査にご一緒させていただいたこともある。自分だけだったら到底知り得なかった、船簞笥の背景にある日本近世海運について勉強することが出来たのは、ひとえに先生方のおかげである。

この間に日本の海運史研究の方も急速に発展していった。とくに日本海海運史の進展はめざましく、いまや北前船の名は広く人口に膾炙するものとなっている。またこうした状況に推されて日本海側を中心に全国各地に海運関係を柱とした資料館・博物館が建てられていった。私自身も船簞笥産地の一つになっている越前三国港の三国町立みくに龍翔館設立（一九八一開館）に準備段階から関わることになった。これにより日本海海運の港町として栄えた越前三国町を全般的に調査することになって、船簞笥の研究にも大へんに役だった。またその前にも『酒田市史史料編』第七巻（一九七六年刊行）の中の「酒田の家具木工」の執筆を受け持ったことから市内全域の調査を行うことが出来た。調査では大勢の方から貴重なお話も聞けたし、蔵の中まで見せていただくことが出来た。暖かいおもてなしをいただいたことも数知れない。そうしたさまざまが積み重なった結果、この本は生まれたものである。いちいちは申し上げられないがお世話になった方々には深く感謝している。

思い返してみると調査中にはいろいろのことがあった。可笑しいこともあった。あるとき「船簞笥を調査している」といったところ、妙ににやにやして「あんたも好きだねえ」という。聞いてみると往事、船乗達が船簞笥に春画を入れていたので、以前はこればかりを集めていた人が居たというのである。「船簞笥っていやあ、そのことだったよ。だからあんたが船簞笥っていうから、てっきりあれを探してるのかと思ったのさ。若い女だのに変わった人だなと思ったんだ」といって大笑いされた。

実際に春画が入っている船簞笥もみた。越前吉崎でもと船頭をしていた家で蔵を見せてもらっていたときである。懸硯の抽斗を開けたらぎっしり詰まった書き付けと一緒に、彩色された大判の和紙が折り重なって出てきた。広げてみたら鮮やかに描かれた春画だった。一緒にいた御主人も「へえー」とびっくりしていた。蔵に入れっぱなしにしてあって、開けてみたことがなかったのだという。「海難除け」だったそうである。

一人暮らしのおばあさんも調査中のこととして印象深い。津々浦々を歩いていると一人暮らしのおばあさんによく出会う。昔船頭になる者が多かったところは、もともと町はずれの海沿いの村が多かったので、過疎化がはげしく、家族がみんな都会に出てしまって、おばあさんが一人のこっている家が実に多い。

宮城県の松島湾に浮かぶ寒風沢という島にいったときのことである。紹介されて、もと船主だったという家にいくとおばあさんが一人でくらしていた。訪ねたのは夜だったが、大きな家の中で、一人薄暗い電灯の下でせっせと縫い物をしている。自分のおしめだという。古い浴衣をつぎつぎにこわしてはおしめにしているのだそうである。押入を開けて見せてくれたが、いくつもの行李にきちんと畳まれたおしめがぎっしり入っていて、胸が詰まった。「年寄りのおしめはみんな洗うのを嫌がるから、使い捨てしてもいいように沢山作っておくのさ。おしめにもならないようなぼろは小さく切ってお尻を拭く布にしておくの。あんたも六〇過ぎたらこしらえときなさいな」といわれた。

北陸のやはり船主だった家をたずねたときである。台所でおばあさんから昔話を聞いていた時である。ふと見ると周囲の壁とか板戸には白墨でいろいろなことが書き付けてある。「猫のえさの煮干しは戸棚の右にあります」とか「売薬の通帳は仏壇のひきだしです」とか「下着は中の間のひきだしに入ってます」とかさまざまである。一人暮らしなので死んだ後にみんなが困るだろうと書いてあるのだという。毎日、朝になると庭に白い旗を出すそうで、旗が出てなかったら何かあったと誰かに気づいてもらうのだという。

こういう家に行くと肝心の廻船時代の話はなかなか聞くことができず、おばあさんの一代記を聞かされる羽目になることがしばしばであった。ただみんなそれぞれにいい話だった。船箪笥とは直接関係はないが、心に残っている。

船に関係あることでは、加賀市に住む北前船研究家牧野隆信さんにうかがった古老から聞いたという話が興味深かった。記憶違いがあるといけないので牧野さんが書かれた『北前船』(柏書房)で確認しながら思い出してみることにする。

海難にあったときの話である。石州の温泉津《ゆのつ》沖で三日三晩漂流し、藁縄をかじって十一人が助かったそうである。ところが救いに来た村の人は「漁に来たんだ。お前らを助けに来たんでない」といってすぐには助けなかったという。遭難したものが助かると安心してかえって気を失うので、わざとじゃけんにしたのだという。

船内での食べ物の話もある。船中での食事はまことに粗末でおかずは漬け物ばかり、魚や野菜は少なく、塩・味噌・沢庵だけだったそうである。驚いたのは味噌汁の実はかしき(炊)が買うことになっていたということである。見習いのかしきには給料などほとんどなかったのに、その上みんなの食料まで負担させられたのではさぞやたまらかったろう。

だいたい水主達は陸に上がっているときでも船主の下男同様だったという。毎日船主の家に出かけて朝は暗いうちから夕方遅くまで、掃除、飯炊き、使い走りなどの用事をしなければならなかった。かしきなどは女中同然で鍋の底のスミまでとったし、真冬でも足袋もはけなかったという。過酷な世界だったのである。

ただみんなが船乗りになるようなところは米が出来ない土地であるから、船に乗れば米の飯が食べられるということは魅力だったようだ。船が浜によると、村の子供らが手ぬぐいを持って、船のご飯を分けてもらいに来たという。船のご飯は塩気があっておいしいと評判だったそうである。

また船頭や水主をしていた家では、かつて船で使われていた品物もいろいろと見せてもらった。面白いものが多かったが、本文では紹介できなかったので、その中で廻船特有の道具を二、三紹介しておく（次頁参照）。

まず船仏壇である。船厨子ともよぶ、箱仏壇と壁掛け式仏壇がある。箱仏壇にはかなり大きいものもあるが、小形のものが多く、小形でもたいへんによくできている。揺れても仏具類が倒れないように、すべてはめ込み式になっている。船仏壇は北陸地方に集中している。この地方は浄土真宗が盛んな土地で、門徒は仏壇を大事にして立派にするためであろう。壁掛け式は奥行が浅く、軽量に作られている。仏壇は個人のものであった。屋倉（船室）の物見（帆柱を立てるための二本の柱の間にもうけた船底観察用の窓）の右舷側が、上から神棚、仏壇、物入れとなっている。しかし、掛け仏壇などはあるいは自分の寝場所のそばに掛けたともいう。つねに海難という大きな危険を控えている船乗りにとって神仏は必需品だったのである。本文であげた浦証文（延宝九年）の摂州神戸浦次郎兵衛船の船頭持物にも「和讃本三、御門徒宗の書一、阿弥陀絵像一、仏具色々」とあった。

なお物見の左舷側には茶碗棚がもうけられており、物見の上部の歩みというところには船名額が取り付けられる。船名額は大きな額縁で、額面には船名が書いてある。船簞笥と同様、分厚い欅板に拭漆をほどこした豪快なものである。また同じようなつくりで縁起のよい言葉とか詩文の一部を書いた伊達額というものがある。これは荷物の上に覆い被せる苫屋根の前に取り付ける。船名額・伊達額を船額といい、今では船簞笥

油単(蒲団を包んだところ／磐船文華博物館蔵)

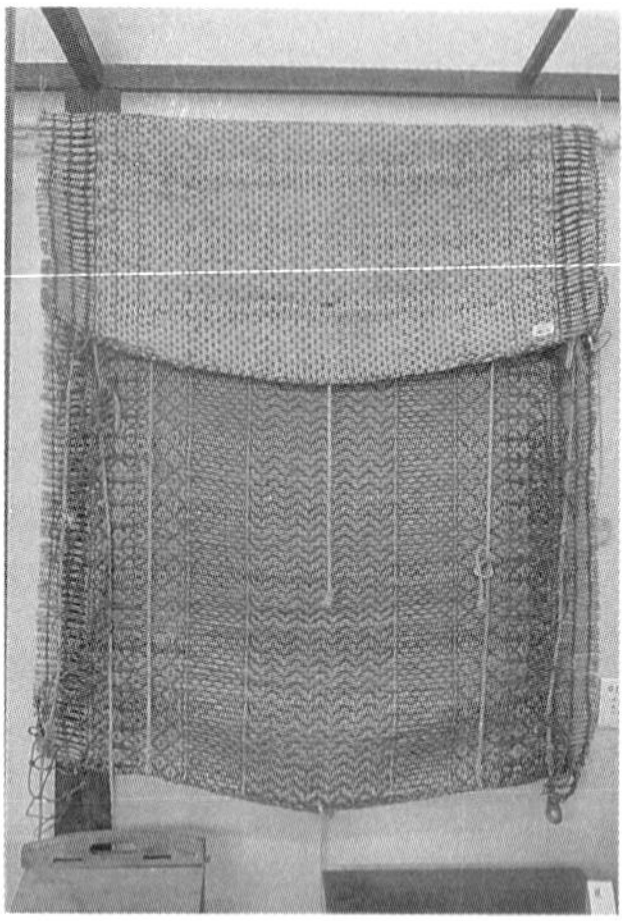

油箪（ひろげたところ）
（佐渡小木離島センター蔵）

船 仏 壇
箱仏壇(個人蔵)と掛仏壇(三国町立郷土資料館蔵)

船額　伊達額「飛龍」(個人蔵)

同様骨董品として珍重されている。

生活用具では油単と呼ぶ蒲団袋が珍しい。北陸地方ではシチドムシロと呼んでいる畳表用の莫蓙の全面に細い麻紐で細かい模様を刺し子にしている。縦の両脇には沢山の輪をつけ、これに長いロープを通し、これを引き締めて蒲団を包む。すべて麻紐を使っており、刺し子の紐は三ミリほど、ロープは七ミリほどでシチトの繊維の両端はグミ編みにして縦に糸二筋で結ぶなど装飾的につくられている。昼間はこれで蒲団を包んでくるくる巻いて吊したり、屋形の船底に格納したりしておき、寝るときにはロープを解き、蒲団に入って休む。油単は船乗達が自分でつくったものである。

船乗達は秋が深くなると船を陸に据え、冬囲いして、船主は商いの締めくくりをし、水主達は船の修理や整備に当たる。このときに油単も作ったという。油単は腕自慢でもあったという。

赤ゲットも船頭をしていた家にはよく残っている。フェルト、羅紗、絨毯といろいろあるが、色はほとんど赤である。船頭だけが座るところに敷いたという。

船徳利
壺形(北前船の里資料館蔵)枕形(個人蔵)

よく知られているものに船徳利がある。一般的には胴が下ぶくれになっていて、底が広くて平たい安定のいい壺形で、揺れても倒れないように作られているものだが、枕のような円筒形で上に口がついているものとか、かまぼこ形で湯たんぽのようなものなどいろいろの工夫があるものがあって面白い。酒樽も船に乗せる樽は真ん中のたがが上下より太く作ってあり、転げても口が上にいくようになっている。

携帯用の酒道具セットというものもある。茶道具入れのように慳貪蓋になった杉の箱で、中が棚と抽斗になっていて燗をする銅壺や酒器などを入れられるようになっている。そのほか携帯用の燗用具もある。手提げ式になっていて外は黒塗の木箱で中に銅壺が仕込んであるしゃれたものである。なかなか凝ったものだが、これも船頭の暮らしの一面である。

こうした品物を見ていると、船乗達の生活が想像され、「ああ船箪笥もこうした環境に置かれていたんだ」と身近に感じられてくる。

さいごにもうひとつ、船頭の姿を描いた珍しい軸を紹介する（口絵）。三国町新保の船頭をしていた家から出たものである。「伊兵衛道中図」と書かれていて、伊兵衛はこの家の先祖である。伊兵衛の道中姿が描かれ、上方に「正恵丸船頭伊兵衛、木綿支配に下り、秋田の浜より大坂迄道中の図、万延元庚申年三十八歳、七月仲旬」と添え書きがある。伊兵衛は、饅頭傘をかぶり、縞の着物を尻はしょりし、細帯に脇差しを差し、矢立をたばさみ、振り分け荷物を背負って、首からは薬籠のようなものと提げ煙草盆を吊し、手甲、脚絆に黒足袋で草鞋履きである。振り分け荷物の中には財布や銭入れ、状箱、道中秤、蠟燭入れなどが入っていたのであろう。これらは船頭をしていた家にはよく残っている。伊兵衛が使っていたという脇差しと矢立と薬籠も残っている。

船頭達はこうした姿で、春は船を囲ってある大坂などをめざし、秋は郷里をめざして、大地を踏みしめて足早に歩いていったのであろう。なかなかいい風景だなあと思う。ただしこの絵は木綿支配のための道中図だから若干違うが、しかし道中姿は変らなかったであろう。

最初に述べたように船箪笥の研究を始めたのは一九七〇年代の末頃だが、一九八〇年には石井謙治先生に勧められて『海事史研究』三五号（日本海事史学会）に論文「船簞笥に関する研究」を発表した。その後一九八二年に『簞笥』（ものと人間の文化史四六、法政大学出版局）の中でも船簞笥について簡単に紹介している。さらに一九九二年の『商人と流通』（山川出版社、共著）の中に「佐渡小木湊における船簞笥製造と日本海海運」を発表した。また二〇〇五年には『別冊太陽和家具』（平凡社）で、写真を主として船簞笥について書いているなど、船簞笥についてはすでにいくつか発表しているので、本書と重複するところもかなりある。しかし船簞笥の歴史、変遷から、背景、造形面など総合的に書いたものはないので、その意味では本書が最初である。

思文閣出版の林秀樹さんから本書を書くように勧められたのは、一九八五年頃だったと思う。当時はまだ調査も史料も不足だったので、あちこち調査に行ったりしているうちにすっかり遅くなってしまい、原稿を渡すことが出来たのは一九九〇年頃だったと思う。しかし図版が多く、当時はまだ表や図版に手書きが多く、おそらく編集に大変な手間を取らせる結果となってしまったのだと思う。二〇年余も経ってしまった。

その間に船簞笥を取り巻く状況は大きく変わった。船簞笥の所有者なども移動してしまい、寸法が未採寸だったり、墨書の写真が撮ってなかったりするのを問い合わせようとしても行方不明になっているものが多い。逆にその後あらたに年代や墨書が入った船簞笥が見つかっているが、表をすべて直さねばならないので残念ながら使っていない。

いずれにしてもこのようなマイナーなテーマの本を出して下さった思文閣出版には深く感謝している。また石井謙治先生をはじめとする海事史学会の方々、全国各地でお世話になった方々、船簞笥について多くの情報をお寄せ下さった簞笥コレクターの紅村弘さん、ご面倒をおかけした林秀樹さんには心より御礼申し上げる。とくに近世都市史研究者の玉井哲雄さん（国立歴史民俗博物館）には、港町の都市史的見方について多くのご教示をいただき、復元図製作についても多大のご協力をいただいた。感謝申し上げる。

本書が少しでもこの分野の研究の上でお役に立ってくれればうれしいと願っている。

なお参考文献については章末に挙げてあるので、再度まとめることは省略させていただく。また掲載写真についても撮影者、提供者が多すぎるため、いちいち申し上げることが出来ないので、ここを借りて御礼申し上げさせていただく。

二〇一一年三月
小泉和子

持具(容器)の種類と個数	出　　典
懸硯１	三重県鳥羽市鏡浦石鏡漁業協同組合文書
懸硯１	池田文庫(岡山大学)
懸硯１、日帳箱１	家令俊雄「近世における沈没廻船の城米引揚について」(日本歴史309)
大籠里１、懸硯１、風呂敷１／衣類31、蒲団１	新川文書(野村豊『近世漁村史料の研究』)
懸硯１	諸寄文書(但馬諸寄)
懸硯１、船頭櫃１	三宅家文書(瀬戸内海歴史民俗資料館蔵)
懸硯１、合利１、風呂敷１／懸硯７、合利16、風呂敷16	諸寄文書
半階櫃１	三宅家文書
懸硯１、風呂敷１、行李１／行李６、風呂敷６	東京大学教養学部蔵
懸硯１、骨籠１、風呂敷１／骨籠11、風呂敷13	新川文書
袋１、簞笥１	『輪島市史』史料篇２
往来切手入箱１、懸硯１、柳かう里２	新川文書
懸硯８、柳かうり11、風呂敷包16、往来箱１	『海事史料叢書』７
懸硯１	尾鷲大庄屋記録(尾鷲市立中央公民館蔵)
懸硯１	『海事史料叢書』７
衣類入箱１	金指正二『近世海難救助制度の研究』
柳骨１、風呂敷包１／風呂敷包３	『海事史料叢書』４
柳かうり８、手かうり６、懸硯４、風呂敷包13	尾鷲大庄屋記録
懸硯１、柳箱１、風呂敷包１、ひつ１／懸硯７、柳箱８、風呂敷包17	尾鷲大庄屋記録
懸硯１	「漂民帰郷録」(海事史研究21)
小さい柳ごうり２	尾鷲大庄屋記録
懸硯１	『海事史料叢書』７
懸硯１(漂着物)	響灘海難史料(下関市立文書館蔵)
小箱１	尾鷲大庄屋記録
小櫃１、懸硯２、柳合利６、風呂敷包４	『下田年中行事』
懸硯１、銭箱１、合利３、手合利２	松前浦証文並海難聞取書(市立函館図書館蔵)
懸硯１、柳合利１、風呂敷包１	『浦賀奉行関係史料』３、ただし船中病死人庄兵衛持具
箱１	個人蔵
御用書物入箱１	『下田年中行事』
懸硯１、柳合利１、風呂敷包１／懸硯５、柳合利11、風呂敷包13	『浦賀奉行関係史料』１
懸硯１、柳合利２、風呂敷包１／懸硯５、柳合利14、風呂敷包14	『下田年中行事』
懸硯１、柳合利１、風呂敷包２／懸硯14、柳合利14、風呂敷包29	『下田年中行事』
懸硯10、柳箱16	尾鷲大庄屋記録
送り状箱１、懸硯箱１	金指正二編「那智勝浦史料」
簞笥１、懸硯１	「漂流人次郎吉物語」(高瀬重雄『北前船長者丸の漂流』)
懸硯４、柳合利大小９、帳面入箱大小２、銭箱１	尾鷲大庄屋記録
懸硯１	個人蔵
御送状箱１、懸硯箱１	徳川文庫(東京国立博物館蔵)
柳箱９、懸硯箱６	尾鷲大庄屋記録
草葛籠１	新川文書
送状箱１、風呂敷包１、骨柳１、懸硯１、懸硯１、骨柳９、風呂敷包12、風呂敷包１	『続海事史料叢書』２
懸硯１、はんがい１、桐半櫃１、柳筒１、重簞笥１、長(帳)箱１／懸硯２、はんがい２、柳箱９、布段(団)入１、長(帳)箱１、簞笥３、座包10	紀州津久野塩崎家文書
懸硯９、帳箱１、着類入大骨柳14、衣類入櫃１、風呂敷包５	『近世海難救助制度の研究』
懸硯１、柳合利１、風呂敷包１／懸硯７、柳合利16、風呂敷包16	『大坂商業史料』17
はんかい１、着替入桑折１、帳簞笥１	酒田湊問屋史料(『酒田市史』史料篇４)
懸硯１	越前浜坂常名文書(大崎上島東野村郷土博物館蔵)
懸硯１	橘正隆『佐越航海史要』
着物入函１	漂着物拾揚御届(羽咋市役所文書)

基礎資料１　浦証文一覧

番号	年　代	船　籍　船　名	積荷の性格	乗組員数	全部揚か一部揚か
1	延宝９(1681)	摂州神戸浦、次郎兵衛船	城米	８(２)	不明
2	貞享３(1686)	児島郡厚浦、又左衛門船	城米	12	不明
3	元禄11(1698)	筑前浜崎、吉十郎船	城米	15(１)	一部
4	宝永２(1705)	泉州湊浦、源次郎船	買積	11	全部
5	正徳３(1713)	播州飾万津、伊丹屋嘉兵衛船	買積	12	一部
6	５(1715)	備中玉島、中島宇兵衛船	不明	不明	一部
7	享保12(1727)	長州藤曲、五郎左衛門船	城米	13(１)	全部
8	15(1730)	船籍不明、宇兵衛船	福山御役所荷物	不明	一部
9	元文５(1740)	尾州智多郡常滑、久右衛門船	米運賃并買積	9	全部
10	延享２(1745)	泉州湊浦、吉兵衛船	買積	13	全部
11	宝暦11(1761)	佐州羽茂郡宿根木、権兵衛船	買積	6	一部
12	12(1762)	泉州日根郡湊浦、市次郎船	買積	5	全部
13	13(1763)	摂州神戸浦、船頭久太郎船	不明	16	全部
14	明和２(1765)	播州二つ茶屋浦、木屋又兵衛船	城米	18	一部
15	寛政２(1790)	摂州神戸浦、船頭甚七船	買積	15	一部
16	11(1799)	摂州神戸浦、船頭安右衛門船	不明	不明	不明
17	文化３(1806)	豊後大方郡鶴崎小中嶋、船頭平蔵船	買積	4	全部
18	５(1808)	摂州大坂、舛屋十平衛船	城米	18(３)	不明
19	６(1809)	摂州大坂、河内屋長左衛門船	城米	18(２)	全部
20	６(1809)	大坂西横堀、富田屋吉左衛門船天徳丸	買積	25	一部
21	７(1810)	丸木浦、専右衛門船	買積	4	一部
22	８(1811)	予州松山領和気郡奥居嶋、船頭舛兵衛船	城米	4	一部
23	11(1814)	越前三国湊、茶屋彦右衛門船	不明	不明	一部
24	文政３(1820)	大坂、日野屋九兵衛船	運賃積	15	一部
25	５(1822)	大坂勘助嶋、孫左衛門船	城米	20(２)	一部
26	５(1822)	越前三国、池田屋兵七手船養寿丸	買積	9	一部
27	９(1826)	摂州御影、喜平次船	不明	16	一部(一人分は全部)
28	13(1830)	瀬戸直嶋積浦、船頭吉五郎船	運賃	2	一部
29	13(1830)	大坂北堀江、由兵衛船	城米	18(１)	一部
30	天保４(1833)	勢州白子、八兵衛船	運賃	14	全部
31	５(1834)	大坂、大津屋権右衛門船	運賃	15	全部
32	６(1835)	摂津国鳴尾、半蔵船	運賃	16	全部
33	７(1836)	摂州大石、松屋助五郎船	運賃	16	一部
34	８(1837)	房州大嶋郡秋村、茂吉船	城米	8	一部
35	９(1838)	越中西岩瀬、長者丸	城米	10	一部
36	10(1839)	尾州名古屋、桑名屋伊右衛門船	運賃	9	全部
37	14(1843)	備中猶嶋宮ノ浦往徳丸、船頭利右衛門船	運賃	3	一部
38	弘化３(1846)	芸州木谷、船頭茂十郎船	城米	12(１)	一部
39	嘉永元(1848)	大坂長堀、橋屋善左衛門船	運賃＋城米	9	全部
40	安政４(1857)	備後国沼隅郡敷名浦、弥兵衛船	不明	不明	一部
41	４(1857)	摂州鳴尾、与佐衛門船	城米	16(１)	一部
42	５(1858)	摂州大坂立売堀、近江屋利兵衛船	買積	14	全部
43	元治元(1864)	筑前国残嶋、治平船	城米	16(１)	全部
44	慶応元(1865)	摂州西宮、増太郎船	運賃	17	全部
45	元(1865)	加州石川郡宮腰町、菓子屋善兵衛船	買積	3	不明
46	４(1868)	芸州豊田郡東之浦、住栄丸	不明	不明	不明
47	明治４(1871)	佐州柳沢、平井嘉内栄福丸	買積	5	一部
48	13(1880)	石川県石川郡金石冬瓜町、八田清左衛門船	不明	不明	一部

注：①乗組数のカッコ内は上乗
　　②持具は船頭分/水主分

製作地	製作者	販売者	現所蔵者	所蔵者住所
佐渡小木湊	大工留蔵	湊屋利八郎	函館博物館	北海道函館市
佐渡小木	不明	不明	『和箪笥』	となみ箪笥研究会刊
阿波那賀郡福井町（椿浦の西の山村）	木地師萬助	不明	瀬戸内海歴史民俗資料館	香川県高松市
佐渡小木	大工惣右衛門、鍛治屋武左衛門	不明	佐々木実（子孫）	新潟県佐渡郡小木町
佐渡小木	不明	不明	紅村弘	愛知県名古屋市東区徳川町
佐渡小木湊	不明	湊屋利八郎	高山医院	福井県坂井郡三国町崎浦
佐渡小木湊	不明	湊屋	直江伝	福井県武生市北吾妻町
三国	不明	不明	上野富太郎（子孫）	福井県坂井郡三国町新保
佐渡小木湊	大工喜味吉	不明	三国町立郷土資料館	福井県坂井郡三国町
酒田	不明	不明	石名坂恒吉（子孫）	山形県鶴岡市加茂
佐渡小木湊	不明	不明	中空清三郎（子孫）	福井県坂井郡三国町安島
酒田	不明	不明	『和箪笥』	となみ箪笥研究会刊
酒田	不明	不明	紅村弘	愛知県名古屋市東区徳川町
佐渡小木	不明	湊屋	寺谷文二（子孫）	石川県加賀市橋立町
佐渡小木	不明	不明	渡辺英二	新潟県新潟市学校町通三番町天神角
三国	不明	不明	面野藤志（子孫）	福井県坂井郡三国町米が脇
越後新潟湊	不明	不明	岸井守一（青福丸主の子孫）	兵庫県神戸市東灘区北青木
三国	不明	不明	山岸忠輔（子孫）	福井県坂井郡三国町宿
三国	不明	不明	小坂秀哉（子孫）	福井県坂井郡三国町宿
大阪かめばし	不明	奈良屋彦兵衛	高山医院（子孫）	福井県坂井郡三国町崎浦
大阪	不明	奈良屋藤兵衛	新谷孝	福井県坂井郡三国町新保
三国	不明	不明	上野富太郎（子孫）	福井県坂井郡三国町新保
三国	不明	不明	新谷孝（子孫）	福井県坂井郡三国町新保
三国	不明	不明	新谷孝（子孫）	福井県坂井郡三国町新保

基礎資料２－１　年代判明の船簞笥一覧

	種類	木部	金具	程度	型	技法	年代	当初持主	当初持主住所	職業
当初持主・製作地判明										
101	懸硯	欅	鉄	B	十字	透彫	1814	小中屋松右衛門	越前米脇浦	船頭カ
102	懸硯	欅	鉄	B	十字	透彫	1817	長久丸	佐渡小木	船用
103	懸硯	桐	鉄	D	十字	無	1820	松本輿左衛門	香川県男木島	船乗
104	懸硯	桐	鉄	C	十字	透彫	1826	佐々木六三郎	佐渡小木町	廻船問屋
105	帳箱	欅	鉄	B	複(抽1､框､片開､摩)	透彫	1834	小針屋長右衛門	越前国安嶋浦(三国)	船主
106	帳箱	欅	鉄	C	複(抽1､慳)	絵様	1840	小針屋六兵衛	越前三国	船持
107	半櫃	欅	鉄	B	二重	透彫	1853	酒屋甚五郎	加州粟ケ崎	船乗カ
108	懸硯	欅	鉄	B	十字	絵様	1861	上野又吉	福井県坂井郡三国町新保	船持
109	帳箱	欅	鉄	A	複(抽1､両開､摩)	絵様	1866	神徳丸大家源作	加州瀬越浦	沖船頭
110	帳箱	欅	鉄	A	複(慳､慳)	絵様	1866	長保丸石名坂金六	山形県鶴岡市加茂	船頭
111	帳箱	欅	鉄	A	複(抽1､慳)	絵様	1868	中空清吉	越前国坂井郡安東浦(三国)	船頭
112	懸硯	欅	鉄	A	鼓	絵様	1869	吉徳丸二上屋濃右衛門	越中六渡寺浦	船持
113	帳箱	欅	銅	B	複(遣､抽1·3)	絵様	1869	池田與五郎	酒田県出町通	不明
114	半櫃	欅	鉄	B	二重	絵様	1871	久吉丸源次郎	加賀市橋立	沖船頭
115	帳箱	欅	鉄	A	複(抽1､両開)	絵様	1872	伊前永蔵	越前国椎谷三上	不明
116	帳箱	欅	真鋳	B	複(遣､抽1·3)	指	1874	面野家の先祖	福井県坂井郡三国町米が脇	船頭
117	帳箱	欅	鉄	B	複(抽1､両開､摩)	絵様	1875	青福丸吉田萬吉	九州豊後杵築国東郡鶴川村	百五石積船直乗船頭
118	帳箱	欅	鉄	A	複(抽1､両開)	絵様	1876	金栄丸山岸三右衛門	福井県坂井郡三国町	船持
119	半櫃	欅	鉄	B	二重	絵様	1876	幸丸小酒屋七右衛門	福井県坂井郡三国町	廻船問屋
120	帳箱	紫檀	真鋳	B	複(遣､抽2·3)	無指	1879	高山家の先祖	越前三国	廻船業
121	帳箱	桑	真鋳	A	複(遣､抽2·1､慳､合)	無指	1879	新谷吉造	越前国坂井郡新保村(三国)	船頭
122	半櫃	欅	鉄	B	二重	絵様	1885	浜屋久吉丸上野又吉	福井県坂井郡三国町新保	船持
123	半櫃	欅	鉄	B	別	絵様	1891	雲征丸新谷吉造	福井県坂井郡三国町新保	船頭
124	帳箱	欅	鉄	B	慳､合	絵様	1891	雲征丸新谷吉造	福井県坂井郡三国町新保	船頭

〔基礎資料２－１・２－２・２－３・２－４の凡例〕

知工：知工簞笥

技法及び型はそれぞれつぎのとおり表記する。

〔技法〕

透彫：透彫、絵様：絵様刳形、無：無地、指：指物風

〔型〕

懸硯／十字：十字型、鼓：鼓型、全面：全面型、別：別型

帳箱／閂：閂型、慳：慳貪型、抽：抽斗型、複：複合型

複合型については括弧内に上から下、左から右の順に、略記号で構成を表記する。数字はそれぞれの数を示す。

（略記号）抽：抽斗、遣：遣戸、三開：真ん中が慳貪で両側が開戸、両開：両開戸、片開：片開戸、摩：摩戸、慳：慳貪、框：框戸、合：外箱合体型(一体型)

半櫃／一重：一重型、二重：二重型、別：別型

製作地	製作者	販売者	現所蔵者	所蔵者住所
佐州	細工人利右衛門	不明	村岡鷹次	新潟県佐渡郡佐和根町八幡新町
輪島	輪島清次亦八	不明	紅村弘	愛知県名古屋市東区徳川町
佐渡小木	不明	湊屋利八郎	『和簞笥』	となみ簞笥研究会刊
佐渡小木	不明	綿屋東一郎	『和簞笥』	となみ簞笥研究会刊
佐渡小木	不明	湊屋利八郎	紅村弘	愛知県名古屋市東区徳川町
佐渡小木	大工石吉、鉄具師覚三郎	湊屋	三国町郷土資料館	福井県坂井郡三国町
佐渡小木湊	不明	不明	大木古道具店	福井県坂井郡三国町
佐渡小木	不明	湊屋	『船簞笥』	柳宗悦(私家本)
佐渡小木湊	不明	湊屋	『船簞笥』	柳宗悦(私家本)

不明	不明	不明	『和簞笥』	となみ簞笥研究会刊
不明	不明	不明	森政三	東京都調布市調布ケ丘
不明	古作忠孝	不明	紅村弘	愛知県名古屋市東区徳川町
不明	不明	不明	木地治郎作	石川県七尾市
不明	不明	不明	伊藤家(子孫)	新潟県西頸城郡能生町
不明	不明	不明	新野武一(子孫)	福井県坂井郡三国町崎浦
不明	不明	不明	徳山弘	香川県小豆郡池田町
不明	不明	不明	管原清蔵	岩手県一関市
不明	不明	不明	高橋勝子(子孫)	石川県羽咋市
不明	不明	不明	光成到彦	福井県坂井郡三国町大門
不明	不明	不明	紅村弘	愛知県名古屋市東区徳川町
不明	不明	不明	角海清(子孫)	石川県鳳至郡門前町黒島
不明	不明	不明	讃岐民芸館	香川県高松市
不明	不明	不明	粟森博吉	石川県金沢市大野町
不明	不明	不明	森宏之	秋田県由利市象潟町
不明	不明	不明	近藤豊	京都市左京区下鴨膳部町
不明	不明	不明	万松山勝楽寺伊藤鶴仙	愛知県幡豆郡吉良町
不明	不明	不明	喜楽彦三	石川県金沢市大野町
不明	不明	不明	石名坂恒吉(子孫)	山形県鶴岡市加茂
不明	不明	不明	丸福商店	京都府京都市
不明	不明	不明	越崎宗一	北海道小樽市奥沢
不明	不明	不明	川野上次男(子孫)	石川県加賀市橋立町
不明	不明	不明	海洋美術館	千葉県安房郡白浜町
不明	不明	不明	磐舟文華博物館	新潟県村上市岩船町

	種類	木部	金具	程度	型	技法	年代	当初持主	当初持主住所	職業
製作地判明										
201	懸硯	欅	鉄	B	十字	透彫	1789	不明	佐渡郡沢根町	不明
202	帳箱	欅	鉄	C	閂	透彫	1797	不明	不明	不明
203	懸硯	欅	鉄	A	全面	透彫	1840	不明	不明	不明
204	懸硯	欅	鉄	B	全面	透彫	1840	不明	不明	不明
205	帳箱	欅	鉄	B	複(抽1、慳)	透彫	1848	不明	不明	不明
206	帳箱	欅	鉄	B	複(抽1、慳)	絵様	1857	不明	不明	不明
207	懸硯	欅	鉄	B	鼓	絵様	1861	不明	不明	不明
208	帳箱	欅	鉄	A	複(抽1、両開)	絵様	1863	不明	不明	不明
209	半櫃	欅	鉄	B	二重	絵様	1872	不明	不明	不明
当初持主判明										
301	懸硯	欅	鉄	B	十字	透彫	1787	五十嵐藤兵衛	越後長岡柳田町	不明
302	帳箱	欅	鉄	C	複(抽1、框、片開、摩)	透彫	1818	酒屋作兵衛	不明	不明
303	懸硯	欅	鉄	B	十字	透彫	1820	宝昌丸庄吉	不明	船乗
304	懸硯	欅	鉄	B	十字	透彫	1823	川崎屋八郎衛門	石川県七尾	廻船問屋
305	懸硯	欅	鉄	B	十字	透彫	1824	伊藤家の先祖	新潟県西頸城郡能生町	廻船問屋
306	半櫃	欅	鉄	B	二重	絵様	1826	久徳丸船頭長七	福井県坂井郡三国町崎浦	船頭
307	懸硯	桐	鉄	C	十字	透彫	1827	虎蔵	小豆島土庄邑	不明
308	懸硯	欅	鉄	B	十字	透彫	1831	佐々木新六	岩手県宮古	不明
309	懸硯	欅	鉄	C	十字	透彫	1834	木津屋茂八郎	金沢	銭五の番頭
310	懸硯	欅	鉄	B	十字	透彫	1836	下野屋鉄太郎	不明	不明
311	懸硯	桐	鉄	A	鼓	透彫	1839	蛭子丸糸井重三郎	丹後宮津岩瀧湊	船乗
312	半櫃	欅	鉄	B	二重	透彫	1839	角海孫右衛門	石川県鳳至郡門前町黒島	船頭
313	懸硯	桐	鉄	C	十字	透彫	1841	久徳丸善六	香川県観音寺市	船乗
314	懸硯	桐	鉄	B	十字	透彫	1843	常安丸銭屋五兵衛	金沢宮腰村	廻船業
315	懸硯	桐	鉄	C	十字	透彫	1843	天神丸勘七	不明	不明
316	帳箱	欅	鉄	A	複(遣、抽1・3、合)	絵様	1848	西川儀兵衛	紀州廣浦中野村	地侍
317	懸硯	桐	鉄	C	十字	透彫	1851	金澤屋善助米蔵	尾張多屋村浦方	船関係
318	懸硯	欅	鉄	A	全面	透彫	1852	橘屋彦助	能登国福浦	不明
319	帳箱	欅	鉄	C	複(遣、抽3・1)	無	1854	石名坂金六	山形県鶴岡市加茂	船頭
320	懸硯	欅	鉄	B	鼓	絵様	1854	上岩八	不明	不明
321	帳箱	欅	鉄	C	慳	絵様	1855	春■丸中川屋軍蔵	雲州神門郡口田儀浦	直乗船頭
322	帳箱	欅	鉄	B	慳	絵様	1860	甚座屋平助	加州安宅町	船頭
323	懸硯	桐	鉄	C	鼓	絵様	1868	順済丸(水戸藩の船)	水戸	
324	懸硯	欅	鉄	A	十字	透彫	1868	山十(大串)家	新潟県村上郡岩船町	船主

製作地	製作者	販売者	現所蔵者	所蔵者住所
不明	不明	不明	中空清三郎(子孫)	福井県坂井郡三国町安島
不明	不明	不明	小樽郷土資料館	北海道小樽市
不明	不明	不明	北方文化博物館	新潟県中蒲原郡横越村
不明	不明	不明	はせべや	東京都港区麻布
不明	不明	不明	瀬戸内海歴史民俗資料館	香川県高松市
不明	不明	不明	直江伝	福井県武生市北吾妻町
不明（酒田カ）	不明	不明	家具の博物館	東京都中央区晴海
不明	不明	不明	紅村弘	愛知県名古屋市東区徳川町
不明	不明	不明	堤古道具店	山形県酒田市上本町
不明	不明	不明	北海道開拓記念館	北海道札幌市
不明	不明	不明	岸井守一(子孫)	兵庫県神戸市東灘区北青木
不明	不明	不明	伊藤嘉七(子孫)	愛知県知多郡美浜町野間
不明	不明	不明	伊藤嘉七(子孫)	愛知県知多郡美浜町野間
不明	不明	不明	磐舟文華博物館	新潟県村上市岩船町
不明	不明	不明	磐舟文華博物館	新潟県村上市岩船町
不明	不明	不明	岡栄古道具店	香川県仲多度郡多度津町

不明	不明	不明	紅村弘	愛知県名古屋市東区徳川町
不明	不明	不明	三国町郷土資料館	福井県坂井郡三国町

	種類	木部	金具	程度	型	技法	年代	当初持主	当初持主住所	職業
325	半櫃	欅	鉄	B	一重	絵様	1875	伊勢丸文七	越前安島	船頭
326	懸硯	欅	鉄	D	十字	透彫	1876	丹後宮津由良屋水太郎船	丹後宮津	船頭
327	懸硯	栗	鉄	C	十字	透彫	1876	広川泉松主	新潟市古町通	不明
328	帳箱	欅	鉄	B	複(抽1、両開)	絵様	1876	国領源兵衛	不明	不明
329	帳箱	欅	鉄	C	慳	絵様	1877	尾根作太郎	西条市付近	不明
330	帳箱	欅	鉄	A	複(抽1、両開)	絵様	1879	瀬崎長徳丸善三郎	石川県越前国丹生郡小丹生浦	船頭
331	帳箱	欅	鉄	B	複(遣、抽2・3)	絵様	1882	斉藤賢治	不明	不明
332	帳箱	欅	鉄	B	複(遣、抽1・3、合)	絵様	1882	照勇弥助	不明	不明
333	知工	欅	銅	B	抽1・2・3	絵様	1885	大滝光徳	小樽	不明
334	懸硯	桐	鉄	B	別	無	1885	西野清太郎	越中国砺波町湯山村	不明
335	半櫃	欅	鉄	B	一重	絵様	1887	中尾孫策	大分県豊後国東国東郡鶴川村	岸井家の手船の雇われ船頭
336	懸硯	桐	鉄	D	別	無	1887	伊藤家	愛知県知多郡美浜町野間	廻船問屋
337	懸硯	桐	鉄	D	別	無	1892	伊藤家手船福宮丸	愛知県尾張国知多郡野間村	廻船問屋
338	懸硯	欅	鉄	D	別	無	1902	脇川三右衛門	新潟県越後之国岩船郡岩船町字広小路	船主
339	懸硯	欅	鉄	A	別(慳)	絵様	1903	相馬助蔵	新潟県村上郡岩船町	廻船問屋
340	知工	欅	鉄	B	抽1・2	絵様	1905	神力丸松岡鶴次郎	隠岐西郷町字西町	船長

年代のみ判明

401	帳箱	欅	鉄	C	複(抽1、両開)	絵様	1815	不明	不明	不明
402	懸硯	欅	鉄	B	十字	透彫	1831	不明	不明	不明

製作地	製作者	販売者	現所蔵者	所蔵者住所
佐渡小木	箱屋辰治郎	不明	小樽市博物館	北海道小樽市
佐渡	不明	不明	磐舟文華博物館	新潟県村上市
佐渡小木	不明	不明	北海道開拓記念館	北海道札幌市
佐渡沢根	不明	不明	川野上次男(子孫)	石川県加賀市橋立町
東京京橋金六町	不明	有田屋	尾鷲市郷土資料館	三重県尾鷲市
備州	不明	金處店万根	尾鷲市郷土資料館	三重県尾鷲市
佐渡小木	不明	おくめや	弥平次	新潟県佐渡郡小木町
佐渡小木	不明	湊屋	佐藤朝雄(子孫)	新潟県佐渡郡小木町宿根木
佐渡小木	不明	みなとや	田中よし子(子孫)	福井県坂井郡三国町木部東
佐渡小木	大工箱屋辰右衛門	不明	笹浪精肉店	北海道桧山郡江差町
三国	松下長四郎	不明	宮前嘉六(子孫)	福井県坂井郡三国町新保
佐渡小木	不明	湊屋	寺谷文二(子孫)	石川県加賀市橋立町
酒田カ	不明	不明	児玉高明	山形県酒田市中町
佐渡	不明	不明	佐渡博物館	新潟県佐渡郡佐和田町
佐渡	不明	不明	寺島小一郎(子孫)	新潟県佐渡郡畑野町多田
佐渡	不明	不明	家具の博物館	東京都中央区晴海
佐渡小木	不明	不明	越崎宗一	北海道小樽市奥沢
三国	不明	不明	梅谷謙治郎(子孫)	福井県坂井郡三国町新保
佐渡小木	不明	不明	久松屋桃井久資(子孫)	新潟県佐渡郡小木町
佐渡	不明	不明	池余三男	新潟県佐渡郡小木町
佐渡	不明	不明	坂野家(子孫)	新潟県佐渡郡畑野町松ケ崎
佐渡小木	不明	不明	手打そば屋三田村	新潟県佐渡郡小木町
佐渡小木	不明	不明	久松屋桃井久資(子孫)	新潟県佐渡郡小木町
佐渡小木	不明	不明	村勘商店村川清弥(子孫)	新潟県佐渡郡小木町
佐渡小木	不明	不明	手打そば屋三田村	新潟県佐渡郡小木町
佐渡小木	不明	不明	斉藤才一	新潟県佐渡郡小木町入舟
佐渡小木	不明	不明	斉藤才一	新潟県佐渡郡小木町入舟
佐渡小木	不明	不明	石塚芳之助	新潟県佐渡郡小木町宿根木
佐渡小木	不明	不明	権平衛石塚豊吉	新潟県佐渡郡小木町宿根木
佐渡小木	不明	不明	石塚政一(孫)	新潟県佐渡郡小木町琴浦
佐渡	不明	不明	渡辺直二	新潟県佐渡郡赤泊村大字三川
佐渡	不明	不明	仁科豊三郎	新潟県佐渡郡赤泊村

基礎資料２－２　年代不明の船簞笥一覧

	種類	木部	金具	程度	型	技法	当初持主	当初持主住所	職業
当初持主・制作地判明									
501	懸硯	欅	鉄	B	全面	透彫	木嶋七左衛門	佐渡松ケ崎	廻船問屋
502	懸硯	桐	鉄	B	十字	透彫	高垣氏	村上郡岩船	不明
503	懸硯	欅	鉄	D	十字	無	孫四郎	佐渡松ケ崎	不明
504	懸硯	桐	鉄	C	十字	透彫	川野上家の先祖	加賀市橋立	廻船業
505	懸硯	桐	鉄	D	鼓	無	野地梅太郎	尾鷲市倉の谷	廻船業
506	懸硯	桐	鉄	C	十字	透彫	岩崎善兵衛	尾鷲市行野	船持
507	帳箱	欅	鉄	B	複(抽1、両開、摩)	絵様	弥平次	佐渡小木	船簞笥屋
508	帳箱	欅	鉄	B	慳	絵様	佐藤家の先祖	佐渡宿根木	船頭
509	帳箱	欅	鉄	B	慳	絵様	田中家の先祖	福井県坂井郡三国町木部東	船乗
510	帳箱	桐	鉄	B	別	絵様	新屋紋四郎	佐渡松ケ崎	廻船業
511	帳箱	桑	銅	A	複(遣、抽1・2)	指	宮前家の先祖	福井県坂井郡三国町新保	船頭
512	半櫃	欅	鉄	B	一重	絵様	寺谷源兵衛	加賀市橋立	廻船問屋
513	懸硯	欅	鉄	B	十字	透彫	本間光敏	山形県酒田市	本間家の分家
514	懸硯	欅	鉄	C	十字	透彫	福寿丸(松沢家の先祖)	佐渡赤泊	廻船問屋
515	懸硯	欅	鉄	A	全面	透彫	寺島家の先祖	佐渡郡畑野町多田	廻船業
516	懸硯	欅	鉄	A	全面	透彫	室次郎	佐渡	不明
517	懸硯	欅	鉄	A	全面	透彫	久右衛門	小木町字宿根木	船問屋
518	半櫃	欅	鉄	B	二重	絵様	梅谷家の先祖	福井県坂井郡三国町新保	船持
519	懸硯	桐	鉄	C	別	絵様	久松屋桃井	佐渡小木	廻船問屋
520	懸硯	桐	鉄	B	十字	透彫	叶本家	佐渡沢崎	船持
521	懸硯	欅	鉄	C	十字	透彫	坂野家の先祖	佐渡畑野松ケ崎	船持
522	知工	欅	鉄	C	抽1・2	絵様	三田村家の先祖	新潟県佐渡郡小木町	商業
523	知工	欅	鉄	C	複(机、抽1・2)	無	久松屋桃井	新潟県佐渡郡小木町	廻船問屋
524	帳箱	欅	鉄	C	複(遣、抽1・3)	絵様	村川家の先祖	新潟県佐渡郡小木町	商業
525	帳箱	欅	鉄	B	抽1・1・3	絵様	三田村家の先祖	新潟県佐渡郡小木町	商業
526	帳箱	桐	鉄	C	複(抽1・両開)	絵様	安宅屋	新潟県佐渡郡小木町入舟	廻船問屋
527	帳箱	欅	鉄	B	慳	絵様	浜田屋喜兵衛治	新潟県佐渡郡小木町入舟	船持
528	帳箱	欅	鉄	B	慳	絵様	石塚家の先祖	新潟県佐渡郡小木町宿根木	廻船業
529	帳箱	欅	鉄	A	複(遣、抽1、三開、摩)	絵様	山下	新潟県佐渡郡小木町宿根木	廻船業
530	知工	欅	鉄	B	複(遣、抽1・2)	絵様	石塚政一祖父	新潟県佐渡郡小木町宿根木	船乗
531	帳箱	欅	鉄	A	複(抽1、両開)	透彫	平城家の先祖	新潟県佐渡郡赤泊村	廻船業
532	帳箱	欅	鉄	B	複(抽1、慳)	絵様	仁科家の先祖	新潟県佐渡郡赤泊村	廻船業

製作地	製作者	販売者	現所蔵者	所蔵者住所
佐渡	不明	不明	斉藤多嘉治	新潟県佐渡郡赤泊村大字杉浦
佐渡	不明	不明	坂野家の子孫	新潟県佐渡郡畑野町松ケ崎
佐渡	不明	不明	本間朝之丞(子孫)	新潟県佐渡郡畑野町宮川
三国	不明	不明	小坂秀哉(子孫)	福井県坂井郡三国町宿
三国	不明	不明	面野藤志(子孫)	福井県坂井郡三国町米が脇
三国	不明	不明	中空清三郎(子孫)	福井県坂井郡三国町安島
三国	不明	不明	新野武一(子孫)	福井県坂井郡三国町崎浦
三国	不明	不明	上野富太郎(子孫)	福井県坂井郡三国町新保
三国	不明	不明	梅谷与三郎(子孫)	福井県坂井郡三国町新保
三国	不明	不明	梅谷謙治郎(子孫)	福井県坂井郡三国町新保
三国	不明	不明	新谷孝(子孫)	福井県坂井郡三国町新保

佐渡小木	不明	みなとや利寿	『船簞笥』	柳宗悦(私家本)
佐渡小木	不明	湊屋利八郎	『和簞笥』	となみ簞笥研究会刊
佐渡小木	不明	湊屋	紅村弘	愛知県名古屋市東区徳川町
佐渡小木	不明	湊屋	紅村弘	愛知県名古屋市東区徳川町
佐渡小木	不明	賀登屋三八郎	紅村弘	愛知県名古屋市東区徳川町
佐渡小木	不明	濱屋	東予民芸館	愛媛県西条市
佐渡小木	不明	濱屋	佐々木佐男	新潟県佐渡郡真野町新町
佐渡小木	不明	濱屋	森政三	東京都調布市調布ケ丘
佐渡小木	不明	濱屋	『和簞笥』	となみ簞笥研究会刊
酒田カ	不明	不明	当初持主の子孫	山形県酒田市宮浦

不明	不明	不明	長沢しめ(子孫)	山形県鶴岡市加茂
不明	不明	不明	北野秀(子孫)	福井県坂井郡三国町安島
不明	不明	不明	光成到彦(子孫)	福井県坂井郡三国町大門
不明	不明	不明	新谷孝(子孫)	福井県坂井郡三国町大門
不明	不明	不明	舟岡喜一郎	富山県礪波郡福光町

	種類	木部	金具	程度	型	技法	当初持主	当初持主住所	職業
533	帳箱	欅	鉄	B	慳	絵様	斉藤家の先祖	新潟県佐渡郡赤泊村杉浦	船頭
534	帳箱	桐	鉄	D	慳	透彫	坂野家の先祖	新潟県佐渡郡畑野町松ケ崎	船持
535	帳箱	欅	鉄	C	複(抽1、框片開、摩)	透彫	本間家の先祖	新潟県佐渡郡畑野町宮川	地主
536	帳箱	欅	鉄	B	複(抽1、両開)	絵様	小坂家の先祖	福井県坂井郡三国町宿	廻船問屋
537	知工	欅	銅	B	複(遣、抽1)	絵様	面野家の先祖	福井県坂井郡三国町米が脇	船頭
538	帳箱	欅	真鋳	B	複(遣、抽3･1)	絵様	中空家の先祖	福井県坂井郡三国町安島	船頭
539	帳箱	欅	真鋳	B	複(遣、抽5･1)	絵様	新野家の先祖	福井県坂井郡三国町崎浦	船頭
540	帳箱	欅	銅	B	複(遣、抽3･1)	絵様	上野家の先祖	福井県坂井郡三国町新保	船持
541	帳箱	欅	銅	B	複(抽1、三開、摩)	絵様	勢得丸梅谷家	福井県坂井郡三国町新保	船持
542	帳箱	欅	鉄	B	複(抽1･慳)	絵様	梅谷家の先祖	福井県坂井郡三国町新保	船持
543	帳箱	欅	鉄	B	複(抽1･慳)	絵様	新谷家の先祖	福井県坂井郡三国町新保	船持

製作地判明

	種類	木部	金具	程度	型	技法	当初持主	当初持主住所	職業
601	帳箱	欅	鉄	B	複(抽1、框片開、摩)	透彫	不明	不明	不明
602	帳箱	欅	鉄	B	複(抽1、両開、摩)	絵様	不明	不明	不明
603	半櫃	欅	鉄	B	一重	絵様	不明	不明	不明
604	懸硯	欅	鉄	B	全面	透彫	不明	不明	不明
605	懸硯	欅	鉄	B	全面	透彫	不明	不明	不明
606	帳箱	欅	鉄	B	複(抽1、慳)	絵様	不明	不明	不明
607	帳箱	欅	鉄	A	複(抽1、両開)	絵様	不明	不明	不明
608	帳箱	欅	鉄	B	複(抽1、慳)	絵様	不明	不明	不明
609	半櫃	欅	鉄	B	二重	絵様	不明	不明	不明
610	懸硯	欅	鉄	C	鼓	絵様	宮浦の船乗	酒田宮浦	船乗

当初持主判明

	種類	木部	金具	程度	型	技法	当初持主	当初持主住所	職業
701	懸硯	欅	鉄	B	十字	透彫	長沢家の先祖	山形県鶴岡市加茂	船持
702	懸硯	欅	鉄	C	十字	透彫	北野秀太郎	越前安嶋	船持
703	懸硯	欅	鉄	B	十字	透彫	光成家の先祖	福井県坂井郡三国町新保	廻船業
704	懸硯	桐	鉄	D	別	絵様	新屋長兵衛	福井県坂井郡三国町新保	船頭
705	懸硯	欅	鉄	A	鼓	絵様	手繰屋三四郎	越中放生津	船乗カ

製作地	製作者	販売者	現所蔵者	所蔵者住所
不明	不明	不明	『船簞笥』	柳宗悦(私家本)
不明	不明	不明	讃岐民芸館	香川県高松市
不明	不明	不明	石川県立郷土資料館	石川県金沢市
不明	不明	不明	『船簞笥』	柳宗悦(私家本)
不明	不明	不明	近藤豊	京都府京都市左京区下鴨膳部町
不明	不明	不明	東予民芸館	愛媛県西条市
不明	不明	不明	石名坂恒吉(子孫)	山形県鶴岡市加茂
不明	不明	不明	林竜人	石川県金沢市若草町
不明	不明	不明	新野武一(子孫)	福井県坂井郡三国町崎浦
不明	不明	不明	新野武一(子孫)	福井県坂井郡三国町崎浦
不明	不明	不明	紅村弘	愛知県名古屋市東区徳川町
不明	不明	不明	横山家(子孫)	北海道桧山郡江差町
不明	不明	不明	松橋孫助(子孫)	青森県八戸市新井田山道
不明	不明	不明	伊藤春雄(子孫)	秋田県由利郡象潟町
不明	不明	不明	磐舟文華博物館	新潟県村上市岩船町
不明	不明	不明	伊藤家(子孫)	新潟県西頸城郡能生町
不明	不明	不明	伊藤家(子孫)	新潟県西頸城郡能生町
不明	不明	不明	松本旅館(子孫)	石川県鳳至郡門前町黒島
不明	不明	不明	石川県立郷土資料館	石川県金沢市
不明	不明	不明	末富正一(子孫)	福井県坂井郡金津町吉崎
不明	不明	不明	伊藤嘉七(子孫)	愛知県知多郡美浜町野間
不明	不明	不明	伊藤嘉七(子孫)	愛知県知多郡美浜町野間
不明	不明	不明	湯浅五郎	茨城県那珂湊市北山の上
不明	不明	不明	本橋清兵衛(子孫)	千葉県安房郡安房町大字乙浜
不明	不明	不明	本橋清兵衛(子孫)	千葉県安房郡安房町大字乙浜
不明	不明	不明	瀬戸内海歴史民俗資料館	香川県高松市
不明	不明	不明	瀬戸内海歴史民俗資料館	香川県高松市
不明	不明	不明	瀬戸内海歴史民俗資料館	香川県高松市
不明	不明	不明	山本寿景(子孫)	香川県小豆島内海
不明	不明	不明	草薙金四郎(子孫)	香川県仲多度郡琴平町
不明	不明	不明	神戸商船大学海事参考館	兵庫県神戸市

	種類	木部	金具	程度	型	技法	当初持主	当初持主住所	職業
706	懸硯	欅	鉄	A	全面	透彫	室五郎右衛門	敦賀船町	廻船問屋
707	帳箱	欅	鉄	B	複(抽1、框片開、摩)	透彫	永楽屋喜兵衛	芸州豊田郡大崎嶋東之浦	船乗カ
708	帳箱	欅	鉄	B	複(抽1、両開、摩)	透彫	寺谷源兵衛	加賀市橋立町	廻船問屋
709	帳箱	欅	鉄	A	複(遣、両開)	絵様	宮本喜助	越前国丹生郡四ッ浦港	不明
710	知工	欅	鉄	C	抽1·2	絵様	松森勇太郎	函館弁天町	不明
711	半櫃	欅	鉄	B	一重	透彫	喜幸丸文吉	越後国北蒲原■口村	船乗
712	半櫃	桐	鉄	C	一重	透彫	石名坂金六	山形県鶴岡市加茂	船頭
713	半櫃	欅	鉄	B	二重	絵様	西野三郎右衛門	石川県加賀市橋立	廻船業
714	半櫃	欅	鉄	B	二重	絵様	新野家の先祖	福井県坂井郡三国町崎浦	船頭
715	半櫃	欅	鉄	B	二重	絵様	新野家の先祖	福井県坂井郡三国町崎浦	船頭
716	懸硯	欅	鉄	A	全面	透彫	坂田屋	島根県石見国鹿足郡木部村	不明
717	懸硯	欅	鉄	C	十字	透彫	横山家の先祖	北海道桧山郡江差町	廻船問屋
718	懸硯	桐	鉄	C	鼓	無	松橋家の先祖	青森県八戸市新井田山道	廻船業
719	懸硯	桐	鉄	C	十字	透彫	伊藤家の先祖	秋田県由利郡象潟町	廻船問屋
720	懸硯	桐	鉄	C	十字	透彫	脇川家の先祖	新潟県村上郡岩船	船持
721	懸硯	桐	鉄	D	十字	無	伊藤家の先祖	新潟県西頸城郡能生町	廻船問屋
722	懸硯	欅	鉄	A	全面	透彫	伊藤家の先祖	新潟県西頸城郡能生町	廻船問屋
723	懸硯	欅	鉄	C	十字	透彫	松本家の先祖	石川県鳳至郡門前町黒島	船持
724	懸硯	欅	鉄	C	十字	透彫	沖元一郎	石川県金沢市	不明
725	懸硯	桐	鉄	B	十字	透彫	末富家の先祖	福井県坂井郡金津町吉崎	船持
726	懸硯	桐	鉄	C	鼓	無	伊藤家の先祖	愛知県知多郡美浜町野間	廻船問屋
727	懸硯	桐	鉄	C	十字	透彫	伊藤家の先祖	愛知県知多郡美浜町野間	廻船問屋
728	懸硯	松	鉄	C	十字	透彫	佐藤清太郎	茨城県那珂湊市	船持
729	懸硯	欅	鉄	C	十字	透彫	本橋清兵衛	千葉乙浜	船頭
730	懸硯	欅	鉄	B	全面	透彫	本橋清兵衛	千葉乙浜	船頭
731	懸硯	桐	鉄	C	十字	透彫	中井雅敏	三豊郡詫間町粟島	船乗
732	懸硯	欅	鉄	C	十字	透彫	古森茂	広島県御調郡向島町	庄屋
733	懸硯	桐	鉄	C	十字	透彫	山本勘助	小豆島苗羽	船頭
734	懸硯	桐	鉄	D	十字	無	山本家の先祖	香川県小豆島内海	船頭
735	懸硯	桐	鉄	D	十字	無	草薙家の先祖	香川県仲多度郡琴平町	船乗
736	懸硯	桐	鉄	C	十字	透彫	佐倉谷三郎	広島県上関市上関町	廻船業

製作地	製作者	販売者	現所蔵者	所蔵者住所
不明	不明	不明	岸井守一(子孫)	兵庫県神戸市東灘区北青木
不明	不明	不明	中村家(子孫)	北海道桧山郡江差町
不明	不明	不明	小樽郷土博物館	北海道小樽市
不明	不明	不明	伊藤卓(子孫)	山形県酒田市日和山
不明	不明	不明	川島賢二(子孫)	山形県酒田市中町
不明	不明	不明	直江伝	福井県武生市北吾妻町
不明	不明	不明	角海清(子孫)	石川県鳳至郡門前町黒島
不明	不明	不明	松本旅館(子孫)	石川県鳳至郡門前町黒島
不明	不明	不明	粟森博吉	石川県金沢市大野町
不明	不明	不明	寺谷文二(子孫)	石川県加賀市橋立町
不明	不明	不明	末富正一(子孫)	福井県坂井郡金津町吉崎
不明	不明	不明	山田金作(子孫)	福井県坂井郡三国町堅町
不明	不明	不明	山田金作(子孫)	福井県坂井郡三国町堅町
不明	不明	不明	慈道甚七(子孫)	福井県坂井郡三国町桜谷
不明	不明	不明	高原新太郎	福井県坂井郡三国町汐見
不明	不明	不明	武田明(子孫)	香川県仲多度郡多度津町鶴橋
不明	不明	不明	瀬戸内海歴史民俗資料館	香川県高松市
不明	不明	不明	神戸商船大学海事参考館	兵庫県神戸市
不明	不明	不明	岸井守一(子孫)	兵庫県神戸市東灘区北青木
不明	不明	不明	磐舟文華博物館	新潟県村上市岩船町
不明	不明	不明	磐舟文華博物館	新潟県村上市岩船町
不明	不明	不明	角海清(子孫)	石川県鳳至郡門前町黒島
不明	不明	不明	山岸忠輔(子孫)	福井県坂井郡三国町宿
不明	不明	不明	山岸忠輔(子孫)	福井県坂井郡三国町宿
不明	不明	不明	新野武一(子孫)	福井県坂井郡三国町崎浦
不明	不明	不明	高山医院(子孫)	福井県坂井郡三国町崎浦
不明	不明	不明	末富正一(子孫)	福井県坂井郡金津町吉崎

	種類	木部	金具	程度	型	技法	当初持主	当初持主住所	職業
737	懸硯	桐	鉄	B	十字	透彫	岸井家の先祖	豊後国	船頭
738	帳箱	欅	鉄	A	複(抽1·1、框片開、摩)	絵様	中村家の先祖	北海道桧山郡江差町中歌町	廻船問屋
739	帳箱	欅	鉄	C	複(抽1、両開)	透彫	寿原家の先祖	北海道小樽市	不明
740	帳箱	黒柿	鉄	C	複(遣、抽1·3合)	絵様	伊藤家の先祖	山形県酒田市	商業
741	知工	欅	鉄	C	抽2·2	無	川島家の先祖	山形県酒田市中町	廻船業
742	帳箱	欅	銅	C	複(遣、抽1、両開、摩)	絵様	本間家の先祖	山形県酒田市本町	地主
743	帳箱	欅	鉄	B	複(抽1、両開、摩)	絵様	角海家の先祖	石川県鳳至郡門前町黒島	廻船問屋
744	帳箱	栗	鉄	D	慳	絵様	松本家の先祖	石川県鳳至郡門前町黒島	船持
745	知工	欅	鉄	B	複(遣、抽1)	絵様	銭屋五兵衛	石川県金沢市大野町	廻船問屋
746	帳箱	紫壇	銅	A	複(遣、抽2·1、慳、合)	指物	寺谷家の先祖	石川県加賀市橋立町	廻船問屋
747	帳箱	欅	鉄	C	複(抽1、両開)	透彫	末富家の先祖	福井県坂井郡金津町吉崎	船持
748	帳箱	欅	鉄	B	複(抽1、三開、摩)	絵様	山田家の先祖	福井県坂井郡三国町堅町	船持
749	知工	欅	鉄	B	抽3·1	絵様	山田家の先祖	福井県坂井郡三国町堅町	船持
750	帳箱	欅	鉄	B	抽1·2·3	絵様	慈道家の先祖	福井県坂井郡三国町桜谷	船持
751	帳箱	栗	鉄	C	複(抽1、框片開、摩)	透彫	竹内家の先祖	福井県坂井郡三国町新保	船頭
752	帳箱	欅	鉄	C	複(抽1、框片開、摩)	透彫	武田家の先祖	香川県仲多度郡多度津町鶴橋	船頭
753	帳箱	欅	鉄	C	複(遣、慳)	透彫	本村新開	香川県高松市香西本町	船持
754	帳箱	欅	鉄	C	慳	絵様	島田甚左衛門	兵庫県城之崎郡香住町七日市	船頭
755	帳箱	欅	鉄	B	慳	絵様	岸井家の先祖	兵庫県神戸市東灘区北青木	船持
756	半櫃	欅	鉄	B	二重	透彫	須貝惣左衛門	新潟県村上市岩船町	船主
757	半櫃	欅	鉄	B	一重	透彫	鈴木昇	新潟県村上市岩船町	船主
758	半櫃	欅	鉄	B	二重	絵様	角海家の先祖	石川県凰至郡門前町黒島	廻船問屋
759	半櫃	欅	鉄	B	二重	絵様	山岸家の先祖	福井県坂井郡三国町宿	船持
760	半櫃	桐	鉄	B	別(抽・慳)	透彫	山岸家の先祖	福井県坂井郡三国町宿	船持
761	半櫃	欅	鉄	C	一重	絵様	新野家の先祖	福井県坂井郡三国町崎浦	船頭
762	半櫃	欅	鉄	C	二重	無	高山家の先祖	福井県坂井郡三国町崎浦	廻船業
763	半櫃	桐	鉄	D	一重	絵様	末富家の先祖	福井県坂井郡金津町吉崎	廻船業

製作地	製作者	販売者	現所蔵者	所蔵者住所
不明	不明	不明	磐舟文華博物館	新潟県村上市岩船町
不明	不明	不明	磐舟文華博物館	新潟県村上市岩船町
不明	不明	不明	磐舟文華博物館	新潟県村上市岩船町
不明	不明	不明	万松山勝楽寺伊藤鶴仙	愛知県幡豆郡吉良町
不明	不明	不明	万松山勝楽寺伊藤鶴仙	愛知県幡豆郡吉良町
不明	不明	不明	万松山勝楽寺伊藤鶴仙	愛知県幡豆郡吉良町
不明	不明	不明	万松山勝楽寺伊藤鶴仙	愛知県幡豆郡吉良町
不明	不明	不明	万松山勝楽寺伊藤鶴仙	愛知県幡豆郡吉良町
不明	不明	不明	万松山勝楽寺伊藤鶴仙	愛知県幡豆郡吉良町
不明	不明	不明	万松山勝楽寺伊藤鶴仙	愛知県幡豆郡吉良町
不明	不明	不明	万松山勝楽寺伊藤鶴仙	愛知県幡豆郡吉良町
不明	不明	不明	万松山勝楽寺伊藤鶴仙	愛知県幡豆郡吉良町
不明	不明	不明	由良神社	京都府宮津市由良
不明	不明	不明	瀬戸内海歴史民俗資料館	香川県高松市
不明	不明	不明	曽我真一	新潟県佐渡郡相川町
不明	不明	不明	曽我真一	新潟県佐渡郡相川町
不明	不明	不明	伊藤綽恭	新潟県新潟市古町通七番町
不明	不明	不明	今湊良敬	新潟県新潟市西堀通
不明	不明	不明	磐舟文華博物館	新潟県村上郡岩船町
不明	不明	不明	佐藤次男	茨城県那珂湊市辰ノ口町
不明	不明	不明	万松山勝楽寺伊藤鶴仙	愛知県幡豆郡吉良町
不明	不明	不明	万松山勝楽寺伊藤鶴仙	愛知県幡豆郡吉良町
不明	不明	不明	喜多家	石川県金沢市野々市町

	種類	木部	金具	程度	型	技法	当初持主名	当初持主住所	職業
持主推定									
801	懸硯	桐	鉄	C	鼓	無	不明	新潟県村上郡岩船町	船主
802	懸硯	欅	鉄	B	十字	透彫	不明	新潟県村上郡岩船町	船持
803	懸硯	桐	鉄	C	十字	透彫	不明	新潟県村上郡岩船町	船主
804	懸硯	桐	鉄	C	十字	透彫	不明	愛知県幡豆郡吉良町	船関係
805	懸硯	桐	鉄	C	十字	透彫	不明	愛知県幡豆郡吉良町	船関係
806	懸硯	桐	鉄	D	別	無	不明	愛知県幡豆郡吉良町	船関係
807	懸硯	桐	鉄	C	十字	透彫	不明	愛知県幡豆郡吉良町	船関係
808	懸硯	桐	鉄	D	十字	無	不明	愛知県幡豆郡吉良町	船関係
809	懸硯	桐	鉄	D	十字	無	不明	愛知県幡豆郡吉良町	船関係
810	懸硯	杉	鉄	D	別	無	不明	愛知県幡豆郡吉良町	船関係
811	懸硯	桐	鉄	D	別	無	不明	愛知県幡豆郡吉良町	船関係
812	懸硯	桐	鉄	D	十字	他	不明	愛知県幡豆郡吉良町	船関係
813	懸硯	桐	鉄	D	十字	透彫	不明	丹後宮津	船乗
814	懸硯	桐	鉄	D	十字	無	不明	香川県高松市男木島	船乗
815	帳箱	欅	鉄	B	慳	絵様	不明	新潟県佐渡郡相川町	船頭
816	帳箱	欅	鉄	A	複(遣、両開)	絵様	不明	新潟県佐渡郡相川町	船頭
817	帳箱	欅	鉄	B	複(抽2、閂、片開)	透彫	不明	新潟県佐渡郡	大工
818	帳箱	欅	鉄	B	慳	絵様	不明	新潟県新潟市	油屋
819	帳箱	欅	鉄	A	複(抽1、開、摩、机)	絵様	不明	新潟県村上郡岩船町	廻船業
820	帳箱	欅	鉄	C	慳	絵様	不明	茨城県那珂湊市辰ノ口町	船頭
821	帳箱	欅	鉄	D	複(抽1、閂)	絵様	不明	愛知県幡豆郡吉良町	船関係
822	帳箱	松	鉄	D	慳	絵様	不明	愛知県幡豆郡吉良町	船関係
823	半櫃	欅	鉄	B	二重	絵様	不明	石川県金沢市大野町	廻船問屋

注：当初持主住所は墨書のあるものはそのまま記載し、ないものについては現在の表示で記入。

基礎資料２－３　年代判明の船箪笥データ　当初持主・製作地判明（101～124）

番号	102	種類	懸硯	番号	101	種類	懸硯
型/技法	十字/透彫			型/技法	十字/透彫		
寸法	W365	D455	H415	寸法	W435	D480	H465
木材/金具	欅/鉄			木材/金具	欅/鉄		
年代	1817			年代	1814		
当初持主(職業)	長久丸(船用)			当初持主(職業)	小中屋松右衛門(船頭カ)		
住所	佐渡小木			住所	越前米脇浦		
製作地	佐渡小木			製作地	佐渡小木湊		
製作者/販売者	不明/不明			製作者/販売者	大工留蔵/湊屋利八郎		

墨書
佐州小木　己　二月吉祥日
文化十四年 [redacted]
長久丸 [redacted]

墨書（底裏）
文十二年
越前文化十二戌年
乙亥ノ三月
佐渡小木湊
米脇浦　萬栙物所
湊屋利八郎仕出し
小中屋
松右衛門　大工留蔵

番号	104	種類	懸硯
型/技法	十字/透彫		
寸法	W354	D444	H420
木材/金具	桐/鉄		
年代	1826		
当初持主(職業)	佐々木六三郎(廻船問屋)		
住所	佐渡小木町		
製作地	佐渡小木		
製作者/販売者	大工惣右衛門·鍛冶屋武左衛門/不明		

墨書
（背面）
文政九季佐々木六三郎
丙戌求之
大工惣右衛門作之
鍛冶屋武左衛門

番号	103	種類	懸硯
型/技法	十字/無		
寸法	W393	D492	H453
木材/金具	桐/鉄		
年代	1820		
当初持主(職業)	松木興左衛門(船乗)		
住所	香川県男木島		
製作地	阿波那賀郡福井町		
製作者/販売者	木地師萬助/不明		

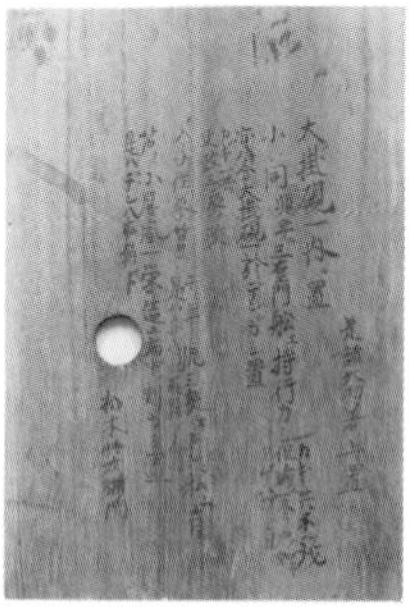

墨書
（底裏）
辰　冬
十一月　三拾五番
津　請合改仕入
福井町
萬助
木地師
（あげ底裏）
大掛硯一内ニ　是諸大切ノ者ノ上ニ置
小同卯ノ年ニ　三右衛門船エ持行カシ
カギ共不残
亦ハ分大掛硯一於デンニ　但前ニマイラ戸ノ如キ
カシ置　アゲハヅシ有
カギ一共々
文政三辰ノ改
入子往来笘一午ノ年　■三良江カシ船ニ有
是ハ亦ハ取持分之
芦ノ小屏風一栄造エ病中ノ刻カシ置
是ハデンヘ取持下
松木与左衛門

番号	106	種類	帳箱
型/技法	複(抽1・慳)/絵様		
寸法	W578	D453	H518
木材/金具	欅/鉄		
年代	1840		
当初持主(職業)	小針屋六兵衛(船持)		
住所	越前三国		
製作地	佐渡小木湊		
製作者/販売者	不明/湊屋利八郎		

墨書
（底裏）
天保十一子年九月廿一日
佐渡小木湊
湊屋利八郎出ス
越前三国
小針屋六兵衛様行

番号	105	種類	帳箱
型/技法	複(抽1・框片開・摩)/透彫		
寸法	W640	D440	H535
木材/金具	欅/鉄		
年代	1834		
当初持主(職業)	小針屋長右衛門(船主)		
住所	越前国安嶋浦(三国)		
製作地	佐渡小木		
製作者/販売者	不明/不明		

墨書
（開戸中かくしのある部分の抽斗背面）
天保五年
越前國安嶋浦
小針屋長エ門
牛五月十五日　改

番号	108	種類	懸硯
型/技法	十字/絵様		
寸法	W465	D480	H489
木材/金具	欅/鉄		
年代	1861		
当初持主(職業)	上野又吉(船持)		
住所	福井県坂井郡三国町新保		
製作地	三国		
製作者/販売者	不明/不明		

番号	107	種類	半櫃
型/技法	二重/透彫		
寸法	未採寸		
木材/金具	欅/鉄		
年代	1853		
当初持主(職業)	酒屋甚五郎(船乗力)		
住所	加州粟ヶ崎		
製作地	佐渡小木湊		
製作者/販売者	不明/湊屋		

墨書
(底) 佐劦羽茂郡小木湊
湊屋 店
嘉永六癸五年
八月出来
加州粟崎酒屋甚五郎
持用

番号	110	種類	帳箱
型/技法	慳(慳・慳)/絵様		
寸法	W570	D480	H495
木材/金具	欅/鉄		
年代	1866		
当初持主(職業)	長保丸石名坂金六(船頭)		
住所	山県県鶴岡市加茂		
製作地	酒田		
製作者/販売者	不明/不明		

墨書
（外箱底裏）
長保丸小新造金六
（帳箱底裏）
松前　又二
長保丸
石名坂
ヨ金六
（往来切手箱蓋裏）
御往来箱
松前長保丸金六
（往来切手箱つまかけ蓋裏）
佐渡小木湊宿
いつみや清兵衛

番号	109	種類	帳箱
型/技法	複(抽1・両開・摩)/絵様		
寸法	W568	D438	H500
木材/金具	欅/鉄		
年代	1866		
当初持主(職業)	神徳丸大家源作(沖船頭)		
住所	加州瀬越浦		
製作地	佐渡小木湊		
製作者/販売者	大工喜味吉/不明		

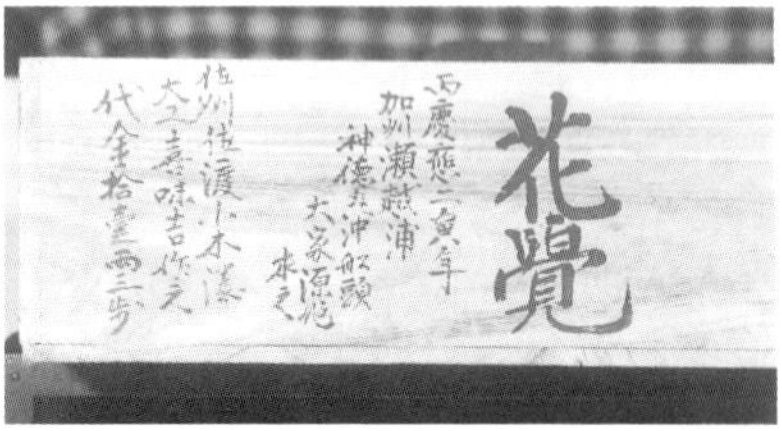

墨書
（上抽斗先板裏）
花覺
丙慶応二寅年
加州瀬越浦
神徳丸沖船頭
大家源作求之
佐州佐渡小木湊
大工　喜味吉作之
代　金　拾壱両三歩

番号	112	種類	懸硯
型/技法	鼓/絵様		
寸法	W435	D500	H480
木材/金具	欅/鉄		
年代	1869		
当初持主(職業)	吉徳丸ニ上屋濃右衛門(船持)		
住所	越中六渡寺浦		
製作地	酒田		
製作者/販売者	不明/不明		

墨書
(底裏)
己 明治二年越中六渡寺浦
大入小出千両金箱ニ吉徳丸
己 四月酒田ニテ買求ニ上屋濃右衛門 持用

番号	111	種類	帳箱
型/技法	複(抽1・慳)/絵様		
寸法	W540	D390	H420
木材/金具	欅/鉄		
年代	1868		
当初持主(職業)	中空清吉(船頭)		
住所	越前国坂井郡安東浦		
製作地	佐渡小木湊		
製作者/販売者	不明/不明		

墨書
(往来箱外側) 越前坂井芳訪安嶋浦
往来箱 中空清吉
(往来箱つまかけ蓋) 佐渡小木湊宿
藤屋勘十郎
往来状 安嶋浦
中空清吉

番号	114	種類	半櫃
型/技法	二重/絵様		
寸法	W765	H381※但し蓋の寸法	
木材/金具	欅/鉄		
年代	1871		
当初持主(職業)	久吉丸源次郎(沖船頭)		
住所	加賀市橋立		
製作地	佐渡小木		
製作者/販売者	不明/湊屋		

墨書
(底浦)
佐渡小木湊屋仕入

※取り出せないため蓋のみ撮影

番号	113	種類	帳箱
型/技法	複(遣·抽1·3)/絵様		
寸法	W540	D388	H430
木材/金具	欅·遣戸框は黒柿/銅		
年代	1869		
当初持主(職業)	池田與五郎		
住所	酒田県出町通		
製作地	酒田		
製作者/販売者	不明/不明		

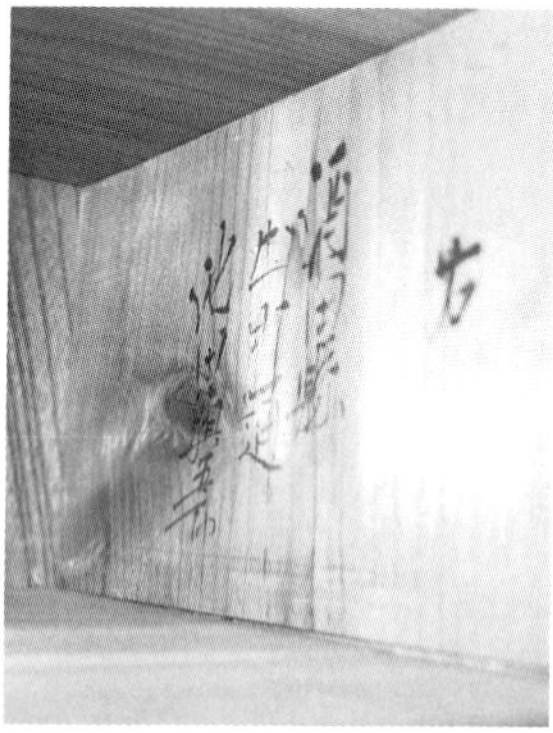

墨書
(遣戸を抜いた側板の裏　左側)
酒田管
(遣戸を抜いた側板の裏　右側)
酒田懸出町通　池田與五郎

番号	115	種類	帳箱
型/技法	複(抽1・両開)/絵様		
寸法	未採寸		
木材/金具	欅/鉄		
年代	1872		
当初持主(職業)	伊前永蔵		
住所	越前国椎谷三上		
製作地	佐渡小木		
製作者/販売者	不明/不明		

墨書
（底裏）
壬明治五年申末秋月中　佐劦小木買調
御硯箱　越後国椎谷三上　伊前永蔵

番号	116	種類	帳箱
型/技法	複(遣・抽1・3)/指		
寸法	W525	D390	H414
木材/金具	欅/真鋳		
年代	1874		
当初持主(職業)	面野家の先祖(船頭)		
住所	福井県坂井郡三国町米が脇		
製作地	三国		
製作者/販売者	不明/不明		

番号	118	種類	帳箱
型/技法	複(抽1･両開)/絵様		
寸法	W555	D465	H519
木材/金具	欅/鉄		
年代	1876		
当初持主(職業)	金栄丸山岸三右衛門(船持)		
住所	福井県坂井郡三国町		
製作地	三国		
製作者/販売者	不明/不明		

番号	117	種類	帳箱
型/技法	複(抽1･両開･摩)/絵様		
寸法	W525	D435	H444
木材/金具	欅/鉄		
年代	1875		
当初持主(職業)	青福丸吉田萬吉(百五石積直乗船頭)		
住所	九州豊後杵築国東郡鶴川村		
製作地	越後新潟湊		
製作者/販売者	不明/不明		

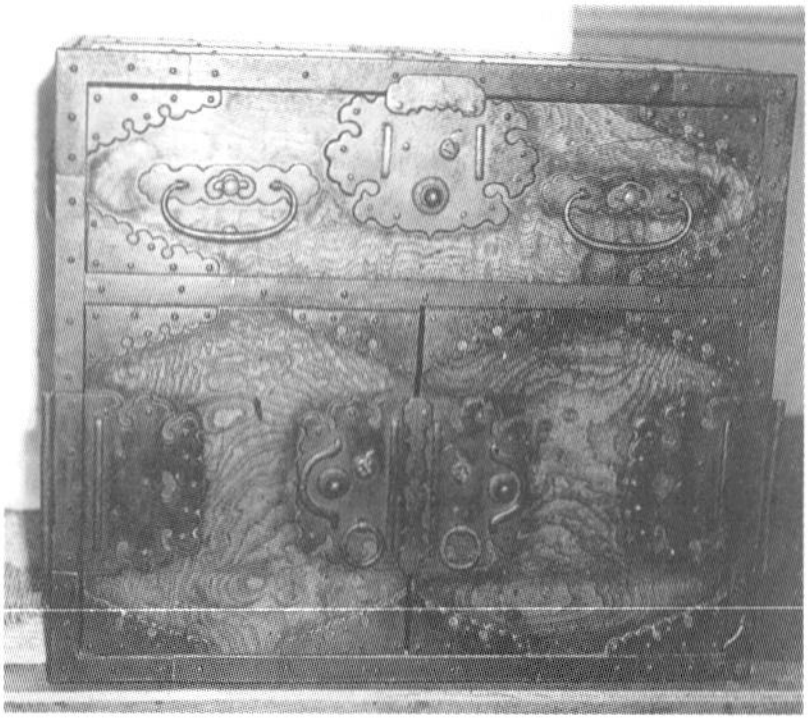

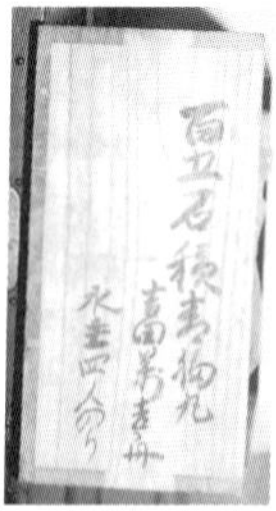

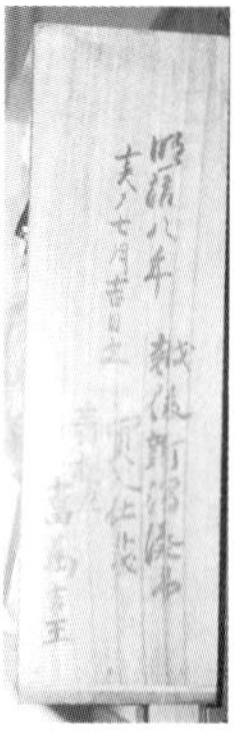

墨書
（上抽斗側面）
明治八年亥ノ七日吉日定
越後新潟湊宿　買入仕候成
青福丸　吉田萬吉主
（上抽斗側面）
九刕豊後杵築國東郡
鶴川村　吉田萬吉定
（上抽斗先板裏）
百五石積青福丸　吉田萬吉ノ舟
水主四人のり

番号	120	種類	帳箱
型/技法	複(遣·抽2·3)/指		
寸法	W520	D400	H420
木材/金具	紫檀/真鋳		
年代	1879		
当初持主(職業)	高山家の先祖(廻船業)		
住所	越前三国		
製作地	大阪かめばし		
製作者/販売者	不明/奈良屋彦兵衛		

墨書
（底裏）
明治十二年第一月
奈良屋彦兵衛

大[印]阪
かめばし
萬仕入所
奈良彦

番号	119	種類	半櫃
型/技法	二重/絵様		
寸法	W847	D480	H540
木材/金具	欅/鉄		
年代	1876		
当初持主(職業)	幸丸小酒屋七右衛門(廻船問屋)		
住所	福井県坂井郡三国町		
製作地	三国		
製作者/販売者	不明/不明		

番号	122	種類	半櫃
型/技法	二重/絵様		
寸法	W810	D未採寸	H未採寸
木材/金具	欅/鉄		
年代	1855		
当初持主(職業)	浜屋久吉丸上野又吉(船持)		
住所	福井県坂井郡三国町新保		
製作地	三国		
製作者/販売者	不明/不明		

墨書
(貼紙)敦賀港にて
濱屋久吉丸　上野又吉
直蔵様

番号	121	種類	帳箱
型/技法	複(遣·抽2·1·慳合)/指		
寸法	未採寸		
木材/金具	桑/真鋳		
年代	1879		
当初持主(職業)	新谷吉造(船頭)		
住所	越前国坂井郡新保村		
製作地	大阪		
製作者/販売者	不明/奈良屋藤兵衛		

墨書
(外箱底裏)明治十二年卯三月吉日
奈良屋藤兵衛

大阪
通り
萬仕入所
奈良屋

(慳貪蓋裏)明治拾弐年夏
越前口阪井郡新保村
新谷吉造新調

番号	124	種類	帳箱
型/技法	慳合/絵様		
寸法	W590	D490	H585
木材/金具	欅/鉄		
年代	1891		
当初持主(職業)	雲征丸新谷吉造(船頭)		
住所	福井県坂井郡三国町新保		
製作地	三国		
製作者/販売者	不明/不明		

墨書
（木札表）
新谷吉造
（木札裏　ゴム印）
越前□
新谷吉造
（浜田客船帳）
亘円雲征丸　新谷吉造
明治廿四年

番号	123	種類	半櫃
型/技法	別/絵様		
寸法	W810	D420	H510
木材/金具	欅/鉄		
年代	1891		
当初持主(職業)	雲征丸新谷吉造(船頭)		
住所	福井県坂井郡三国町新保		
製作地	三国		
製作者/販売者	不明/不明		

（浜田客船帳）
亘円雲征丸　新谷吉造
明治廿四年

基礎資料２－３　年代判明の船箪笥データ　制作地判明（201～209）

番号	202	種類	帳箱	番号	201	種類	懸硯
型/技法	閂/透彫			型/技法	十字/透彫		
寸法	W528	D390	H465	寸法	W390	D475	H447
木材/金具	欅/鉄			木材/金具	欅/鉄		
年代	1797			年代	1789		
製作地	輪島			製作地	佐州		
製作者/販売者	輪島清次亦八/不明			製作者/販売者	細工人利右衛門/不明		

（閂の金具に彫込）
寛政丁巳歳二月吉日輪嶋清次亦八作

墨書
（小抽斗底）
寛政元巳歳正月吉日求之
細工人
佐州　利右衛門

番号	204	種類	懸硯
型/技法	全面/透彫		
寸法	W450	D520	H490
木材/金具	欅/鉄		
年代	1840		
製作地	佐渡小木		
製作者/販売者	不明/綿屋東一郎		

墨書
根 天保子年
萬箱仕入所
元 六月吉日 拵え
佐州加茂郡 小木湊
綿屋東一良 出し

番号	203	種類	懸硯
型/技法	全面/透彫		
寸法	W425	D520	H480
木材/金具	欅/鉄		
年代	1840		
製作地	佐渡小木		
製作者/販売者	不明/湊屋利八郎		

墨書
天保十一子年
細工所湊屋利八良

番号	206	種類	帳箱
型/技法	複(抽1・慳)/絵様		
寸法	W450	D520	H490
木材/金具	欅/鉄		
年代	1857		
製作地	佐渡小木		
製作者/販売者	大工石吉・鉄具師覚三郎/湊屋		

墨書
(底裏)
安政四年
巳卯年出来
湊屋仕入
大工　石吉
鉄具師　覚三郎

番号	205	種類	帳箱
型/技法	複(抽1・慳)/透彫		
寸法	W563	D450	H530
木材/金具	欅/鉄		
年代	1848		
製作地	佐渡小木		
製作者/販売者	不明/湊屋利八郎		

墨書
(底裏)
弘化五申三月
湊屋利八郎仕入

番号	207	種類	懸硯
型/技法	鼓/絵様		
寸法	未採寸		
木材/金具	欅/鉄		
年代	1861		
製作地	佐渡小木湊		
製作者/販売者	不明/不明		

墨書
(底裏)
佐渡小木湊
万延二年

番号	208	種類	帳箱
型/技法	複(抽1･両開)/絵様		
寸法	W579	D455	H579
木材/金具	欅/鉄		
年代	1863		
製作地	佐渡小木		
製作者/販売者	不明/湊屋		

墨書
(抽斗裏)
文久三癸亥歳三月廿二日
佐渡小木町湊屋仕入

番号	209	種類	半櫃
型/技法	二重/絵様		
寸法	W818	D455	933
木材/金具	欅/鉄		
年代	1872		
製作地	佐渡小木湊		
製作者/販売者	不明/湊屋		

墨書
（敷板底裏）
明治五壬申歳三月八日吉日
佐渡小木湊
湊屋出来

基礎資料２－３　年代判明の船箪笥データ　当初持主判明（301～340）

番号	302	種類	帳箱
型/技法	複(抽1･框片開･摩)/透彫		
寸法	未採寸		
木材/金具	欅/鉄		
年代	1818		
当初持主(職業)	酒屋作兵衛		
住所	不明		

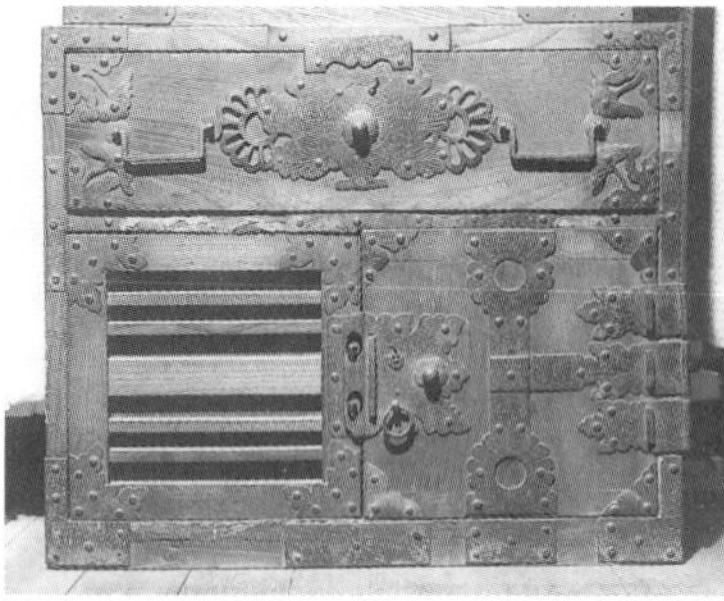

墨書
（下開戸内上抽斗側面）
文化十五年[redacted]
（下開戸内上抽斗底裏）
[redacted]出町小出
[redacted]
（下開戸内下抽斗底）
文化拾五年三月吉日
酒屋作兵衛

番号	301	種類	懸硯
型/技法	十字/透彫		
寸法	W400	D480	H450
木材/金具	欅/鉄		
年代	1787		
当初持主(職業)	五十嵐藤兵衛		
住所	越後長岡柳田町		

墨書
天明七歳未五月
越後長岡柳田町
五十嵐藤兵衛

弘化二巳年
平沢要太郎

番号	304	種類	懸硯
型/技法	十字/透彫		
寸法	欅/鉄		
木材/金具	W387	D474	H441
年代	1823		
当初持主(職業)	川崎屋八郎衛門(廻船問屋)		
住所	石川県七尾		

墨書
（抽斗裏）
文政六年未四月吉日川崎屋八郎工門

番号	303	種類	懸硯
型/技法	十字/透彫		
寸法	未採寸		
木材/金具	欅/鉄		
年代	1820		
当初持主(職業)	宝昌丸庄吉(船乗)		
住所	不明		

（底裏）
（右上）綿重
（右下）宝昌丸
庄吉
（中）
七拾六歳也
丹後田邊國由良庄
[redacted]
指物師
古作忠孝作
（左上）文政三辰八月改
（左下）明治二年己巳年
丹後田邊國
由良庄濱野路
濱屋又市庄吉
宝昌丸　庄吉

番号	306	種類	半櫃
型/技法	二重/絵様		
寸法	上W820 下W820 上D440 下D440 上H455 下H460		
木材/金具	欅/鉄		
年代	1826		
当初持主(職業)	久徳丸船頭長七(船頭)		
住所	福井県坂井郡三国町崎浦		

墨書
文政七年　久徳丸
川崎屋仁兵衛長七

番号	305	種類	懸硯
型/技法	十字/透彫		
寸法	未採寸		
木材/金具	欅/鉄		
年代	1824		
当初持主(職業)	伊藤家の先祖(廻船問屋)		
住所	新潟県西頸城郡能生町		

墨書
（底裏）
文政七年

番号	308	種類	懸硯
型/技法	十字/透彫		
寸法	W390	D480	H438
木材/金具	欅/鉄		
年代	1831		
当初持主(職業)	佐々木新六		
住所	岩手県宮古		

墨書
(中の抽斗)
天保貳年　佐々木屋新六主
(箱底)
天保六年未四月吉

番号	307	種類	懸硯
型/技法	十字/透彫		
寸法	未採寸		
木材/金具	桐/鉄		
年代	1827		
当初持主(職業)	虎蔵		
住所	小豆島土庄邑		

墨書
(一番目の抽斗裏)
文政十年
亥三月■十日　求之
御料小豆嶋土庄邑
虎蔵
(一番目の抽斗側面)
御料　小豆嶋入部村
共助

番号	310	種類	懸硯
型/技法	十字/透彫		
寸法	未採寸		
木材/金具	欅/鉄		
年代	1836		
当初持主(職業)	下野屋鉄太郎		
住所	不明		

墨書
(扉裏)
天保七年申一月
下野屋鉄太郎

番号	309	種類	懸硯
型/技法	十字/透彫		
寸法	W390	D480	H429
木材/金具	欅/鉄		
年代	1834		
当初持主(職業)	木津屋茂八郎(銭五の番頭)		
住所	金沢		

墨書
(中に入っていた「諸国切手箱」の内箱の脇)
甲天保五年年出来
木津屋茂八郎

番号	312	種類	半櫃
型/技法	二重/透彫		
寸法	W810	D420	H810
木材/金具	欅/鉄		
年代	1839		
当初持主(職業)	角海孫右衛門(船頭)		
住所	石川県鳳至郡門前町黒島		

墨書
(底裏)
天保十年

番号	311	種類	懸硯
型/技法	鼓/透彫		
寸法	未採寸		
木材/金具	桐/鉄		
年代	1839		
当初持主(職業)	蛭子丸糸井重三郎(船乗)		
住所	丹後宮津岩瀧湊		

墨書
(中の下左抽斗背面)
天保十巳亥春三月吉日
丹州宮津
岩瀧湊　蛭子丸　糸井重三郎

番号	314	種類	懸硯
型/技法	十字/透彫		
寸法	W390	D465	H450
木材/金具	桐/鉄		
年代	1843		
当初持主(職業)	常安丸五兵衛(廻船業)		
住所	金沢宮腰村		

墨書
（底裏）
五兵衛
常安丸　天保十四癸卯四月
加州宮腰村
銭屋

番号	313	種類	懸硯
型/技法	十字/透彫		
寸法	W390	D480	H450
木材/金具	桐/鉄		
年代	1841		
当初持主(職業)	久徳丸善六(船乗)		
住所	香川県観音寺町		

墨書
（隠し箱底裏）
天保　拾二　月
久徳丸
善六

番号	315	種類	懸硯
型/技法	十字/透彫		
寸法	W485	D390	H443
木材/金具	桐/鉄		
年代	1843		
当初持主(職業)	天神丸勘七		
住所	不明		

(貼紙)
一　覚
右此懸硯箱壱ツ代金弐歩也
右之通代金受取譲渡申候処
相違無之[redacted]
文久二戌年十一月十三日
和田渡鹿之
勘治郎

(貼紙)　懸硯
(二段目抽斗裏)　墨書訂正なし
天保十四年
売仕切夫買月 [redacted]
勘七
天神丸

(二段目抽斗側面)　天神丸
勘七
[redacted]

番号	316	種類	帳箱
型/技法	複(遣、抽1·3、合)/絵様		
寸法	未採寸		
木材/金具	欅·遣戸黒柿/鉄		
年代	1848		
当初持主(職業)	西川儀兵衛		
住所	紀州廣浦中野村		

墨書
(箱の胴)
嘉永元戌申三月吉辰
世話人改正　西川氏調之
(下の抽斗側板外面)
嘉永元戌申歳春三月吉辰
紀州廣浦中野村
地士西川儀兵衛當改正之節調之

番号	318	種類	懸硯
型/技法	全面/透彫		
寸法	W390	D480	H435
木材/金具	欅/鉄		
年代	1852		
当初持主(職業)	橋屋彦助		
住所	能登国福浦		

墨書（一番上の抽斗底裏）
嘉永五歳
能劦国福浦
橋屋彦助

番号	317	種類	懸硯
型/技法	十字/透彫		
寸法	未採寸		
木材/金具	桐/鉄		
年代	1851		
当初持主(職業)	金澤屋善助米蔵(船関係)		
住所	尾張多屋村浦方		

墨書（抽斗底）
嘉永四年
午正月吉日
尾張多屋村浦方
金澤屋善助米蔵 〈花押〉

番号	320	種類	懸硯
型/技法	鼓/絵様		
寸法	W390	D480	H435
木材/金具	欅/鉄		
年代	1854		
当初持主(職業)	上岩八		
住所	不明		

墨書（底裏）
嘉永七　上岩八　申寅春

番号	319	種類	帳箱
型/技法	複(遣·抽3·1)/無		
寸法	W510	D429	H435
木材/金具	欅/鉄		
年代	1854		
当初持主(職業)	石名坂金六(船頭)		
住所	山形県鶴岡市加茂		

墨書（底裏）
安政元年
石名坂金六
三月吉日

番号	322	種類	帳箱
型/技法	慳/絵様		
寸法	W580	D490	H530
木材/金具	欅/鉄		
年代	1860		
当初持主(職業)	甚座屋平助(船頭)		
住所	加州安宅町		

墨書
(前蓋裏　底裏)
加州安宅町甚座屋平助用
庚萬延元年申上夏吉日拾呈求之

番号	321	種類	帳箱
型/技法	慳/絵様		
寸法	W530	D345	H345
木材/金具	欅/鉄		
年代	1855		
当初持主(職業)	春■丸中川屋軍蔵(直乗船頭)		
住所	雲州神門郡田口儀浦		

墨書
(上抽斗裏)
雲刕神門郡口田儀浦　中川屋軍蔵
(下左抽斗右側面)
雲刕中川屋軍蔵舟
(下左抽斗左側面)
安政弐卯神在月吉日
(下中抽斗右側)
安政弐乙卯神在月廿八日
(下中抽斗左側)
雲刕神門郡口田儀町　春■丸軍蔵
(下右抽斗右側)
安政弐乙卯神在月吉日
(下右抽斗裏側)
雲刕神門郡口田儀町　春■丸軍蔵
(下右抽斗左側)
大功也目録入

番号	324	種類	懸硯
型/技法	十字/透彫		
寸法	W381	D480	H444
木材/金具	欅/鉄		
年代	1868		
当初持主(職業)	山十(大串)家(船主)		
住所	新潟県村上郡岩船町		

墨書
慶応四年

番号	323	種類	懸硯
型/技法	鼓/絵様		
寸法	W426	D474	H474
木材/金具	桐/鉄		
年代	1868		
当初持主(職業)	順済丸		
住所	水戸那珂湊		

墨書
(舟艦札)
順済丸
慶応四年

番号	325	種類	半櫃
型/技法	一重/絵様		
寸法	W810	H480	（蓋寸法）
木材/金具	欅/鉄		
年代	1875		
当初持主（職業）	伊勢丸文七（船頭）		
住所	越前安島		

墨書
（貼紙）
伊勢丸文七
越前
小文
安島
（浜田客船帳）
伊勢丸
小佐部惣左衛門
文七
明治八年

※取り出せないため蓋のみ撮影

番号	326	種類	懸硯
型/技法	十字/透彫		
寸法	W285	D390	H330
木材/金具	欅/鉄		
年代	1876		
当初持主（職業）	丹後宮津由良屋水太郎船（船頭）		
住所	丹後宮津		

墨書
（前扉裏）
明治九年子調之
由良屋水太郎船
年賀箱持入

番号	328	種類	帳箱
型/技法	複(抽1·両開)/絵様		
寸法	未採寸		
木材/金具	欅/鉄		
年代	1876		
当初持主(職業)	国領源兵衛		
住所	不明		

墨書
明治九年第八月
金廿五円
七
の
國領源兵衛

番号	327	種類	懸硯
型/技法	十字/透彫		
寸法	W330	D420	H375
木材/金具	栗/鉄		
年代	1876		
当初持主(職業)	広川泉松主		
住所	新潟市古町通		

墨書
(底裏)
明治九子年
十一月吉日
小林長蔵(後で記入したもの)
古町通左番町
広川泉松主

番号	329	種類	帳箱
型/技法	慳/絵様		
寸法	W480	D350	H350
木材/金具	欅/鉄		
年代	1877		
当初持主(職業)	尾根作太郎		
住所	西条市付近		

墨書
(中箱蓋上)
明治■■■五月十九日買据■■
明治拾年
尾根作太郎
吉崎叶物ニ相成
辰五月吉日
(抽斗側面)
吉崎叶物
此代金四円八拾銭也
(抽斗底)
吉崎篤之進叶物
辛巳旧正月十九日求之
此代金四圓八拾銭也

番号	330	種類	帳箱
型/技法	複(抽1・両開)/絵様		
寸法	未採寸		
木材/金具	欅/鉄		
年代	1879		
当初持主(職業)	瀬崎長徳丸善三郎(船頭)		
住所	石川県越前国丹生郡小丹生浦		

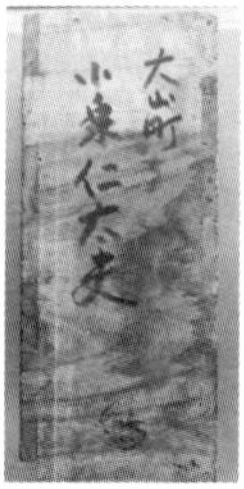

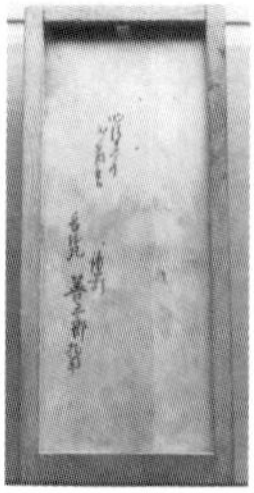

墨書

最初の持主
(銭箱裏)
明治十二年卯五月五日
長徳丸
瀬崎
善三郎持用

二番目の持主
(桐箱爪掛け蓋上)
石川県越前國丹生郡
小丹生浦　長徳丸　七右衛門
瀬崎善三郎

三番目の持主
大正七年十月二日かへ
小泉仁太夫
(桐箱裏)
大山町
小泉仁太夫
(桐箱奥)
仁太夫
越前又■
丹生■■浦
■■■
■■■
■■■
大正七年十一月

番号	331	種類	帳箱
型/技法	複(遣･抽2･3)/絵様		
寸法	未採寸		
木材/金具	欅/鉄		
年代	1882		
当初持主(職業)	斉藤賢治		
住所	不明		

墨書
明治十五年五月新調
斉藤賢治
珍蔵

番号	332	種類	帳箱
型/技法	複(遣･抽1･3･合)/絵様		
寸法	W560	D390	H430
木材/金具	欅/鉄		
年代	1883		
当初持主(職業)	照勇弥助		
住所	不明		

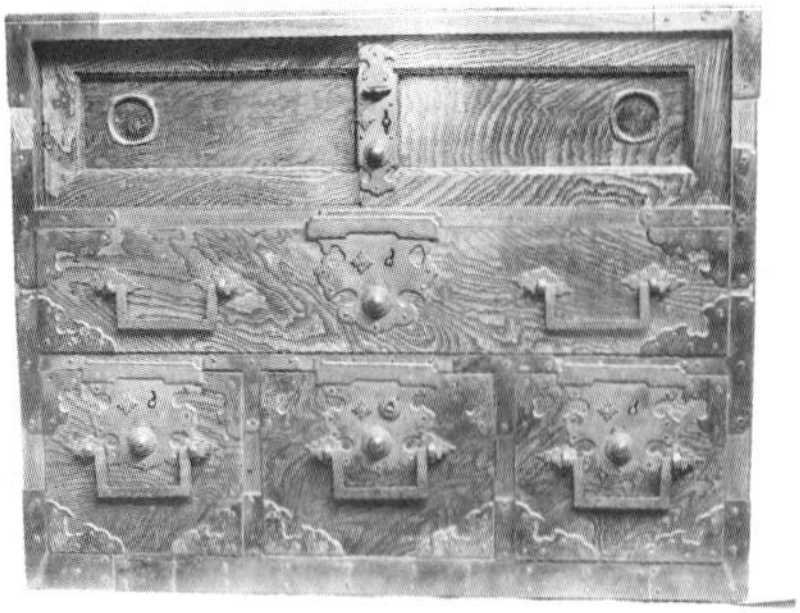

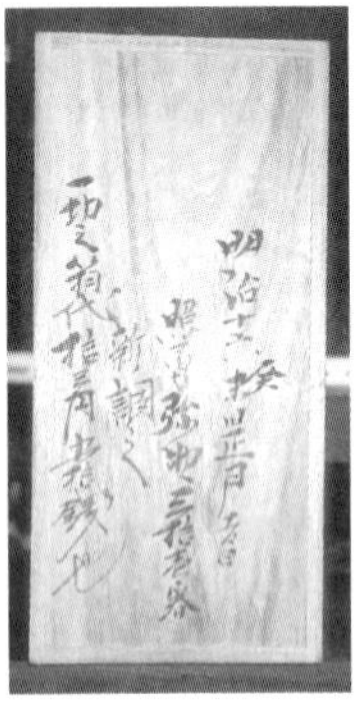

墨書
（銭箱底裏）
明治十六年癸未旧正月吉日
照勇弥助三拾壱番
新調之
一切之箱代
拾三円五拾銭也

番号	334	種類	懸硯
型/技法	別/無		
寸法	W360	D360	H435
木材/金具	桐/鉄		
年代	1885		
当初持主(職業)	西野清太郎		
住所	越中国砺波町湯山村		

墨書
（最上段抽斗底裏）
明治拾八年九月拾参日
越中国砺波町
湯山村　西野清太郎

番号	333	種類	知工(帳箱)
型/技法	抽1･2･3/絵様		
寸法	W543	D390	H270
木材/金具	欅/銅		
年代	1885		
当初持主(職業)	大滝光徳		
住所	小樽		

墨書
（抽斗大底裏）
明治十八歳酉六月中旬酒持参致
小樽ニ下リ高島郡色内町十六番地
新谷栄吉ト云人之器械ヲ買入
造栄業相初帳…（以下擦れており不明）
（抽斗小底裏）
明治十八年六月上旬札幌縣小樽ニ下リ
高島郡色内町十六番地
新谷栄吉ト云酒造人ノ器械ヲ買入
酒造相初諸道具買入歩行之節
見當…（以下擦れており不明）
代価二円■■銭ナリ
大滝光徳持用

番号	336	種類	懸硯
型/技法	別/無		
寸法	W345	D450	H390
木材/金具	桐/鉄		
年代	1887		
当初持主(職業)	伊藤家(廻船問屋)		
住所	愛知県知多郡美浜町野間		

墨書
(扉裏の証書)
記
一 塩新寺田七六三〇俵也
右八尾張国野間福宮[redacted]藤和三郎殿
船江積入候處相違無之候也
沖野崎隠岐國那珂郡與島塩内鎌田卯年
明治二十年七月二日
諸国問屋衆中
仲買衆中

番号	335	種類	半櫃
型/技法	一重/絵様		
寸法	W780	D438	H510
木材/金具	欅/鉄		
年代	1887		
当初持主(職業)	中尾孫策(船頭)		
住所	大分県豊後国東国東郡鶴川村		

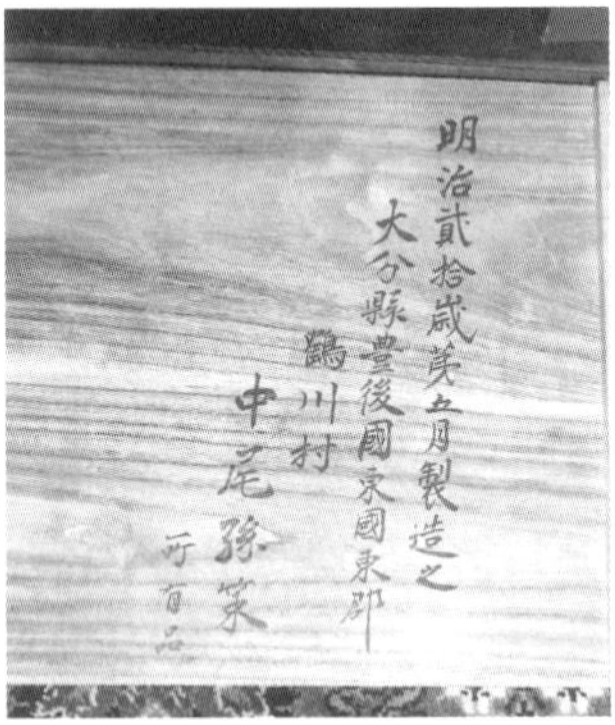

墨書
(抽斗のあげ底板裏)
明治貳拾歳第五月製造之
大分縣豊後國東國東郡
鶴川村
中尾孫策
所有品

番号	337	種類	懸硯
型/技法	別/無		
寸法	W387	D480	H441
木材/金具	桐/鉄		
年代	1892		
当初持主(職業)	伊藤家手船福宮丸(廻船問屋)		
住所	愛知県尾張国知多郡野間村		

墨書
(底裏)
明治廿五年
愛知縣尾張國
知多郡野間村
壱号
福宮丸
辰 一月 新調

番号	338	種類	懸硯
型/技法	別/無		
寸法	W270	D384	H264
木材/金具	欅/鉄		
年代	1902		
当初持主(職業)	脇川三右衛門(船長)		
住所	新潟県越後之国岩船郡岩船町字広小路		

墨書
明治三拾五年
新潟県越後之國
岩船郡岩船町
宇広小路
脇川三右衛門之求メ
寅 三月吉日

番号	340	種類	知工(帳箱)
型/技法	抽1·2/絵様		
寸法	未採寸		
木材/金具	欅/鉄		
年代	1905		
当初持主(職業)	神力丸松岡嶋次郎(船長)		
住所	隠岐西郷町字西町		

墨書
（右下慳貪内上抽斗底裏）
明治三十八年旧九月吉日
隠岐西郷町字西町
神力丸船長
松岡嶋次郎持用

番号	339	種類	懸硯
型/技法	別(慳)/絵様		
寸法	未採寸		
木材/金具	欅/鉄		
年代	1903		
当初持主(職業)	相馬助蔵(廻船問屋)		
住所	新潟県村上郡岩船町		

墨書
明治三十六年十月
新調
相馬助蔵

基礎資料２－３　年代判明の船箪笥データ　年代のみ判明（401～402）

番号	402	種類	懸硯	番号	401	種類	帳箱
型/技法	十字/透彫			型/技法	複(抽1·両開)/絵様		
寸法	W360	D450	H390	寸法	W488	D480	H488
木材/金具	欅/鉄			木材/金具	欅/鉄		
年代	1831			年代	1815		

墨書
（箱底裏）
辛天保二年
坂越浦　松太郎
卯四月吉日
（「松太郎」は下の字を削って書いてある）
（隠し箱底）
小松丸　■作屋
相七　■

墨書
（抽斗先板裏）
乙文化十二年亥二月調之
諸事求…（以下不明）

基礎資料２−４　年代不明の船箪笥データ　当初持主・製作地判明（501〜543）

番号	501	種類	懸硯
型/技法	全面/透彫		
寸法	W390	D480	H450
木材/金具	欅/鉄		
当初持主(職業)	木嶋七左衛門(佐渡一の廻船問屋)		
住所	佐渡松ヶ崎		
製作地	佐渡小木		
製作者/販売者	箱屋辰治郎/不明		

墨書（底裏）
松ヶ崎
木嶋七左衛門様行
佐刕小木湊
箱屋辰治郎出

番号	502	種類	懸硯
型/技法	十字/透彫		
寸法	W354	D435	H405
木材/金具	桐/鉄		
当初持主(職業)	高垣氏(岩船の脇川家より出た)		
住所	村上郡岩船		
製作地	佐渡		
製作者/販売者	不明/不明		

墨書（底裏）
細工人　佐渡■
　　　　高垣氏
明治十二年六月　（字体が異なる）

番号	504	種類	懸硯
型/技法	十字/透彫		
寸法	W360	D460	H410
木材/金具	桐/鉄		
当初持主(職業)	川野上家の先祖(廻船業)		
住所	加賀市橋立		
製作地	佐渡沢根		
製作者/販売者	不明/不明		

焼印（底裏）

佐州
■店
沢根

番号	503	種類	懸硯
型/技法	十字/無		
寸法	W330	D405	H390
木材/金具	欅/鉄		
当初持主(職業)	孫四郎		
住所	佐渡松ヶ崎		
製作地	佐渡小木		
製作者/販売者	不明/不明		

墨書（底裏）
松ケ崎
孫四郎様行

小木町
■■■

番号	506	種類	懸硯
型/技法	十字/透彫		
寸法	W390	D480	H441
木材/金具	桐/鉄		
当初持主（職業）	岩崎善兵衛（船持）		
住所	尾鷲市行野		
製作地	備州		
製作者/販売者	不明/金處店万根		

焼印（底裏）
備州
金處店
万
万根

番号	505	種類	懸硯
型/技法	鼓/無		
寸法	W390	D480	H450
木材/金具	桐/鉄		
当初持主（職業）	野地梅太郎（廻船業）		
住所	尾鷲市倉の谷		
製作地	東京京橋金六町		
製作者/販売者	不明/有田屋		

墨書（底裏）
有田屋改
八十八

焼印
京橋金六町
有田屋
㊫

番号	508	種類	帳箱
型/技法	慳/絵様		
寸法	未採寸		
木材/金具	欅/鉄		
当初持主(職業)	佐藤(朝雄)家の先祖(船頭)		
住所	佐渡宿根木		
製作地	佐渡小木		
製作者/販売者	不明/湊屋		

墨書
(底裏)
佐渡小木湊屋仕入

番号	507	種類	帳箱
型/技法	複(抽1・両開・摩)/絵様		
寸法	未採寸		
木材/金具	欅/鉄		
当初持主(職業)	弥平次(船箪笥屋)		
住所	佐渡小木		
製作地	佐渡小木		
製作者/販売者	不明/おくめや(在庫品)		

番号	509	種類	帳箱
型/技法	樫/絵様		
寸法	未採寸		
木材/金具	欅/鉄		
当初持主(職業)	田中(よし子)家の先祖(船乗)		
住所	福井県坂井郡三国町木部東		
製作地	佐渡小木		
製作者/販売者	不明/みなとや		

墨書
(抽斗三杯の各側板外側面)
みなとや

番号	510	種類	帳箱
型/技法	別/絵様		
寸法	W390	D375	H714
木材/金具	桐/鉄		
当初持主(職業)	新屋紋四郎(廻船業)		
住所	佐渡松ヶ崎		
製作地	佐渡小木		
製作者/販売者	大工箱屋辰右衛門/不明		

墨書
(底裏)
松ヶ崎
新屋紋四様行
佐渡小木
大工箱屋辰右衛門

番号	512	種類	半櫃
型/技法	一重/絵様		
寸法	W820	D460	H455
木材/金具	欅/鉄		
当初持主(職業)	寺谷源兵衛(廻船問屋)		
住所	加賀市橋立		
製作地	佐渡小木		
製作者/販売者	不明/湊屋		

墨書
(底裏)
佐渡小木
湊屋
仕入

番号	511	種類	帳箱
型/技法	複(遣·抽1·2·合)/指		
寸法	W565	D445	H530
木材/金具	桑/銅		
当初持主(職業)	宮前(㐂六)家の先祖(船頭)		
住所	福井県坂井郡三国町新保		
製作地	三国		
製作者/販売者	松下長四郎/不明		

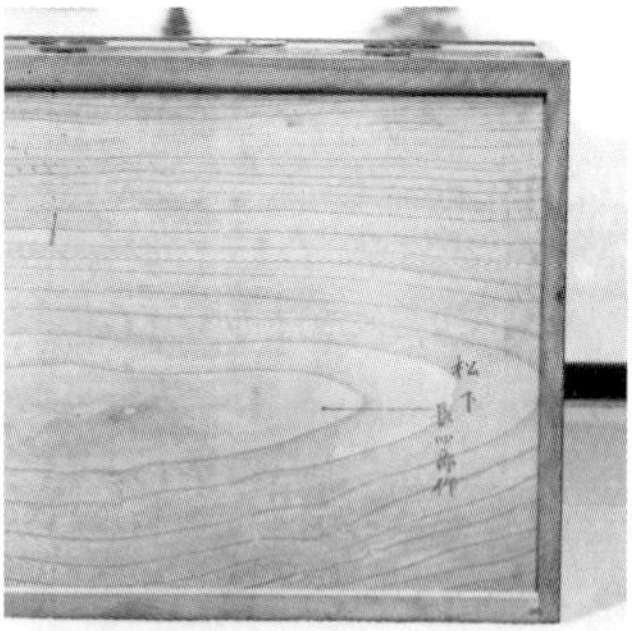

墨書
(外箱底裏)
松下長四郎作

(引戸)
森春濤の詩が彫込んである。
春濤は明治初年三国へ来ている詩人。

番号	514	種類	懸硯
型/技法	十字/透彫		
寸法	W420	D498	H480
木材/金具	欅/鉄		
当初持主(職業)	福寿丸(松沢美佐子家の先祖　廻船問屋)		
住所	佐渡赤泊		
製作地	佐渡		
製作者/販売者	不明/不明		

金具
（家紋）二引紋
（屋号）福

番号	513	種類	懸硯
型/技法	十字/透彫		
寸法	W364	D439	H418
木材/金具	欅/鉄		
当初持主(職業)	本間光敏(本間家の分家)		
住所	山形県酒田市		
製作地	酒田カ		
製作者/販売者	不明/不明		

墨書
（底裏）
濱畑
本間光敏

番号	516	種類	懸硯
型/技法	全面/透彫		
寸法	未採寸		
木材/金具	欅/鉄		
当初持主(職業)	室次郎		
住所	佐渡		
製作地	佐渡		
製作者/販売者	不明/不明		

墨書（底裏）　〈ス　御印
佐渡室次郎

金具（家紋）剣酢漿草
（屋号）〈ス

番号	515	種類	懸硯
型/技法	全面/透彫		
寸法	未採寸		
木材/金具	欅/鉄		
当初持主(職業)	寺島(小一郎)家の先祖(廻船業)		
住所	佐渡郡畑野町多田		
製作地	佐渡		
製作者/販売者	不明/不明		

金具（屋号）　㊂

番号	518	種類	半櫃
型/技法	二重/絵様		
寸法	W上下とも795	D上下とも435	H上465 下510
木材/金具	欅/鉄		
当初持主(職業)	梅谷(謙次郎)家の先祖(船持)		
住所	福井県坂井郡三国町新保		
製作地	三国		
製作者/販売者	不明/不明		

金具
（家紋）蔦紋
下倹貪蓋表面に貼付文字
梅谷

番号	517	種類	懸硯
型/技法	全面/透彫		
寸法	W420	D510	H480
木材/金具	欅/鉄		
当初持主(職業)	久右衛門(船問屋)		
住所	小木町字宿根木		
製作地	佐渡小木		
製作者/販売者	不明/不明		

金具
（家紋）丸に四方木瓜
（屋号）（「久」の上の部分が欠けている）

番号	520	種類	懸硯
型/技法	十字/透彫		
寸法	W384	D441	H441
木材/金具	桐/鉄		
当初持主(職業)	叶本家(船持)		
住所	佐渡沢崎		
製作地	佐渡		
製作者/販売者	不明/不明		

焼印

金具（家紋）丸に枡

番号	519	種類	懸硯
型/技法	別/絵様		
寸法	W495	D405	H510
木材/金具	桐/鉄		
当初持主(職業)	久松屋桃井(廻船問屋)		
住所	佐渡小木		
製作地	佐渡小木		
製作者/販売者	不明/不明		

番号	522	種類	知工(帳箱)	番号	521	種類	懸硯
型/技法	抽1·2/絵様			型/技法	十字/透彫		
寸法	未採寸			寸法	W360	D444	H420
木材/金具	欅/鉄			木材/金具	欅/鉄		
当初持主(職業)	三田村家の先祖(商業)			当初持主(職業)	坂野家の先祖(船持)		
住所	新潟県佐渡郡小木町			住所	佐渡畑野松ヶ崎		
製作地	佐渡小木			製作地	佐渡		
製作者/販売者	不明/不明			製作者/販売者	不明/不明		

番号	524	種類	帳箱
型/技法	複(遣·抽1·3)/絵様		
寸法	W540	D390	H420
木材/金具	欅/鉄		
当初持主(職業)	村川(清弥)家の先祖(商業)		
住所	新潟県佐渡郡小木町		
製作地	佐渡小木		
製作者/販売者	不明/不明		

番号	523	種類	知工(帳箱)
型/技法	複(机·抽1·2)/無		
寸法	W651	D366	H285
木材/金具	欅/鉄		
当初持主(職業)	久松屋桃井(廻船問屋)		
住所	新潟県佐渡郡小木町		
製作地	佐渡小木		
製作者/販売者	不明/不明		

番号	526	種類	帳箱
型/技法	複(抽1·両開)/絵様		
寸法	W420	D375	H390
木材/金具	桐/鉄		
当初持主(職業)	安宅屋(廻船問屋)		
住所	新潟県佐渡郡小木町入舟		
製作地	佐渡小木		
製作者/販売者	不明/不明		

番号	525	種類	帳箱
型/技法	抽1·1·3/絵様		
寸法	未採寸		
木材/金具	欅/鉄		
当初持主(職業)	三田村家の先祖(商業)		
住所	新潟県佐渡郡小木町		
製作地	佐渡小木		
製作者/販売者	不明/不明		

番号	528	種類	帳箱
型/技法	樫/絵様		
寸法	未採寸		
木材/金具	欅/鉄		
当初持主(職業)	石塚家の先祖(廻船業)		
住所	新潟県佐渡郡小木町宿根木		
製作地	佐渡小木		
製作者/販売者	不明/不明		

番号	527	種類	帳箱
型/技法	樫/絵様		
寸法	W519	D384	H260
木材/金具	欅/鉄		
当初持主(職業)	浜田屋喜兵衛治(船持)		
住所	新潟県佐渡郡小木町入舟		
製作地	佐渡小木		
製作者/販売者	不明/不明		

番号	530	種類	知工(帳箱)
型/技法	複(遣・抽1・2)/絵様		
寸法	W535	D390	H320
木材/金具	欅/鉄		
当初持主(職業)	石塚政一祖父(船乗)		
住所	新潟県佐渡郡小木町宿根木		
製作地	佐渡小木		
製作者/販売者	不明/不明		

番号	529	種類	帳箱
型/技法	複(遣・抽1・三開・摩)/絵様		
寸法	W531	D441	H474
木材/金具	欅/鉄		
当初持主(職業)	山下(廻船業)		
住所	新潟県佐渡郡小木町宿根木		
製作地	佐渡小木		
製作者/販売者	不明/不明		

番号	532	種類	帳箱	番号	531	種類	帳箱
型/技法	複(抽1・慳)/絵様			型/技法	複(抽1・両開)/透彫		
寸法	W501	D411	H411	寸法	W660	D426	H510
木材/金具	欅/鉄			木材/金具	欅/鉄		
当初持主(職業)	仁科家の先祖(廻船業)			当初持主(職業)	平城(豊三郎)家の先祖(廻船業)		
住所	新潟県佐渡郡赤泊村			住所	新潟県佐渡郡赤泊村		
製作地	佐渡			製作地	佐渡		
製作者/販売者	不明/不明			製作者/販売者	不明/不明		

金具(家紋)丸に木瓜

番号	534	種類	帳箱
型/技法	樫/透彫		
寸法	W585	D330	H360
木材/金具	桐/鉄		
当初持主(職業)	坂野家の先祖(船持)		
住所	新潟県佐渡郡畑野町松ヶ崎		
製作地	佐渡		
製作者/販売者	不明/不明		

番号	533	種類	帳箱
型/技法	樫/絵様		
寸法	W420	D324	H321
木材/金具	欅/鉄		
当初持主(職業)	斉藤(多喜治)家の先祖(船頭)		
住所	新潟県佐渡郡赤泊村杉浦		
製作地	佐渡		
製作者/販売者	不明/不明		

番号	536	種類	帳箱
型/技法	複(抽1･両開)/絵様		
寸法	未採寸		
木材/金具	欅/鉄		
当初持主(職業)	小坂(秀成)家の先祖(廻船問屋)		
住所	福井県坂井郡三国町宿		
製作地	三国		
製作者/販売者	不明/不明		

番号	535	種類	帳箱
型/技法	複(抽1･框片開･摩)/透彫		
寸法	W525	D420	H465
木材/金具	欅/鉄		
当初持主(職業)	本間(朝之衛)家の先祖(地主)		
住所	新潟県佐渡郡畑野町宮川		
製作地	佐渡		
製作者/販売者	不明/不明		

番号	538	種類	帳箱
型/技法	複(遣·抽3·1)/絵様		
寸法	W540	D369	H420
木材/金具	欅/真鋳		
当初持主(職業)	中空(清三郎)家の先祖(船頭)		
住所	福井県坂井郡三国町安島		
製作地	三国		
製作者/販売者	不明/不明		

番号	537	種類	知工(帳箱)
型/技法	複(遣/抽1)/絵様		
寸法	W540	D390	H270
木材/金具	欅/銅		
当初持主(職業)	面野(藤志)家の先祖(船頭)		
住所	福井県坂井郡三国米が脇		
製作地	三国		
製作者/販売者	不明/不明		

番号	540	種類	帳箱
型/技法	複(遣·抽3·1)/絵様		
寸法	W540	D390	H450
木材/金具	欅・戸と手掛は黒柿 / 銅		
当初持主(職業)	上野(富太郎)家の先祖(船持)		
住所	福井県坂井郡三国新保		
製作地	三国		
製作者/販売者	不明/不明		

番号	539	種類	帳箱
型/技法	複(遣·抽5·1)/絵様		
寸法	W540	D330	H440
木材/金具	欅・戸と手掛は黒柿/真鋳		
当初持主(職業)	新野(武一)家の先祖(船頭)		
住所	福井県坂井郡三国崎浦		
製作地	三国		
製作者/販売者	不明/不明		

番号	542	種類	帳箱
型/技法	複(抽1·樫)/絵様		
寸法	W540	D420	H435
木材/金具	欅/鉄		
当初持主(職業)	梅谷(謙次郎)家の先祖(船持)		
住所	福井県坂井郡三国新保		
製作地	三国		
製作者/販売者	不明/不明		

金具（家紋）丸に蔦

番号	541	種類	帳箱
型/技法	複(抽1·三開·摩)/絵様		
寸法	W540	D390	H435
木材/金具	欅/銅		
当初持主(職業)	勢得丸梅谷(与三郎)家の先祖(船持)		
住所	福井県坂井郡三国新保		
製作地	三国		
製作者/販売者	不明/不明		

番号	543	種類	帳箱
型/技法	複(抽1·慳)/絵様		
寸法	W520	D455	H495
木材/金具	欅/鉄		
当初持主(職業)	新谷(孝)家の先祖(船持)		
住所	福井県坂井郡三国新保		
製作地	三国		
製作者/販売者	不明/不明		

金具（家紋）丸に三柏

基礎資料2－4　年代不明の船簞笥データ　製作地判明（601～610）

番号	602	種類	帳箱
型/技法	複(抽1·両開·摩)/絵様		
寸法	W547	D455	H488
木材/金具	欅/鉄		
製作地	佐渡小木		
製作者/販売者	湊屋利八郎		

墨書
湊屋利八郎
右銀箱
共 利仕入

番号	601	種類	帳箱
型/技法	複(抽1·框片開·摩)/透彫		
寸法	W524	D433	H473
木材/金具	欅/鉄		
製作地	佐渡小木		
製作者/販売者	みなとや利寿		

墨書
木
佐渡小木
みなとや利寿書之

番号	604	種類	帳箱
型/技法	全面/透彫		
寸法	W360	D455	H413
木材/金具	欅/鉄		
製作地	佐渡小木		
製作者/販売者	湊屋		

墨書
（底裏）
佐州小木
湊屋仕入

番号	603	種類	半櫃
型/技法	一重/絵様		
寸法	W820	D440	H455
木材/金具	欅/鉄		
製作地	佐渡小木		
製作者/販売者	湊屋		

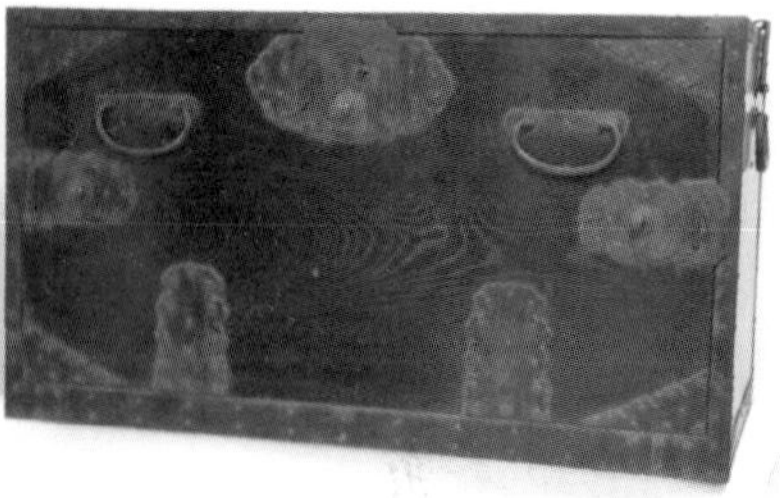

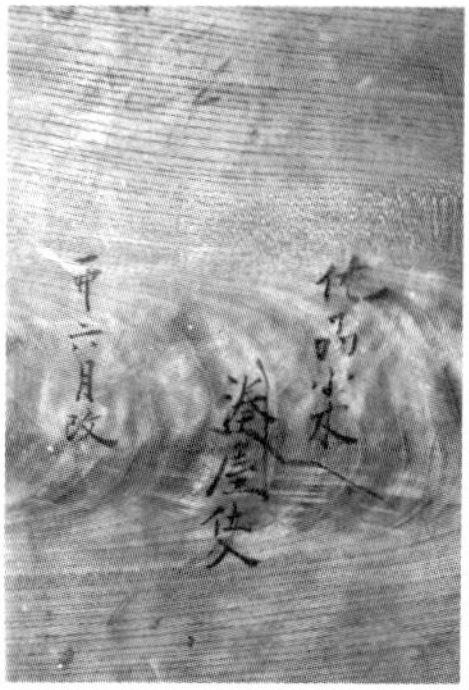

墨書
（底裏）
佐刕小木
湊屋仕入
申六月改

番号	606	種類	帳箱
型/技法	複(抽1･慳)/絵様		
寸法	W525	D405	H450
木材/金具	欅/鉄		
製作地	佐渡小木		
製作者/販売者	濱屋		

墨書
（底裏）小木湊
濱屋仕入

番号	605	種類	懸硯
型/技法	全面/透彫		
寸法	W423	D510	H480
木材/金具	欅/鉄		
製作地	佐渡小木		
製作者/販売者	賀登屋三八郎		

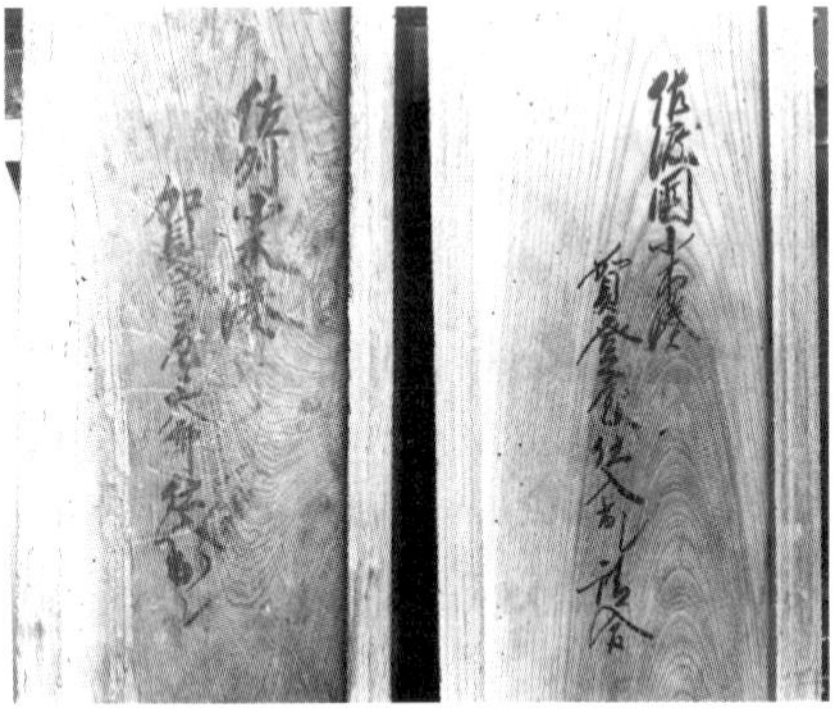

墨書
（抽斗二杯の底裏）佐渡国小木湊
賀登屋仕入出し請合
佐州小木湊
賀登屋三八郎仕入出し

番号	608	種類	帳箱
型/技法	複（抽1·慳）/絵様		
寸法	W未採寸	D405	H450
木材/金具	欅/鉄		
製作地	佐渡小木		
製作者/販売者	濱屋（在庫品）		

番号	607	種類	帳箱
型/技法	複（抽1·両開）/絵様		
寸法	W545	D455	H485
木材/金具	欅/鉄		
製作地	佐渡小木		
製作者/販売者	濱屋		

墨書
（底裏）佐刕小木湊
⊠六 濱屋仕入

番号	609	種類	半櫃
型/技法	二重/絵様		
寸法	W830	D450	H890
木材/金具	欅/鉄		
製作地	佐渡小木		
製作者/販売者	濱屋		

墨書
〆六 濱屋仕入
焼印
山忠

番号	610	種類	懸硯
型/技法	鼓/絵様		
寸法	未採寸		
木材/金具	欅/鉄		
当初持主(職業)	宮浦の船乗(船乗)		
住所	酒田宮浦		
製作地	酒田カ		
製作者/販売者	不明/不明		

基礎資料２－４　年代不明の船箪笥データ　当初持主判明（701～763）

番号	702	種類	懸硯
型/技法	十字/透彫		
寸法	未採寸		
木材/金具	欅/鉄		
当初持主(職業)	北野秀太郎（船持　北野家の先祖）		
住所	越前安嶋		

墨書（右上抽斗底裏）
越州
安嶋（消えている）
北野秀太郎

金具（屋号）丸に北

番号	701	種類	懸硯
型/技法	十字/透彫		
寸法	未採寸		
木材/金具	欅/鉄		
当初持主(職業)	長沢（しめ）家の先祖（船持）		
住所	山形県鶴岡市加茂		

金具（屋号）丸に長

番号	704	種類	懸硯
型/技法	別/絵様		
寸法	W310	D425	H325
木材/金具	桐/鉄		
当初持主（職業）	新屋長兵衛(船頭　新屋[孝]家の先祖)		
住所	福井県坂井郡三国新保		

墨書（底裏）越前三国新保浦 新屋長兵衛船

番号	703	種類	懸硯
型/技法	十字/透彫		
寸法	W360	D444	H420
木材/金具	欅/鉄		
当初持主（職業）	光成（到彦）家の先祖（廻船業）		
住所	福井県坂井郡三国新保		

墨書（かくし箱の蓋裏）越前新保浦　金■両入

番号	706	種類	懸硯
型/技法	全面/透彫		
寸法	W421	D500	H451
木材/金具	欅/鉄		
当初持主（職業）	室五郎右衛門（廻船問屋）		
住所	敦賀船町		

墨書
敦賀町船問屋
室五郎右エ門
金具
（屋号）丸に室

番号	705	種類	懸硯
型/技法	鼓/絵様		
寸法	W450	D450	H435
木材/金具	欅/鉄		
当初持主（職業）	手繰屋三四郎（船乗力）		
住所	越中国放生津		

墨書
（銭箱二杯の底裏）
越仲放生津
手繰屋三四郎
（倹貪蓋裏）
越中放生津
手繰屋
三四郎
金具
（家紋）丸に蔓柏
（屋号）丸に三

番号	708	種類	帳箱
型/技法	複(抽1・両開・摩)/透彫		
寸法	W550	D460	H515
木材/金具	欅/鉄		
当初持主(職業)	寺谷源兵衛(廻船問屋)		
住所	加賀市橋立町		

金具
(家紋) 丸に三つ柏
(屋号) 丸に源

番号	707	種類	帳箱
型/技法	複(抽1・框片開・摩)/透彫		
寸法	W545	D485	H480
木材/金具	欅/鉄		
当初持主(職業)	永楽屋喜兵衛(船乗力)		
住所	芸州豊田郡大崎嶋東之浦		

墨書
(抽斗先板裏)
廣島縣
豊田郡
大崎嶋
東野村
下組宮野
清次郎
(かくし箱)
藝刕豊田郡大崎嶋
東之浦
永楽屋喜兵衛
(扉裏)
明治二十二年 (後の墨書)
廣島縣豊田郡大崎嶋
東野村下組宮野清次郎
三谷倉吉

番号	709	種類	帳箱
型/技法	複(遣·両開)/絵様		
寸法	W576	D439	H439
木材/金具	欅/鉄		
当初持主(職業)	宮本喜助		
住所	越前国丹生郡四ツ浦港		

墨書
越前國丹生郡
四ヶ浦港
宮本喜助

番号	710	種類	知工(帳箱)
型/技法	複(抽1·2)/絵様		
寸法	未採寸		
木材/金具	欅/鉄		
当初持主(職業)	松森勇太郎		
住所	函館弁天町		

墨書
(上抽斗奥板)
函館弁天町二十五番地
ユ 松森勇太郎

番号	711	種類	半櫃
型/技法	一重/透彫		
寸法	W780	D420	D360
木材/金具	欅/鉄		
当初持主(職業)	喜幸丸文吉(船乗)		
住所	越後国北蒲原■口村		

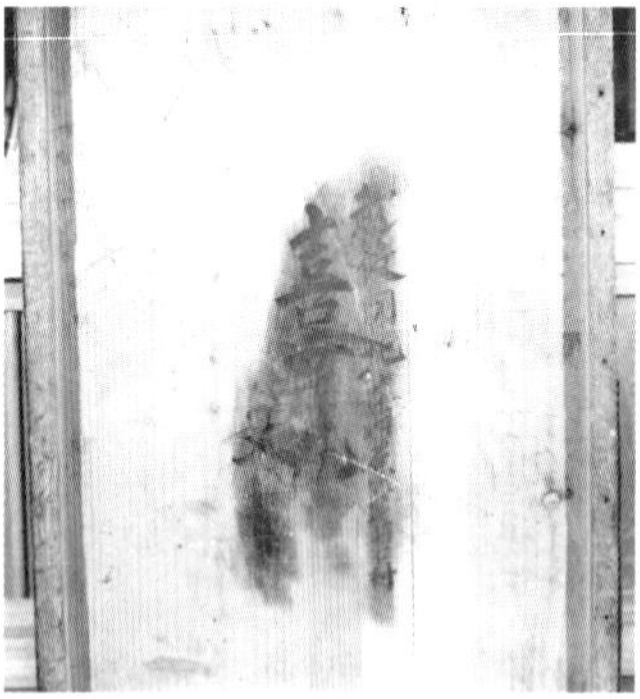

墨書
(底裏)
越後國北浦原■口村
喜幸丸
文吉
(上から墨で塗りつぶしてある)

番号	712	種類	半櫃
型/技法	一重/透彫		
寸法	W795	D450	H420
木材/金具	桐/鉄		
当初持主(職業)	石名坂金六(船頭)		
住所	山形県鶴岡市加茂		

油単に「長金」と丸に梅鉢の紋

番号	714	種類	半櫃
型/技法	二重/絵様		
寸法	W上下とも790　D上下とも455　H上450 下460		
木材/金具	欅/鉄		
当初持主（職業）	新野（武一）家の先祖（船頭）		
住所	福井県坂井郡三国崎浦		

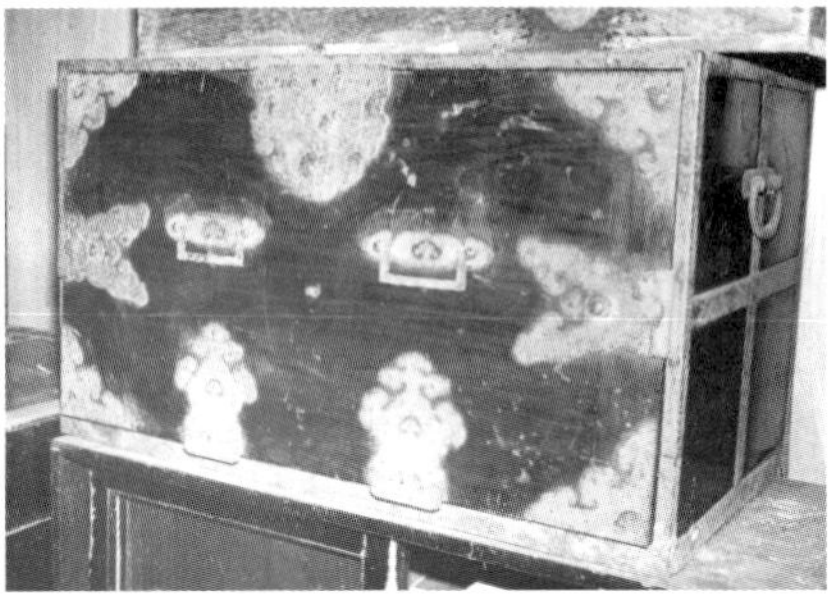

番号	713	種類	半櫃
型/技法	二重/絵様		
寸法	未採寸		
木材/金具	欅/鉄		
当初持主（職業）	西野三郎右衛門（廻船業）		
住所	石川県加賀市橋立		

番号	716	種類	懸硯	番号	715	種類	半櫃
型/技法	全面/透彫			型/技法	二重/絵様		
寸法	W390	D480	H445	寸法	W上下とも790	D上下とも430	H上下とも430
木材/金具	欅/鉄			木材/金具	欅/鉄		
当初持主(職業)	坂田屋			当初持主(職業)	新野(武一)家の先祖(船頭)		
住所	島根県石見国鹿足郡木部村			住所	福井県坂井郡三国崎浦		

墨書
(抽斗側板外側底)
嶋根縣石見国鹿足郡木部村
⌃サ 坂田屋

金具
(家紋)
丸に隅立四つ目

番号	718	種類	懸硯
型/技法	鼓/無		
寸法	W360	D435	H420
木材/金具	桐/鉄		
当初持主(職業)	松橋家の先祖(廻船業)		
住所	青森県八戸市新井田山道		

番号	717	種類	懸硯
型/技法	十字/透彫		
寸法	W330	D415	H385
木材/金具	欅/鉄		
当初持主(職業)	横山家の先祖(廻船問屋)		
住所	北海道桧山郡江差町		

番号	720	種類	懸硯	番号	719	種類	懸硯
型/技法	十字/透彫			型/技法	十字/透彫		
寸法	W485	D415	H364	寸法	未採寸		
木材/金具	桐/鉄			木材/金具	桐/鉄		
当初持主(職業)	脇川家の先祖(船持)			当初持主(職業)	伊藤(春雄)家の先祖(廻船問屋)		
住所	新潟県村上郡岩船			住所	秋田県由利郡象潟町		

金具（家紋）丸に糸巻

番号	722	種類	懸硯
型/技法	全面/透彫		
寸法	未採寸		
木材/金具	欅/鉄		
当初持主(職業)	伊藤家の先祖(廻船問屋)		
住所	新潟県西頸城郡能生町		

金具（家紋）丸に横木瓜

番号	721	種類	懸硯
型/技法	十字/無		
寸法	未採寸		
木材/金具	桐/鉄		
当初持主(職業)	伊藤家の先祖(廻船問屋)		
住所	新潟県西頸城郡能生町		

番号	724	種類	懸硯
型/技法	十字/透彫		
寸法	W393	D475	H440
木材/金具	欅/鉄		
当初持主(職業)	沖元一郎		
住所	石川県金沢市		

金具（家紋）菱菊

番号	723	種類	懸硯
型/技法	十字/透彫		
寸法	W381	D480	H435
木材/金具	欅/鉄		
当初持主(職業)	松本家の先祖(船持)		
住所	石川県鳳至郡門前町黒島		

金具（家紋）木瓜（屋号）隅立角

番号	726	種類	懸硯
型/技法	鼓/無		
寸法	W390	D480	H450
木材/金具	桐/鉄		
当初持主(職業)	伊藤(嘉七)家の先祖(廻船問屋)		
住所	愛知県知多郡美浜町野間		

番号	725	種類	懸硯
型/技法	十字/透彫		
寸法	W390	D480	H435
木材/金具	桐/鉄		
当初持主(職業)	末富(正一)家の先祖(船持)		
住所	福井県坂井郡金津町吉崎		

金具（家紋）三つ柏

番号	728	種類	懸硯
型/技法	十字/透彫		
寸法	W396	D486	H440
木材/金具	松/鉄		
当初持主(職業)	佐藤清太郎(船持)		
住所	茨城県那珂湊市		

番号	727	種類	懸硯
型/技法	十字/透彫		
寸法	W390	D480	H450
木材/金具	桐/鉄		
当初持主(職業)	伊藤家の先祖(廻船問屋)		
住所	愛知県知多郡美浜町野間		

番号	730	種類	懸硯
型/技法	全面/透彫		
寸法	W396	D486	H450
木材/金具	欅/鉄		
当初持主(職業)	本橋清兵衛(船頭)		
住所	千葉乙浜		

金具(家紋)丸に木瓜

番号	729	種類	懸硯
型/技法	十字/透彫		
寸法	W390	D480	H444
木材/金具	欅/鉄		
当初持主(職業)	本橋清兵衛(船頭)		
住所	千葉乙浜		

番号	731	種類	懸硯
型/技法	十字/透彫		
寸法	W400	D495	H470
木材/金具	桐/鉄		
当初持主(職業)	中井雅敏(船乗)		
住所	三豊郡詫間町粟島		

墨書
(かくし箱の中の桐箱大)
金十匁入　朝日丸
(かくし箱の中の桐箱小側面)
備中惣社三[redacted]衣
木法　一粒代
彫刻
(同桐箱小の他側面)
万金丹

番号	732	種類	懸硯
型/技法	十字/透彫		
寸法	W385	D480	H430
木材/金具	欅/鉄		
当初持主(職業)	古森茂(庄屋)		
住所	広島県御調郡向島町		

金具
(屋号)〈上

番号	734	種類	懸硯
型/技法	十字/無		
寸法	未採寸		
木材/金具	桐/鉄		
当初持主(職業)	山本(寿景)家の先祖(船頭)		
住所	香川県小豆島内海		

番号	733	種類	懸硯
型/技法	十字/透彫		
寸法	W390	D480	H440
木材/金具	桐/鉄		
当初持主(職業)	山本勘助(船頭)		
住所	小豆島苗羽		

番号	736	種類	懸硯
型/技法	十字/透彫		
寸法	未採寸		
木材/金具	桐/鉄		
当初持主(職業)	佐倉谷三郎(廻船業)		
住所	広島県上関市上関町		

番号	735	種類	懸硯
型/技法	十字/無		
寸法	未採寸		
木材/金具	桐/鉄		
当初持主(職業)	草薙(金四郎)家の先祖(船乗)		
住所	香川県仲多度郡琴平町		

番号	738	種類	帳箱
型/技法	複(抽1･1･框片開･摩)/絵様		
寸法	W540	D420	H465
木材/金具	欅/鉄		
当初持主(職業)	中村家の先祖(廻船問屋)		
住所	北海道桧山郡江差町中歌町		

番号	737	種類	懸硯
型/技法	十字/透彫		
寸法	W288	D384	H300
木材/金具	桐/鉄		
当初持主(職業)	岸井(守一)家の先祖(船頭)		
住所	豊後国		

番号	740	種類	帳箱
型/技法	複(遣·抽1·3合)/絵様		
寸法	未採寸		
木材/金具	黒柿/鉄		
当初持主(職業)	伊藤(卓)家の先祖(商業)		
住所	山形県酒田市		

番号	739	種類	帳箱	
型/技法	複(抽1·両開)/透彫			
寸法	W480	D444	H480	
木材/金具	欅/鉄			
当初持主(職業)	寿原家の先祖			
住所	北海道小樽市			

番号	742	種類	帳箱
型/技法	複(遣·抽1·両開·摩)/絵様		
寸法	W570	D405	H510
木材/金具	欅/銅		
当初持主(職業)	本間家の先祖(地主)		
住所	山形県酒田市本町		

番号	741	種類	知工(帳箱)
型/技法	複(抽2·2)/無		
寸法	W600	D348	H240
木材/金具	欅/鉄		
当初持主(職業)	川島(賢二)家の先祖(廻船業)		
住所	山形県酒田市中町		

番号	744	種類	帳箱
型/技法	慳/絵様		
寸法	W510	D405	H375
木材/金具	栗/鉄		
当初持主(職業)	松本家の先祖(船持)		
住所	石川県鳳至郡門前町黒島		

番号	743	種類	帳箱
型/技法	複(抽1·両開·摩)/絵様		
寸法	W570	D450	H510
木材/金具	欅/鉄		
当初持主(職業)	角海(清)家の先祖(廻船問屋)		
住所	石川県鳳至郡門前町黒島		

番号	746	種類	帳箱
型/技法	複(遣·抽2·1、慳、合)/指		
寸法	W570	D420	H525
木材/金具	紫檀/銅		
当初持主(職業)	寺谷(文二)家の先祖(廻船問屋)		
住所	石川県加賀市橋立町		

番号	745	種類	知工(帳箱)
型/技法	複(遣·抽1)/絵様		
寸法	W498	D360	H285
木材/金具	欅/鉄		
当初持主(職業)	銭屋五兵衛(廻船問屋)		
住所	石川県金沢市大野町		

番号	748	種類	帳箱
型/技法	複(抽1·三開·摩)/絵様		
寸法	W548	D395	H430
木材/金具	欅/鉄		
当初持主(職業)	山田(金作)家の先祖(船持)		
住所	福井県坂井郡三国町堅町		

番号	747	種類	帳箱
型/技法	複(抽1·両開)/透彫		
寸法	W540	D450	H495
木材/金具	欅/鉄		
当初持主(職業)	末富(正一)家の先祖(船持)		
住所	福井県坂井郡金津町吉崎		

墨書(底裏)
天神丸

番号	750	種類	帳箱
型/技法	抽1･2･3/絵様		
寸法	未採寸		
木材/金具	欅/鉄		
当初持主(職業)	慈道(甚七)家の先祖(船持)		
住所	福井県坂井郡三国町桜谷		

番号	749	種類	知工(帳箱)
型/技法	複(抽3･1)/絵様		
寸法	W523	D328	H265
木材/金具	欅/鉄		
当初持主(職業)	山田(金作)家の先祖(船持)		
住所	福井県坂井郡三国町竪町		

番号	752	種類	帳箱
型/技法	複（抽1・框片開・摩）/透彫		
寸法	W525	D435	H495
木材/金具	欅/鉄		
当初持主（職業）	武田（明）家の先祖（船頭）		
住所	香川県仲多度郡多度津町鶴橋		

金具（家紋）丸に蔦

番号	751	種類	帳箱
型/技法	複（抽1・框片開・摩）/透彫		
寸法	W545	D440	H480
木材/金具	栗/鉄		
当初持主（職業）	竹内家（高原新太郎の母の里）の先祖（船頭）		
住所	福井県坂井郡三国町新保		

番号	754	種類	帳箱
型/技法	慳/絵様		
寸法	未採寸		
木材/金具	欅/鉄		
当初持主(職業)	島田仁左衛門(船頭　嘉永3年生まれ)		
住所	兵庫県城之崎郡香住町七日市		

番号	753	種類	帳箱
型/技法	複(遣・慳)/透彫		
寸法	W550	D410	H413
木材/金具	欅/鉄		
当初持主(職業)	木村新開(船持)		
住所	香川県高松市香西本町		

番号	756	種類	半櫃
型/技法	二重/透彫		
寸法	上下ともW260 D146	H110	
木材/金具	欅/鉄		
当初持主(職業)	須貝惣左衛門(船主)		
住所	新潟県村上市岩船町		

番号	755	種類	帳箱
型/技法	慳/絵様		
寸法	W480	D339	H315
木材/金具	欅/鉄		
当初持主(職業)	岸井(守一)家の先祖(船持)		
住所	兵庫県東灘区北青木		

番号	758	種類	半櫃
型/技法	二重/絵様		
寸法	未採寸		
木材/金具	欅/鉄		
当初持主(職業)	角海(清)家の先祖(廻船問屋)		
住所	石川県鳳至郡門前町黒島		

※上段の慳貧蓋も下段と同型

番号	757	種類	半櫃
型/技法	一重/透彫		
寸法	W795	D432	H486
木材/金具	欅/鉄		
当初持主(職業)	鈴木昇(船主)		
住所	新潟県村上市岩船町		

番号	760	種類	半櫃
型/技法	別(抽・慳)/透彫		
寸法	W818	D439	H697
木材/金具	桐/鉄		
当初持主(職業)	山岸(忠輔)家の先祖(船持)		
住所	福井県坂井郡三国町宿		

番号	759	種類	半櫃
型/技法	二重/絵様		
寸法	W810	D435	H900
木材/金具	欅/鉄		
当初持主(職業)	山岸(忠輔)家の先祖(船持)		
住所	福井県坂井郡三国町宿		

番号	761	種類	半櫃
型/技法	一重/絵様		
寸法	W790	D430	H470
木材/金具	欅/鉄		
当初持主(職業)	新野(武一)家の先祖(船頭)		
住所	福井県坂井郡三国町崎浦		

番号	762	種類	半櫃
型/技法	二重/無		
寸法	未採寸		
木材/金具	欅/鉄		
当初持主(職業)	高山家の先祖(廻船業)		
住所	福井県坂井郡三国町崎浦		

※上段の慳貪蓋も下段と同型

番号	763	種類	半櫃
型/技法	一重/絵様		
寸法	W780	D420	H555
木材/金具	桐/鉄		
当初持主(職業)	末富(正一)家の先祖(廻船業)		
住所	福井県坂井郡金津町吉崎		

基礎資料２－４　年代不明の船箪笥データ　持主推定（801～823）

番号	802	種類	懸硯	番号	801	種類	懸硯
型/技法	十字/透彫			型/技法	鼓/無		
寸法	未採寸			寸法	W100	D128	H120
木材/金具	欅/鉄			木材/金具	桐/鉄		
当初持主(職業)	不明(船持)			当初持主(職業)	不明(船主)		
住所	新潟県村上郡岩船町			住所	新潟県村上郡岩船町		

金具（家紋）丸に酢漿草

番号	804	種類	懸硯
型/技法	十字/透彫		
寸法	W390	D465	H450
木材/金具	桐/鉄		
当初持主(職業)	不明(地元の船関係の家から勝楽寺へ寄贈)		
住所	愛知県幡豆郡吉良町		

金具（家紋）丸に立ち沢瀉

番号	803	種類	懸硯
型/技法	十字/透彫		
寸法	W360	D444	H411
木材/金具	桐/鉄		
当初持主(職業)	不明(船主)		
住所	新潟県村上郡岩船町		

番号	806	種類	懸硯	番号	805	種類	懸硯
型/技法	別/無			型/技法	十字/透彫		
寸法	W300	D390	H285	寸法	W345	D435	H405
木材/金具	桐/鉄			木材/金具	桐/鉄		
当初持主(職業)	不明(地元の船関係の家から勝楽寺へ寄贈)			当初持主(職業)	不明(地元の船関係の家から勝楽寺へ寄贈)		
住所	愛知県幡豆郡吉良町			住所	愛知県幡豆郡吉良町		

金具(家紋)丸に三つ柏

番号	808	種類	懸硯
型/技法	十字/無		
寸法	W330	D420	H360
木材/金具	桐/鉄		
当初持主(職業)	不明(地元の船関係の家から勝楽寺へ寄贈)		
住所	愛知県幡豆郡吉良町		

番号	807	種類	懸硯
型/技法	十字/透彫		
寸法	W330	D420	H390
木材/金具	桐/鉄		
当初持主(職業)	不明(地元の船関係の家から勝楽寺へ寄贈)		
住所	愛知県幡豆郡吉良町		

番号	810	種類	懸硯
型/技法	別/無		
寸法	W330	D未採寸	H375
木材/金具	杉/鉄		
当初持主(職業)	不明(地元の船関係の家から勝楽寺へ寄贈)		
住所	愛知県幡豆郡吉良町		

番号	809	種類	懸硯
型/技法	十字/無		
寸法	W375	D465	H450
木材/金具	桐/鉄		
当初持主(職業)	不明(地元の船関係の家から勝楽寺へ寄贈)		
住所	愛知県幡豆郡吉良町		

番号	812	種類	懸硯
型/技法	十字/無		
寸法	W360	D420	H360
木材/金具	桐/鉄		
当初持主(職業)	不明(地元の船関係の家から勝楽寺へ寄贈)		
住所	愛知県幡豆郡吉良町		

番号	811	種類	懸硯
型/技法	別/無		
寸法	W300	D405	H315
木材/金具	桐/鉄		
当初持主(職業)	不明(地元の船関係の家から勝楽寺へ寄贈)		
住所	愛知県幡豆郡吉良町		

番号	814	種類	懸硯
型/技法	十字/無		
寸法	未採寸		
木材/金具	桐/鉄		
当初持主(職業)	不明(船乗)		
住所	香川県高松市男木島		

番号	813	種類	懸硯
型/技法	十字/透彫		
寸法	未採寸		
木材/金具	桐/鉄		
当初持主(職業)	不明(船乗)		
住所	丹後宮津		

金具（屋号）金

番号	816	種類	帳箱
型/技法	複(遣·両開)/絵様		
寸法	W525	D444	H450
木材/金具	欅/鉄		
当初持主(職業)	不明(船頭)		
住所	新潟県佐渡郡相川町		

番号	815	種類	帳箱
型/技法	慳/絵様		
寸法	W510	D399	H486
木材/金具	欅/鉄		
当初持主(職業)	不明(船頭)		
住所	新潟県佐渡郡相川町		

番号	818	種類	帳箱
型/技法	慳/絵様		
寸法	W525	D408	H486
木材/金具	欅/鉄		
当初持主(職業)	不明(油屋)		
住所	新潟県新潟市		

番号	817	種類	帳箱
型/技法	複(抽2·門·片開)/透彫		
寸法	W540	D420	H480
木材/金具	欅/鉄		
当初持主(職業)	不明(大工)		
住所	新潟県佐渡郡		

番号	820	種類	帳箱
型/技法	慳/絵様		
寸法	W510	D340	H340
木材/金具	欅/鉄		
当初持主(職業)	不明(船頭)		
住所	茨城県那珂湊市辰ノ口町		

番号	819	種類	帳箱
型/技法	複(抽1·三開·摩、机)/絵様		
寸法	W450	D465	H450
木材/金具	欅/鉄		
当初持主(職業)	不明(廻船業)		
住所	新潟県村上郡岩船町		

番号	822	種類	帳箱
型/技法	慳/絵様		
寸法	W570	D390	H510
木材/金具	松/鉄		
当初持主(職業)	不明(地元の船関係の家から勝楽寺へ寄贈)		
住所	愛知県幡豆郡吉良町		

番号	821	種類	帳箱
型/技法	複(抽1・閂)/絵様		
寸法	W480	D390	H480
木材/金具	欅/鉄		
当初持主(職業)	不明(地元の船関係の家から勝楽寺へ寄贈)		
住所	愛知県幡豆郡吉良町		

番号	823	種類	半櫃
型/技法	二重/絵様		
寸法	W834	D420	H876
木材/金具	欅/鉄		
当初持主(職業)	不明(廻船問屋)		
住所	石川県金沢市大野町		

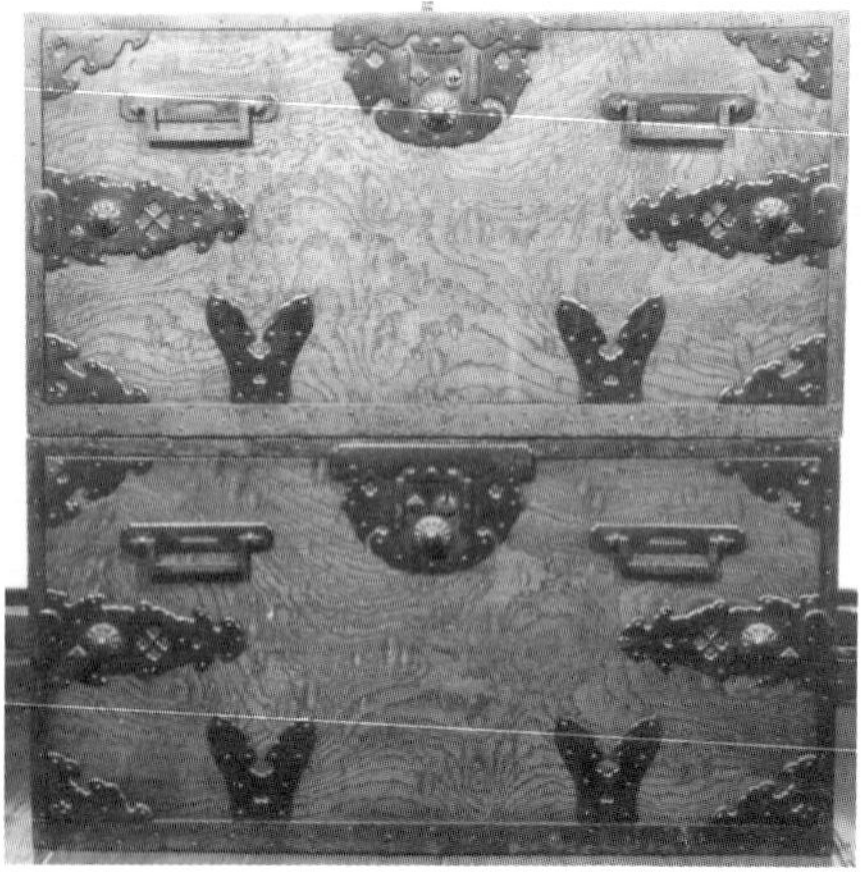

◆著者略歴◆

小 泉 和 子（こいずみ・かずこ）

1933年東京生まれ．家具道具室内史学会会長．昭和のくらし博物館館長．工学博士．
［著書］
『家具と室内意匠の文化史』（法政大学出版局，1979）『箪笥』（法政大学出版局，1982）『TRADITIONAL JAPANESE FURNITURE』（講談社インターナショナル，1986）『アールヌーボーの館―旧松本健次郎邸』（共著／三省堂，1986）『道具が語る生活史』（朝日新聞社，1989）『台所道具いまむかし』（平凡社，1994）『室内と家具の歴史』（中央公論新社，1995）『家具』（東京堂出版，1995）『絵巻物の建築を読む』（編著／東京大学出版会，1996）『和家具』（小学館，1996）『類従雑要抄指図巻』（編著／中央公論美術出版，1998）『昭和台所なつかし図鑑』（平凡社，1998）『占領軍住宅の記録上下』（編著／住まいの図書館出版局，1999）『桶と樽―脇役の日本史―』（編著／法政大学出版局，2000）『昭和のくらし博物館』（河出書房新社，2000）『ちゃぶ台の昭和』（編著／河出書房新社，2002）『別冊太陽　和家具』（編著／平凡社，2005）『西洋家具ものがたり』（河出書房新社，2005）『「日本の住宅」という実験―風土をデザインした藤井厚二』（農文協，2008）『TRADITIONAL JAPANESE CHESTS』（講談社インターナショナル，2010）ほか

船箪笥《ふなたんす》の研究《けんきゅう》

平成23（2011）年 4 月25日発行

定価：本体6,000円（税別）

著　者　　小 泉 和 子
発 行 者　　田 中 周 二

発 行 所　　株式会社　思文閣出版
606-8203　京都市左京区田中関田町2-7
電話075(751)1781(代)

印刷・製本　　株式会社 図書印刷 同朋舎

ISBN978-4-7842-1503-4 C3039